MySQL 数据库基础与实战应用

蒋桂文 邓谞婵 王进忠 刘春霞 / 主编
欧义发 梁雨中 许玉婷 黎峻玮 雷浚 / 副主编

清华大学出版社
北 京

内 容 简 介

MySQL 数据库性能优越，功能强大，是深受读者欢迎的开源数据库之一。本书由浅入深、循序渐进、系统地介绍了 MySQL 的相关知识及其在数据库开发中的实际应用，并通过具体案例，帮助读者巩固所学知识，以便更好地开发实践。全书共分为 13 章，内容涵盖了认识与理解数据库、安装与配置 MySQL 数据库、数据库与数据表的基本操作、数据查询、索引的创建与管理、视图的创建与管理、触发器、事务、事件、存储过程与存储函数、访问控制与安全管理、数据库的备份与恢复，以及综合的实践教学项目——图书管理系统数据库设计。本书结合全国计算机等级考试二级 MySQL 考试大纲编写，章节后面配有习题，适当融入思政元素，并配备了相应的教案与课件。

本书内容丰富，讲解深入，适合初级、中级 MySQL 用户，既可以作为各类高等职业技术院校与职业本科院校相关专业的课程教材，也可以作为广大 MySQL 爱好者的实用参考书。

图书在版编目（CIP）数据

MySQL 数据库基础与实战应用/蒋桂文等主编. —北京：清华大学出版社，2023.2（2023.8 重印）
ISBN 978-7-302-62915-3

Ⅰ. ①M… Ⅱ. ①蒋… Ⅲ. ①SQL 语言－数据库管理系统－高等职业教育－教材 Ⅳ. ①TP311.132.3

中国国家版本馆 CIP 数据核字（2023）第 031959 号

责任编辑： 贾旭龙
封面设计： 长沙鑫途文化传媒
版式设计： 文森时代
责任校对： 马军令
责任印制： 杨 艳

出版发行： 清华大学出版社
网　　址： http://www.tup.com.cn，http://www.wqbook.com
地　　址： 北京清华大学学研大厦 A 座　　**邮　　编：** 100084
社 总 机： 010-83470000　　**邮　　购：** 010-62786544
投稿与读者服务： 010-62776969，c-service@tup.tsinghua.edu.cn
质量反馈： 010-62772015，zhiliang@tup.tsinghua.edu.cn
印 装 者： 北京鑫海金澳胶印有限公司
经　　销： 全国新华书店
开　　本： 185mm×260mm　　**印　　张：** 14　　**字　　数：** 323 千字
版　　次： 2023 年 2 月第 1 版　　**印　　次：** 2023 年 8 月第 2 次印刷
定　　价： 59.80 元

产品编号：100398-02

前　言

Preface

数据库技术是现代信息技术的重要组成部分，随着计算机技术的发展与广泛应用，无论是数据库技术基础理论、数据库技术应用、数据库系统开发，还是数据库商品软件的推出，都有着长足的进步。与此同时，随着计算机应用的推广使用，数据库技术已深入国民经济和社会生活的各个领域，各种应用软件一般都是以数据库技术及其应用为基础和核心进行开发使用的。MySQL 是当下比较流行的关系数据库管理系统之一，由瑞典 MySQL AB 公司开发，目前属于 Oracle 公司旗下产品。MySQL 由于体积小、速度快、总体拥有成本低，尤其是开放源代码这一特性，促使很多中小型网站用户把 MySQL 作为数据库首选。

本书参考全国计算机等级考试二级考试大纲，结合实际的企业案例，以读者易于理解和掌握的项目作为载体展开讲解。本书共分为 13 章，内容包括认识与理解数据库、安装与配置 MySQL 数据库、数据库与数据表的基本操作、数据查询、索引的创建与管理、视图的创建与管理、触发器、事务、事件、存储过程与函数、访问控制与安全管理、数据库的备份与恢复及综合实例。随书附赠全国计算机等级考试二级模拟试题，供读者模拟练习。本书从软件的安装到使用，都配有相应的操作步骤图，力求在体系结构上清晰合理，内容通俗易懂，便于读者自学。本书注重应用、案例丰富、步骤清晰、图文并茂，既可以作为高等职业院校、职业本科院校计算机类相关专业的数据库核心课程用书，也可以作为计算机等级考试的参考用书，还可以供非计算机专业的初学者及数据库爱好者学习。

本书每章前面提供学习目标，每章后面配有总结与训练，供学生及时理解并回顾本章内容。全书还提供了相应的 PPT 课件、教案等多种资源辅助教师教学和学生学习。

本书由广西机电职业技术学院的蒋桂文、邓谞婵、王进忠、刘春霞担任主编，欧义发、梁雨中、许玉婷、黎峻玮、雷浚担任副主编。主要执笔人：蒋桂文（第 2 章、第 9 章）、邓谞婵（第 1 章、第 4 章）、王进忠（第 3 章、第 13 章)、刘春霞（第 5 章、第 7 章)、梁雨中（第 6 章)、许玉婷（第 8 章、第 10 章)、黎峻玮（第 11 章)、雷浚（第 12 章)。本教材融入思政内容，得到了我校马克思主义学院教师的悉心指导，由蒋桂文担任全书统稿工作，欧义发（高级工程师）参与了教材的指导思想、体系结构、编写体例的讨论，同时还参与了资料收集等工作，为本书的编写作出了贡献。

本书在编写的过程中，参考了大量的书籍与资料，吸取了许多老师的经验，在此表示感谢。尽管编写组作出了很大努力，力图使教材水平有新的提高，希望更加适合学生学习和使用，但书中仍难免存在疏漏之处，恳请读者提出意见。

本书编写组

目 录

Contents

第 1 章 认识与理解数据库

数据库技术是现代信息科学与技术十分重要的组成部分，更是计算机数据处理与信息管理系统的核心。数据库技术是一种计算机辅助管理数据的方法，主要研究如何高效地获取、处理、组织以及存储数据。

学习目标

- 了解数据库的相关概念、数据管理技术的发展和常用的数据库管理系统。
- 熟悉数据模型的概念和常见的数据模型。
- 熟悉 E-R 图的表示方法。
- 掌握关系数据库的规范化。
- 认识并掌握 SQL 语言的组成和语法约定。

1.1 数据库及相关概念

数据库系统的结构如图 1-1 所示。为了更系统地学习数据库技术，我们需要先了解数据库技术涉及的一些基本概念。

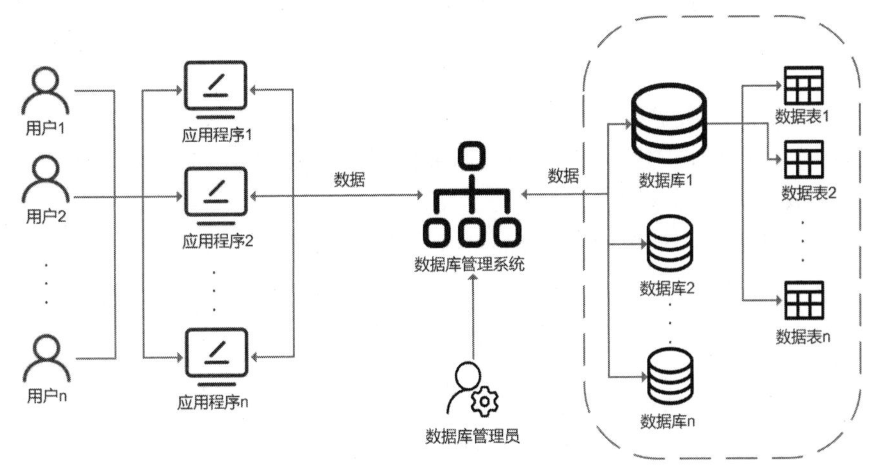

图 1-1 数据库系统结构

1.1.1 基本概念

数据库技术涉及的一些基本概念包括数据、信息、数据库等，具体如下。

1. 数据（data）

数据是描述事物的符号记录。除了常用的数字数据外，文字、图形、图像、声音等信息也都是数据。日常生活中，人们交流时使用语言描述事物，如新生入学做自我介绍时一般会说：“我叫李强，是 2022 年入学的信息工程学院网络 2022 班的学生，2000 年 1 月出生，广西本地人”。但是，计算机无法直接识别这句非结构化的语言。在计算机中，为了存储和处理这些事物，就要提取出与这些事物相关的特征，将其组成一条记录来描述。例如，我们可以把刚才这段介绍提取出各特征名词：姓名、性别、出生年月、籍贯、所在学院、班级、入学时间，并以此格式（李强，男，2000 年 1 月，广西，信息工程学院，网络 2022，2022 年）描述这位新生，于是这条记录就形成了一条数据。

2. 信息（information）

信息是对现实世界事物的存在方式或运动规律的描述，它的内容通过数据来表述和传播，具有可感知、可存储、可加工和可再生等自然属性。

信息是经过加工的数据，是附加了某种解释或意义的数据。例如，关于新生李强的这一条数据记录，了解其含义的人会得到如下信息：李强是一名男生，2000 年 1 月出生于广西壮族自治区，目前是信息工程学院网络 2022 班的新生。而不了解其含义的人，就不能得出以上完整的信息，或者解读的也只是部分片面的信息。

可以看出，数据和信息两个概念既有联系又有区别。数据是信息的载体，而信息通过数据的形式表现。数据经过处理可以转化为信息，信息也可以作为数据进行处理。一般来说，在数据库技术中，数据和信息并不严格进行区分。

3. 数据库（database，DB）

数据库是一个存放数据的仓库，这个仓库是按照一定的数据结构组织、存储数据的，我们可以通过数据库提供的多种方法来管理数据库中的数据。简单来说，数据库与我们在现实生活中存放物品的仓库性质一样，区别在于数据库中存放的是各类数据。数据库的物理本质是一个文件系统，它按照特定的格式将数据存储起来，用户可以对数据库中的数据进行增加、修改、删除和查询（简称“增删改查”）操作。

数据库有如下特征：

（1）数据库是具有逻辑关系和确定意义的数据集合。

（2）数据库具有可共享性及易扩展性。

（3）冗余度较小，数据独立性较高。

（4）数据可长期存储。

4. 数据库管理系统（database management system，DBMS）

数据库管理系统是指一种操作和管理数据库的软件，用来建立、使用和维护数据库，对数据库进行统一管理和控制，以保证数据库的安全性和完整性。用户可以通过数据库管理系统访问数据库中的表的数据。

数据库管理系统是实际存储的数据和用户之间的一个接口，负责处理用户和应用程序存取、操作数据库的各种请求。

5. 数据库系统（database system，DBS）

数据库系统是指引入数据库后的计算机系统，包括硬件、软件、数据库及相关人员。

1）硬件

支持数据库系统运行的各种物理设备，例如，用来存放操作系统、DBMS 程序、应用程序等的足够大的内存；用来存放数据和系统副本等的大容量随机存取外部存储器。

2）软件

主要包括 DBMS、支持 DBMS 运行的操作系统及各种应用程序。

3）数据库

长期存储在计算机内、有组织、可共享、统一管理的大量数据的集合。

4）人员

数据库系统中的人员包括以下 4 种：

（1）数据库管理员（database administrator，DBA）：是负责数据库规划、设计、协调、控制和维护等工作的专职人员。他们的主要职责是参与数据库系统的设计与建立，定义数据的安全性要求和完整性约束条件，监控数据库的使用和运行，负责数据库性能的改进和数据库的重组、重构。

（2）系统分析员和数据库设计人员：负责应用系统的需求分析和规范说明，与用户及数据库管理员交流沟通，确定系统的硬件、软件配置，并参与数据库系统的概要设计。

（3）应用程序员：负责设计和编写应用系统的程序模块，并进行调试和安装。

（4）最终用户：是通过应用系统的用户接口使用数据库的人。

1.1.2　数据管理技术的发展

从 20 世纪 50 年代开始，计算机的应用范围扩展到各行各业。到了 60 年代，数据处理已成为计算机的主要应用。数据处理是指从某些已知的数据出发，推导加工出一些新的数据。

数据管理是指如何对数据进行分类、组织、存储、检索和维护，它是数据处理的中心问题。随着计算机软、硬件的发展，数据管理技术不断地完善，经历了 3 个阶段，即人工管理阶段、文件管理阶段、数据库管理阶段。

1. 人工管理阶段

20 世纪 50 年代中期以前，计算机主要用于科学计算。那时的计算机硬件方面，存储设备只有卡片、纸带和磁带，没有磁盘等直接存取的存储设备；在软件方面，没有操作系统和管理数据的软件；数据处理的方式是批处理，而且基本上依赖于人工。

人工管理阶段管理数据的特点如下：

（1）数据不能长期保存。当时的计算机主要用于科学计算，一般不需要长期保存数据。

（2）没有软件系统对数据进行管理。数据由应用程序自己管理。

（3）数据不共享。由于数据是面向应用的，一组数据对应一个程序，因此造成了程序之间存在大量的数据冗余。

（4）只有程序的概念，没有文件的概念。

人工管理阶段程序与数据集的对应关系如图 1-2 所示。

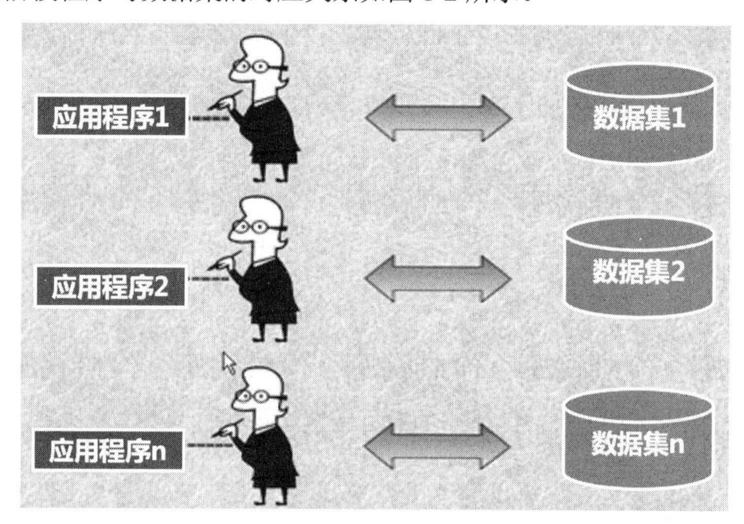

图 1-2　人工管理阶段程序与数据集的对应关系

2．文件管理阶段

20 世纪 50 年代后期到 60 年代中期，计算机的软、硬件水平都有了很大的提高，出现了磁盘、磁鼓等直接存取设备，并且操作系统也得到了发展，产生了依附于操作系统的专门的数据管理系统——文件系统，此时，计算机系统由文件系统统一管理数据存取。在数据处理方式上不仅有批处理，而且能够联机实时处理。

文件管理数据具有如下特点：

（1）数据实现了长期保存。由于计算机大量应用于数据处理，数据需要长期保存在外存上反复进行查询、修改、插入和删除等操作。

（2）由专门的软件，即文件系统进行数据管理。

（3）数据共享性差，冗余度高。文件系统仍然是面向应用程序的，当不同的程序具有部分相同的数据时，无法共享数据，必须建立各自的文件，进而导致数据的冗余度高。

（4）数据独立性低。一旦数据的逻辑结构改变，必须修改程序。

文件管理阶段程序与数据集的对应关系如图 1-3 所示。

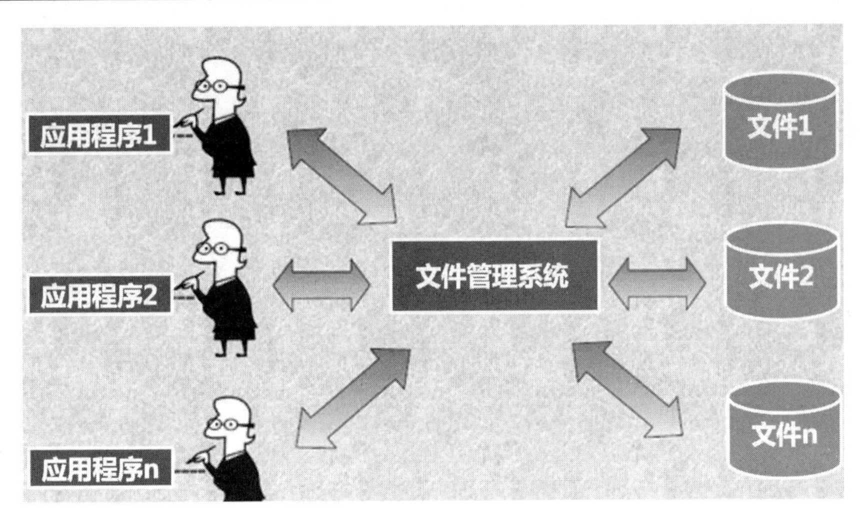

图 1-3　文件管理阶段程序与数据集的对应关系

3．数据库管理阶段

20 世纪 60 年代后期，数据管理进入数据库管理阶段。该阶段的计算机系统广泛应用于企业管理，需要有更高的数据共享能力，程序和数据必须具有更高的独立性，以便减少应用程序开发和维护的费用。该阶段计算机硬件技术和软件研究水平的快速提高使得数据处理这一领域取得了长足的进步。伴随着大容量、高速度、低价格的存储设备的出现，用来存储和管理大量信息的“数据库管理系统”应运而生，成为当时数据管理的主要方法。数据库系统将一个单位或一个部门所需的数据综合组织在一起构成数据库，由数据库管理系统实现对数据库的集中统一管理。

数据库管理数据的特点如下：

（1）数据结构化。采用数据模型表示复杂的数据结构，数据模型不仅描述数据本身的特征，还要描述数据之间的联系。数据结构化是数据库的主要特征之一，也是数据库系统与文件系统的本质区别。

（2）数据共享性好，冗余度低。数据不再面向某个应用，而是面向整个系统，既减少了数据冗余，节约了存储空间，又能够避免数据之间的不相容性和不一致性。

（3）数据独立性高。应用程序与数据库中的数据相互独立，数据的定义被从程序中分离出去，数据的存储由数据库管理系统负责，简化了应用程序的编制，进而大大优化了应用程序的开发和维护。

（4）数据存取粒度小，增加了系统的灵活性。在文件系统中，数据存取的最小单位是记录，而在数据库系统中，数据存取的最小单位可以小到记录中的一个数据项。

（5）数据库管理系统对数据进行统一管理和控制。提供了 4 个方面的数据控制功能：数据的安全性、数据的完整性、数据库的并发控制、数据库的恢复。

（6）为用户提供友好的接口。用户可以使用数据库语言（如 SQL）操作数据库，也可以把普通的高级语言（如 C 语言）和数据库语言结合起来操作数据库。

数据库管理阶段程序与数据间的关系结构如图 1-4 所示。

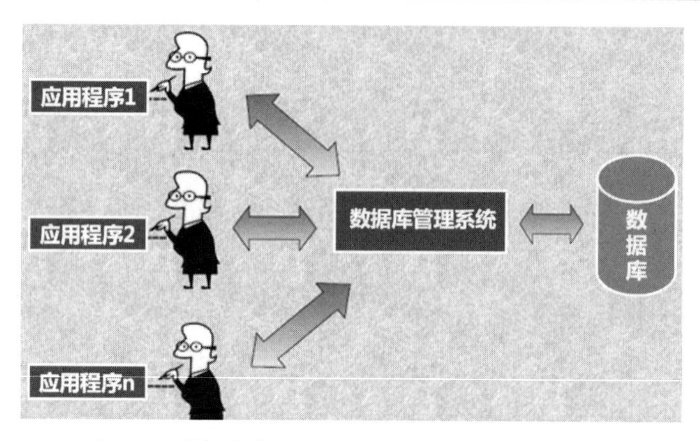

图 1-4　数据库管理阶段程序与数据间的关系结构

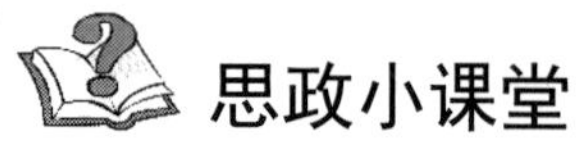

思政小课堂

从数据管理技术的创新发展看工匠精神

随着计算机技术的高速发展，很多工作和技术都像数据管理技术一样，逐步从手工方式发展创新起来。在各岗位上涌现出了一大批工匠，他们展现出了崇高的职业精神，由此延伸出的“工匠精神”包含着追求突破、追求创新的内蕴。正是由于这些工匠一次次的创新和突破，使得我们的生活在不知不觉中变得方便、快捷和高效。

你能举出什么例子，以展现出我们身边的“工匠精神”？其对你未来职业规划和发展起到什么帮助作用吗?

1.1.3　常用的数据库管理系统

1. Access

Access 是微软 Office 办公套件中的一个重要成员，它面向小型数据库应用，是世界上流行的桌面数据库管理系统之一。

Access 简单易学，一个普通的计算机用户即可掌握并使用它，同时 Access 的功能也足以应付一般的小型数据库管理及数据处理需要。无论用户是要创建一个个人使用的独立桌面数据库，还是部门或中小公司使用的数据库，在需要管理和共享数据时，都可以使用 Access 作为数据库平台，以提高个人的工作效率。例如，可以使用 Access 处理公司的客户订单数据，管理自己的个人通信录、记录和处理科研数据等。Access 只能在 Windows 系统下运行，其特点是界面友好、简单易用，和其他 Office 成员一样，极易被一般用户所接受。在初次学习数据库系统时，很多用户也是从 Access 开始，但 Access 存在安全性低、多用户特性弱、处理大量数据时效率低等缺点。

2. Oracle ORACLE 甲骨文

Oracle 是美国 Oracle（甲骨文）公司开发的大型关系数据库管理系统，面向大型数据

库应用，在集群技术、高可用性、商业智能、安全性、系统管理等方面都有新的突破，是一个完整、简单、新一代智能化、协作各种应用的软件基础平台。

Oracle 数据库被认为是业界目前比较成功的关系数据库管理系统。对于数据量大、事务处理繁忙、安全性要求高的企业，Oracle 是比较理想的选择（当然，用户必须在费用方面做出充足的考虑、因为 Oracle 数据库在同类产品中是比较贵的）。随着 Internet 的普及带动了网络经济的发展，Oracle 适时地将自己的产品紧密地和网络计算结合起来，成为 Internet 应用领域数据库厂商中的佼佼者。Oracle 数据库可以在 UNIX、Windows 等主流操作系统平台上运行，支持所有的工业标准，并获得了最高级别的 ISO 标准安全性认证。Oracle 采用完全开放的策略，使客户可以选择最适合的解决方案，同时对开发商提供全力的支持。

3. SQL Server

SQL Server 是微软公司开发的中大型数据库管理系统，面向中大型数据库应用。针对当前的 C/S（客户机/服务器）环境设计，结合 Windows 操作系统的能力，提供了一个安全、可扩展、易管理、高性能的 C/S 数据库平台。

SQL Server 继承了微软产品界面友好、易学易用的特点，与其他大型数据库产品相比，在操作性和交互性方面独树一帜。SQL Server 可以与 Windows 操作系统紧密集成，这种方式使 SQL Server 能充分利用操作系统所提供的特性，无论是应用程序开发速度，还是系统事务处理运行速度，都能得到较大提升。另外，SQL Server 可以借助浏览器实现数据库查询功能，并支持内容丰富的可扩展标记语言（extensible markup language，XML），提供了全面支持 Web 功能的数据库解决方案。对于在 Windows 平台上开发的各种企业级信息管理系统来说，无论是 C/S 架构还是 B/S（浏览器/服务器）架构，SQL Server 都是一个很好的选择。

4. MySQL

MySQL 是一个开放源代码的数据库管理系统，由瑞典 MySQL AB 公司开发，目前属于 Oracle 旗下产品。由于其体积小、速度快、总体拥有成本低的特点，使得许多中小型网站选择 MySQL 作为网站数据库。

与其他的大型数据库（如 Oracle、SQL Server 等）相比，MySQL 有它的不足之处，如规模小、功能有限等，但是这并没有降低其受欢迎的程度。对于一般的个人用户和中小型企业来说，MySQL 提供的功能已经绰绰有余，而且 MySQL 是开放源码软件，可以大大降低总体拥有成本。

1.2　数据模型和 E-R 图

模型是现实世界特征的模拟和抽象。在现今社会中，模型对人们而言已是一种熟悉的事物，盲盒手办、建筑沙盘、玩具小汽车都是模型，人们通过观看这些模型就可以联想到对应的真实的事物。本节将介绍数据模型和常用的 E-R 图，读者可以通过观看数据模型进而联想到对应的数据特征。

1.2.1 数据模型的概念

数据模型是一种特殊的模型，是对现实世界数据特征的抽象，通俗地讲，数据模型就是对现实世界的模拟。在数据库中，用数据模型来抽象、表示和处理现实世界中的数据与信息。

1. 数据模型的组成要素

数据模型通常由以下三部分组成：

（1）数据结构：是对系统静态特征的描述，主要包括数据的类型、内容、性质以及数据间的联系等。在数据库系统中，通常按照数据结构的类型来命名数据模型。例如，层次结构、网状结构和关系结构的数据模型分别被命名为层次模型、网状模型和关系模型。

（2）数据操作：是对系统动态特征的描述，主要描述在相应的数据结构上进行的操作类型和操作方式。数据操作的类型主要包括检索和更新。

（3）数据的完整性约束条件：指给定的数据模型中的数据及其联系所具有的制约和依存关系，以及数据动态变化的规则，据此用来保证数据的正确性、有效性和相容性。例如，学生的课程成绩的分数一般设定为“0≤分数≤100”。

在数据模型的三个组成部分中，数据结构是数据模型的基础，数据操作和约束都是建立在数据结构上的，不同的数据结构具有不同的操作和约束。

2. 数据模型的分类

当前的数据库系统都是建立在某一种数据模型之上的，选择并建立合适的数据模型，能更好地将现实世界投射到计算机世界中进行管理和展示。数据模型的建立应该满足三个方面的要求：第一，能比较真实地模拟现实世界；第二，容易让人理解；第三，便于在计算机中实现。但是，因为一种数据模型很难同时完全满足这三个方面的要求，所以在设计数据库时，人们会根据不同的使用对象和应用目的，采用不同的数据模型。

根据应用的不同目的，数据模型可以分为以下两个不同的层次。

（1）概念数据模型：简称概念模型，也称信息模型，是现实世界中的一个真实模型，用于设计数据库的初始阶段，它按用户的观点对数据和信息建模，是现实世界到信息世界的第一次抽象。概念模型是各种数据模型的共同基础，它比数据模型更独立于机器、更抽象，从而更加稳定。目前主要使用的概念模型表示方法是 E-R 图（entity-relationship diagram，实体-联系图）。

（2）数据模型：直接面向数据库的逻辑结构，是数据库系统的核心和基础，是对现实世界的第二次抽象。它按计算机系统的观点对数据建模，主要进行数据库管理系统的实现。目前最常用的数据模型主要包括层次模型、网状模型、关系模型。

把现实世界中的客观问题转变成机器世界可以识别和处理的数据模型需要经过两个步骤。如图 1-5 所示。

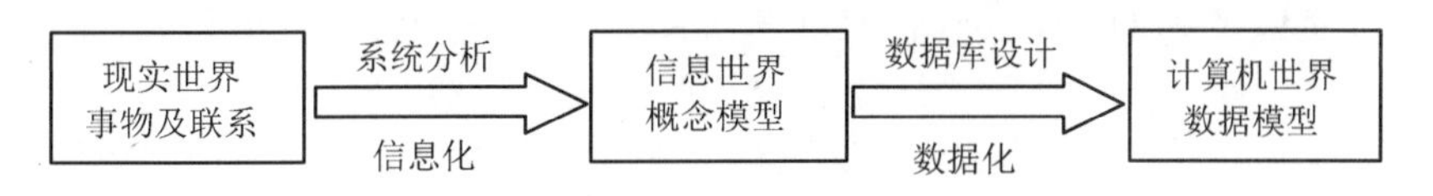

图 1-5　现实世界转换为计算机世界的过程

第一步：通过认识和抽象把客观问题转变成信息世界的概念模型。概念模型是不依赖于任何计算机系统的，这一步工作由数据库设计人员完成。

第二步：把信息世界的概念模型转变成计算机世界的数据模型。

接下来进一步介绍概念模型的表示方法和常见的数据模型。

1.2.2　概念模型 E-R 图的表示方法

1. 信息世界的基本概念

（1）实体（Entity）：是客观存在并可以相互区别的事物，可以是具体的人、事、物或抽象的概念。例如，一个人、一台计算机、一只兔子、一个班级、学生与院系的关系等都是实体。实体是信息世界的基本单位，同一个类型的实体的集合称为实体集。例如，全部学生就是一个实体集。

（2）属性（Attribute）：指实体所具有的某一特性，一个实体包含若干属性。例如，学生实体可以用姓名、性别、出生年月、籍贯、所在学院、班级、入学时间等属性来刻画。

（3）码（Key）：指唯一标识实体的属性或者属性集。例如，学号就是学生实体的码。

（4）域（Domain）：指属性的取值范围。例如，学生的课程成绩的分数一般设定为“0≤分数≤100”。

（5）联系（Relationship）：指一个实体的实例和其他实体实例之间可能发生的联系。例如，哪个学生选修了哪门课程。参与发生联系的实体数目称为联系的度或元。联系有一元联系、二元联系和多元联系，其中二元联系最为常见。

两个实体间的联系通常有三种类型，如图 1-6 所示。具体说明如下：

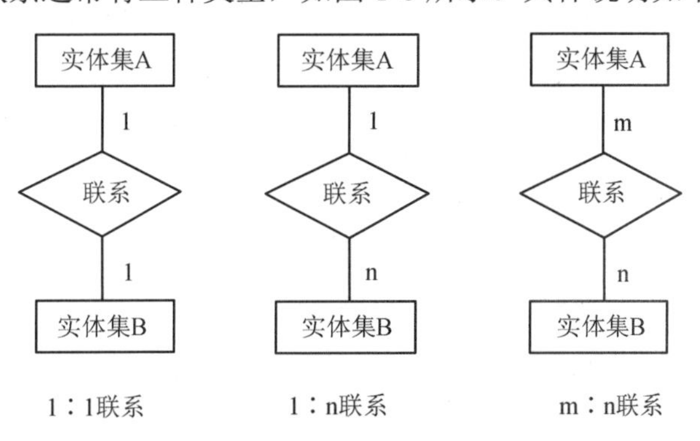

图 1-6　两个实体间的联系

- 一对一联系（1∶1）：指实体集 A 的一个实体只能和实体集 B 的一个实体发生联系，实体集 B 的一个实体也只能和实体集 A 的一个实体发生联系。例如，一个班级只有一个班主任，一个班主任只能管理一个班级。
- 一对多联系（1∶n）：指实体集 A 的一个实体能和实体集 B 的多个实体发生联系，而实体集 B 的一个实体只能和实体集 A 的一个实体发生联系。例如，一个班级有多位同学，一位同学只能属于一个班级。
- 多对多联系（m∶n）：指实体集 A 的一个实体可以和实体集 B 的多个实体发生联系，实体集 B 的一个实体也可以和实体集 A 的多个实体发生联系。例如，一个学生可以选修多门课程，一门课程也可以被多个学生选修。

2. E-R 图

E-R 图（Entity-Relationship Diagram，实体-联系图）是描述现实世界的一种概念模型。E-R 图提供了实体、属性、联系的表示方法。

（1）实体：用矩形框表示，在框内写实体名。

（2）属性：用椭圆形表示，在框内写属性名，属性名下画线表示码，用直线与相关实体或联系相连。

（3）联系：用菱形表示，在框内写联系名，用直线与相关实体相连，通过在直线旁备注 1、m 或者 n 来表示一对一、一对多和多对多的联系，如图 1-6 所示。

【例 1-1】用 E-R 图描述学生选修课程的概念模型。

学生实体的属性有学号（码）、姓名、性别、出生日期、班级。课程实体的属性有课程编号（码）、课程名称、学时、学分。学生和课程之间是学习的联系，每个学生可以选修学习多门课程，每门课程可以被多个学生选修学习。学习的联系也具有“成绩”这一属性，具体如图 1-7 所示。

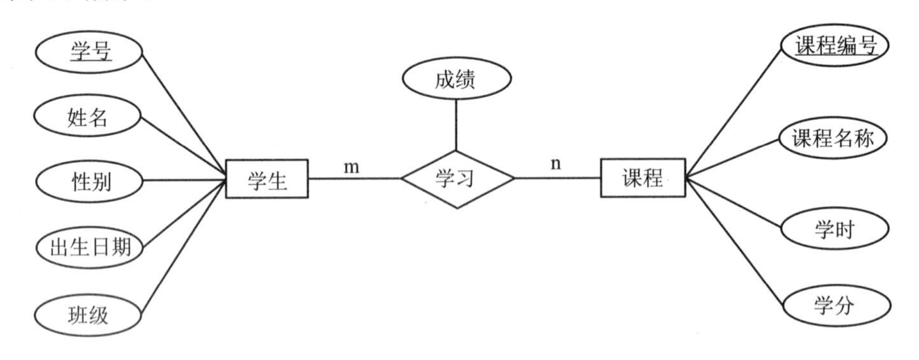

图 1-7　学生与课程的 E-R 图

将现实世界中的数据转化为信息世界中的概念模型以抽象出 E-R 图时，应遵守以下原则：

（1）将现实世界的事物尽可能作为属性对待。

（2）属性是不可分的，不能包含其他属性。

（3）属性有且只能存在某一个实体或者联系之中。

（4）联系是实体与实体之间的联系，属性不能与其他实体具有联系。

（5）实体是独立的，不能存在另一个实体中成为另一个实体的属性。

（6）同一个实体在同一个 E-R 图内只能出现一次。

1.2.3　常见的数据模型

在数据库技术领域，数据模型出现了多种形式。层次模型、网状模型和关系模型被称为三大经典的数据模型，还有其他数据模型也可以学习使用。

1. 层次模型

层次模型用树形结构来描述实体及实体间的联系，是数据库系统中最早出现的数据模型。它的数据结构是一棵“有向树”，树形结构有严密的层次关系，有且仅有一个无双亲结点称为根结点。除根结点外，每个结点仅有一个父结点，结点之间是单向联系的，如图 1-8 所示。因为父结点和子结点之间是一对多的联系，所以导致层次模型只能表示一对多联系。

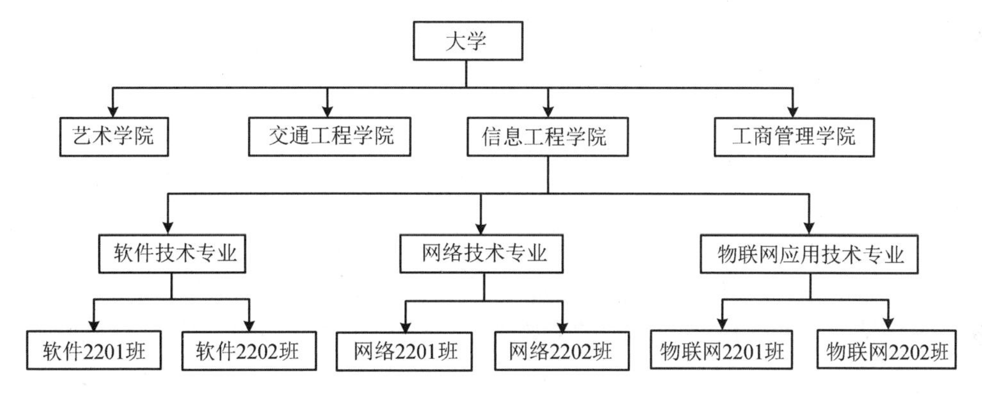

图 1-8　层次模型示例

2. 网状模型

网状模型以网络结构的形式来描述实体与实体之间的联系。网状模型结点之间的联系不受层次的限制，结点之间的联系是多对多的关系，如图 1-9 所示。层次模型是网状模型的特例。

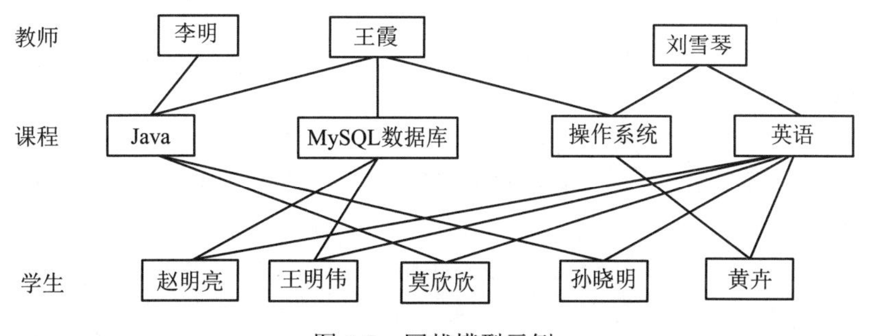

图 1-9　网状模型示例

3. 关系模型

关系模型用二维表的结构来描述数据间的联系，在 1.3 节中将详细介绍关系模型的相关知识。

4. 其他数据模型

随着面向对象程序设计技术的发展，数据模型也出现了对象模型，即面向对象数据模型和对象关系数据模型。这些数据模型都属于结构化的数据模型。随着互联网技术的发展，半结构化的数据模型应运而生，如 XML。在大数据时代，数据模型又演变出了新的形式——非结构化数据模型。

1.3 关系数据库

关系模型用二维表的形式表示各类实体与实体间的联系。关系数据库系统是在关系模型基础上建立的，其开发虽然相对较晚，但由于其优点很多，具有很强的实用性，一直被广泛使用，是目前特别重要的一种数据模型。当前市场上主要的数据库系统大多是关系数据库系统，MySQL 就是一种关系数据库系统。

关系模型的数据结构就是一种二维表结构，它由行和列组成，含有有限个不重复行，如图 1-10 所示为学生信息表样式。

关系名
字段名
字段（属性）
学生信息表
记录（元组）

StudentId	StudentName	StudentSex	StudentClass	StudentDepartment	StudentNation	StudentPolitics	StudentBirthday
1001001	赵明亮	男	计算机2001	信息工程	汉族	团员	2001-02-15 00:00:00
1001002	钱多多	男	计算机2001	信息工程学院	汉族	党员	2001-08-25 00:00:00
1001003	孙晓梅	女	计算机2001	信息工程学院	壮族	团员	2001-12-25 00:00:00
1002001	李静	女	网络2002	信息工程学院	汉族	团员	2000-01-20 00:00:00
1002002	王明伟	男	网络2002	信息工程学院	壮族	党员	2001-03-18 00:00:00
1002003	李晓馨	女	网络2002	信息工程学院	苗族	党员	2000-10-22 00:00:00
1002004	王浩云	男	网络2002	信息工程学院	苗族	群众	2001-09-21 00:00:00
1002005	魏金木	男	网络2002	信息工程学院	汉族	群众	2002-08-28 00:00:00

图 1-10 学生信息表样式

图 1-10 中涉及一些常见术语，对其解释如下：

- 关系：一个关系对应一张二维表，二维表名就是关系名，如图 1-10 中的学生信息关系。
- 字段（属性）：二维表的每一列称为一个字段，也称为属性，表示表中存储对象的共有属性。每一列的标题称为字段名（属性名），例如，图 1-10 所示的表中包含 8 个字段，其中字段名有 StudentId（学号）、StudentName（姓名）、StudentSex（性别）、StudentClass（班级）、StudentDepartment（系部）、StudentNation（民族）、StudentPolitics（政治面貌）、StudentBirthday（出生日期）。
- 记录（元组）：二维表的每一行称为一条记录，记录由若干相关属性值组成。例如，

在图 1-10 所示的表中的第一条记录中，各属性值为 1001001、赵明亮、男、计算机 2001、信息工程、汉族、团员、2001-02-15。该表一共有 8 条记录。

- 关键字：关系中可以唯一确定一条记录的某个属性或属性组称为关键字，实际应用中选定的关键字称为主键（主码）。图 1-10 中的“StudentId（学号）”即为关键字，通常也是该关系的主键。
- 值域：属性的取值范围称为值域。图 1-10 中“StudentSex（性别）”字段的值域为(“男”,“女”)。
- 关系模式：是对关系的描述，其一般形式：关系名（属性 1，属性 2，属性 3，…，属性 n)。例如，图 1-10 所示的学生信息关系对应的关系模式：学生信息(StudentId，StudentName，StudentSex，StudentClass，StudentDepartment，StudentNation，StudentPolitics，StudentBirthday)。
- 关系数据库：关系数据库是数据以“关系”的形式，即表的形式存储的数据库。在关系数据库中，信息存放在二维表中，一个关系数据库可包含多个表。
- 关系数据库管理系统：目前常用的数据库管理系统如 MySQL、Oracle、SQL Server 等都是关系数据库管理系统。

1.4　认识 SQL 语言

学习数据库管理系统，本质就是学会与数据库沟通的语言——SQL 语言，并通过数据库管理系统使用 SQL 语言与计算机进行对话，这和我们要与英国人交流需要学习英语是一个道理。

1.4.1　SQL 概述

SQL 语言（structured query language，结构化查询语言）是一种通用的、功能极强的关系数据库语言，IBM 公司最早在其开发的数据库系统中使用该语言。1986 年 10 月，美国 ANSI 公司对 SQL 语言进行规范后，便以此作为关系数据库管理系统的标准语言。

SQL 作为关系数据库的标准语言，它已被众多商用数据库管理系统产品所采用。由于不同的数据库管理系统在其实践过程中对 SQL 语言规范做了某些改变和扩充，因此实际上不同的数据库管理系统之间的 SQL 语言不能完全通用。例如，微软公司的 SQL Server 支持 T-SQL 语言，而 Oracle 公司的 Oracle 所使用的则是 PL-SQL 语言。但总体来说，学习了 SQL 语言后，再学习其他数据库管理系统语言会更容易。

1.4.2　SQL 的组成

SQL 是一个综合的、通用的、功能性极强又简洁易学的国际标准语言，主要由以下几部分构成：

1. DDL（data definition language，数据定义语言）

用于定义不同数据库、表、列索引等数据库对象。常用的语句关键字包括创建（CREATE）、删除（DROP）、修改（ALTER）等。

2. DML（data manipulation language，数据操作语言）

分为数据查询和数据更新。查询（SELECT）是数据库中最常见的操作。更新分为插入（INSERT）、修改（UPDATE）和删除（DELETE）3 种操作，并检查数据完整性。

3. DCL（data control language，数据控制语言）

定义了数据库、表、字段、用户的访问权限和安全级别。常用的语句关键字包括授权（GRANT）、收回权限（REVOKE）等。

1.4.3 SQL 参考的语法约定

SQL 语言系统中包含大量的语句与命令，本书采用了既定的符号和表达模式来描述对应操作的命令的语法格式。在表 1-1 中列出了 SQL 参考的语法约定及其说明，后续章节进行学习时介绍的语句和命令可参照其约定执行，以便于读者进行自学。

表 1-1 SQL 参考的语法约定

约　定	说　明
大写	SQL 关键字。在 MySQL 中实际输入时大小写不敏感
小写	用户提供的 SQL 语法的参数
|	竖线，分隔括号或大括号中的语法项。只能使用其中一项。例如，A|B 表示可以选择 A 也可以选择 B，但不能同时选择 A 和 B
[ ]	方括号，可选语法项，可写可不写。在实际输入时不要键入方括号
{ }	大括号，表示必须写的内容。在实际输入时不要键入大括号
[,...n]	指示前面的项可以重复 n 次。匹配项由逗号分隔。例如，x1,x2,x3
[...n]	指示前面的项可以重复 n 次。每一项由空格分隔。例如，x1 x2 x3
;	SQL 语句终止符，每一个完整语句结束后必须写

1.5 总结与训练

本章介绍了数据库的基本概念、数据管理技术的发展历程以及常见的数据库管理系统，并向读者描述什么是数据模型及 E-R 图，进一步介绍了什么是关系数据库和 SQL 语言，从而帮助读者更好的入门数据库。

实践任务一：思考题

1. 实践目的

（1）熟悉数据模型的概念。
（2）认识并掌握 SQL 语言的组成和语法约定。

2. 实践内容

（1）简述数据模型的三要素。
（2）简述 SQL 的组成及特点。

实践任务二：设计题

1. 实践目的

熟悉 E-R 图的表示方法。

2. 实践内容

假设要建立一个教学管理系统用来管理教师授课情况，规定一门课程只能有一个老师讲授，一个老师最多可以讲授一门课程，试绘出 E-R 图。

第 2 章

安装与配置 MySQL 数据库

MySQL 软件的版本有很多种，MySQL 软件也可以安装在不同的操作系统上。本章主要介绍 MySQL 软件在官网上的下载，在不同的操作系统上进行安装的方法，以及 MySQL 图形化管理工具的下载及安装配置等内容。通过启动和停止 MySQL 服务，确保能正常登录和退出 MySQL。

学习目标

- 掌握 Windows 环境下安装 MySQL 的方法。
- 掌握启动和停止 MySQL 服务。
- 掌握登录和退出 MySQL。
- 掌握 MySQL 图形化管理工具的安装与配置。
- 了解 Linux 环境下安装 MySQL 的方法。

2.1 在 Windows 环境下安装 MySQL

MySQL 数据库可以安装在 Windows 操作系统上，也可以安装在网络操作系统上，本节以 Windows 操作系统为例，从软件的下载及安装配置进行简要的介绍。

2.1.1 MySQL 软件下载

下载MySQL安装文件的官网地址为https://www.mysql.com/，找到官网中的DOWNLOADS导航栏标签，如图 2-1 所示。

单击 DOWNLOADS 标签，进入版本选择页面，可见 MySQL 提供了 MySQL Enterprise Edition（企业版）、MySQL Cluster CGE（集群版）和 MySQL Community（GPL）Downloads（社区版）等多种版本，其中社区版免费且开源。我们选择社区版进行下载，如图 2-2 所示。

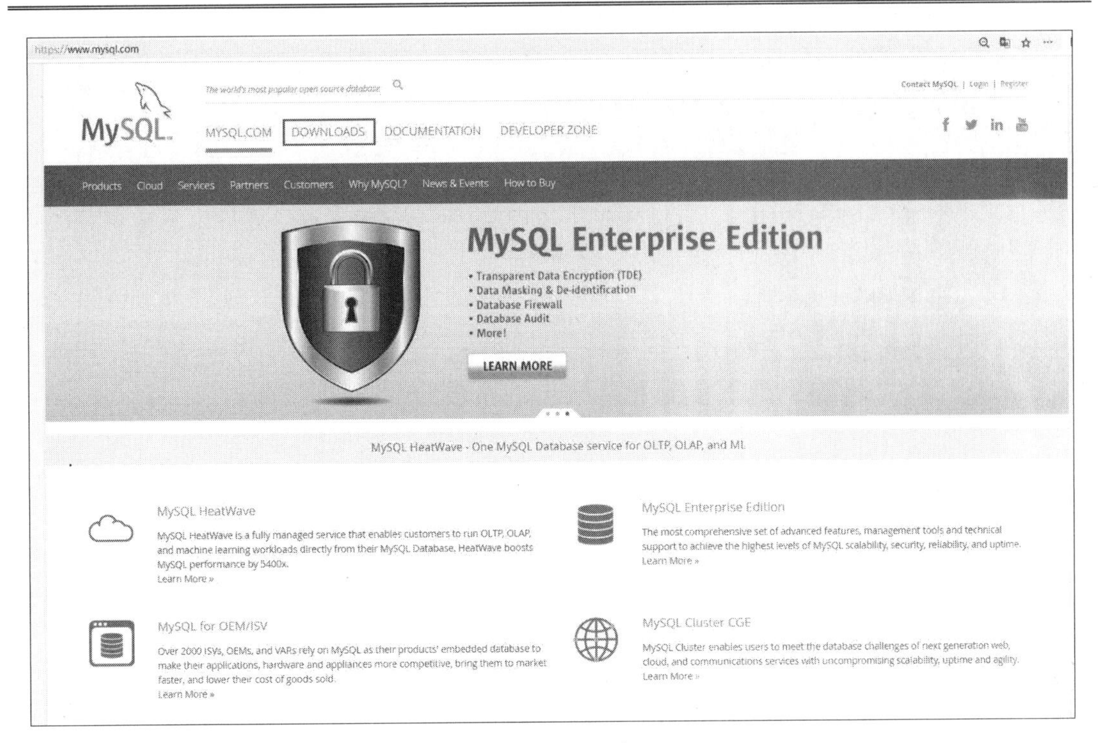

图 2-1　MySQL 官网

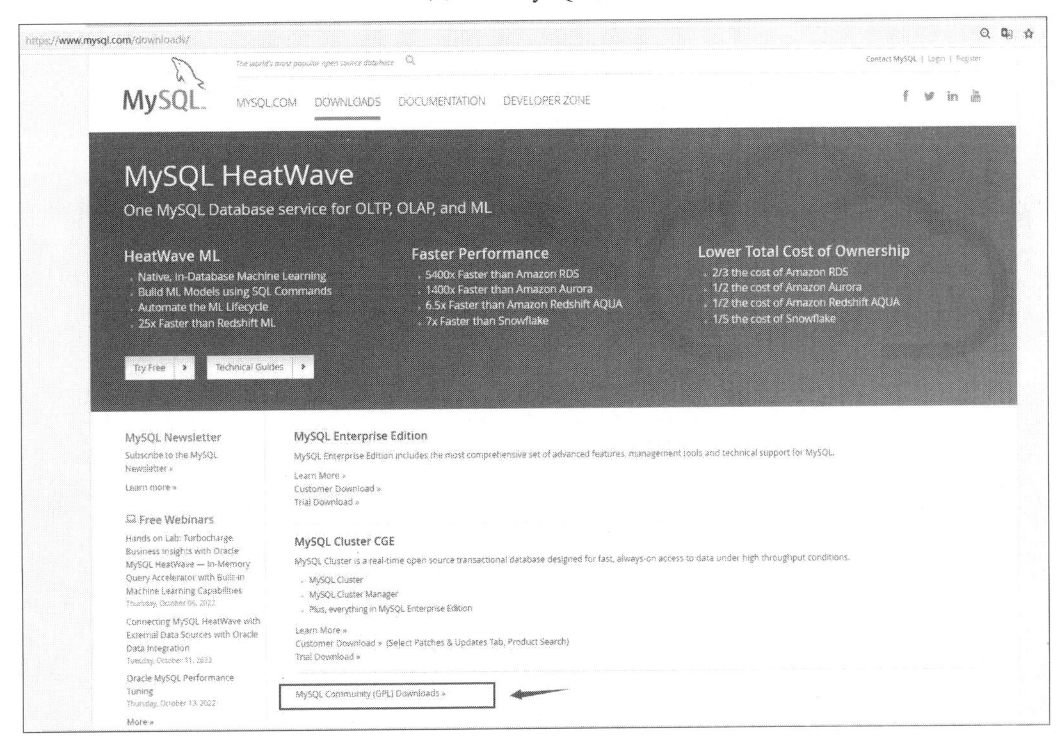

图 2-2　选择社区版

进入 MySQL 的下载页面，选择适用于 Windows 的 MySQL 版本，如图 2-3 所示。

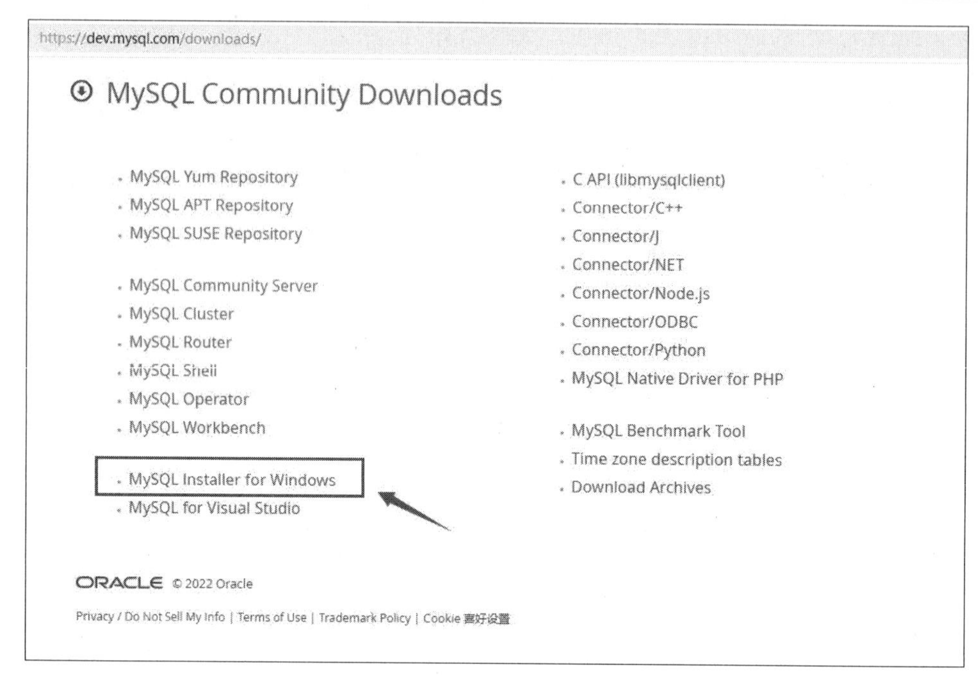

图 2-3 选择 MySQL 版本

在弹出的页面中选择“Windows (x86,32-bit), MSI Installer”版本，本节以 8.0.30 版本为例，如图 2-4 所示。

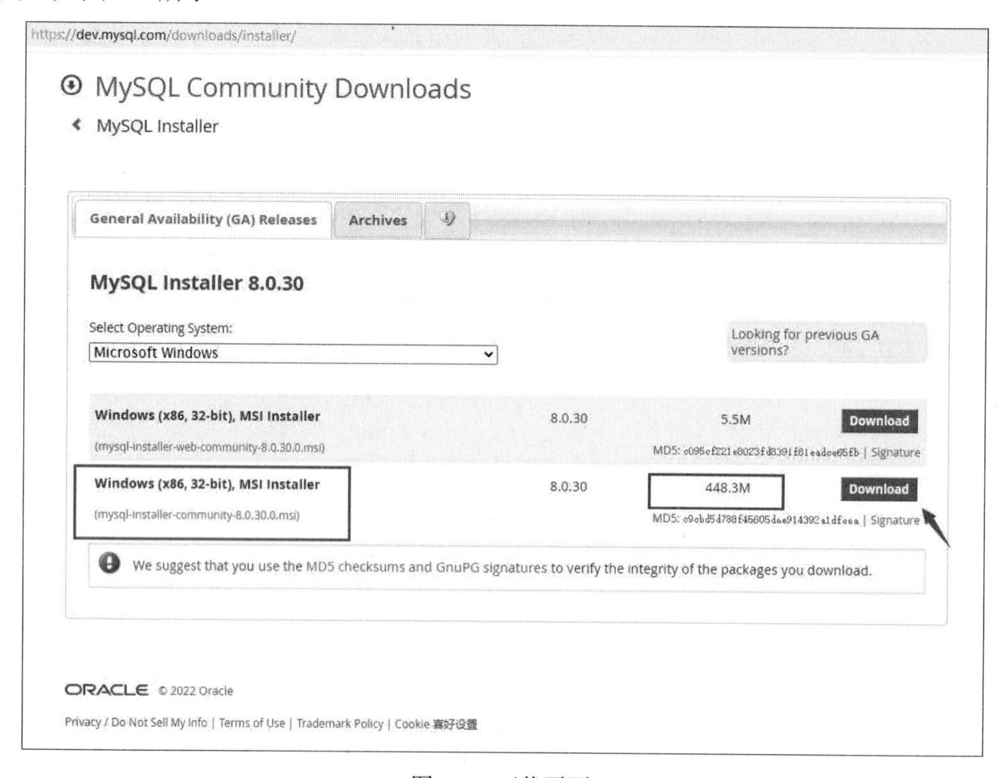

图 2-4 下载页面

单击 Download 按钮直接下载，如图 2-5 所示。

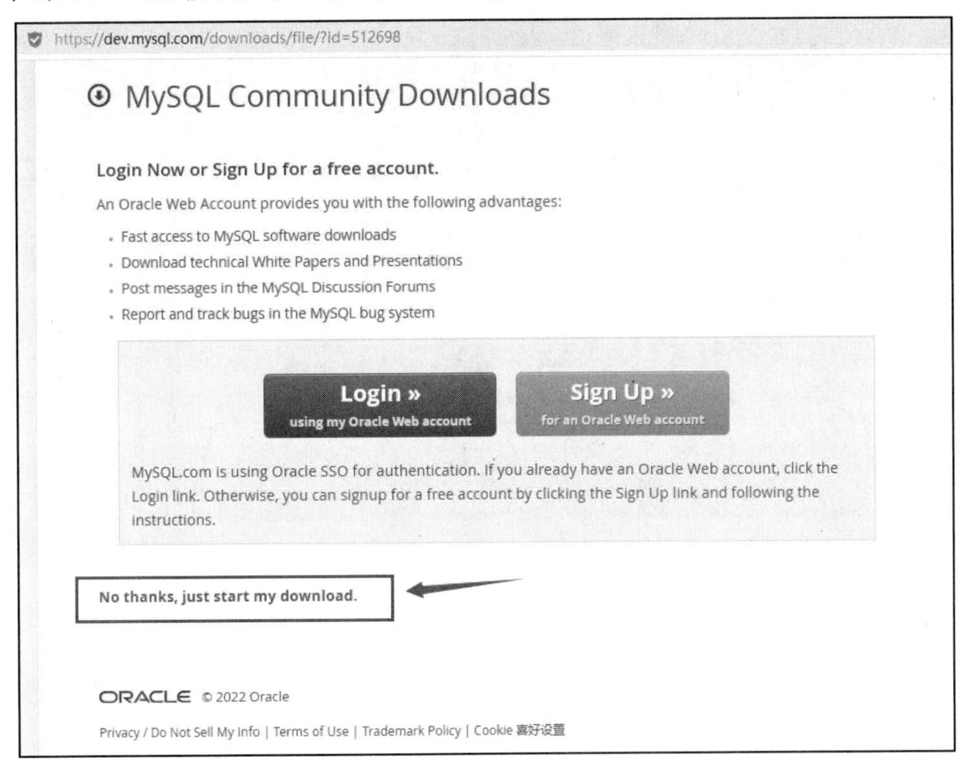

图 2-5　免注册直接下载

2.1.2　MySQL 软件的安装与配置

MySQL 下载完成后，双击安装包 mysql-installer-community-8.0.30.0 开始安装，如图 2-6 和图 2-7 所示。

安装程序进入 Choosing a Setup Type 界面，供我们选择安装类型。安装类型分为默认开发者（Developer Default）类型、仅服务器（Server Only）类型、仅客户机（Client only）类型、完全（Full）类型及自定义（Custom）类型。本书选择自定义（Custom）类型安装，如图 2-8 所示。

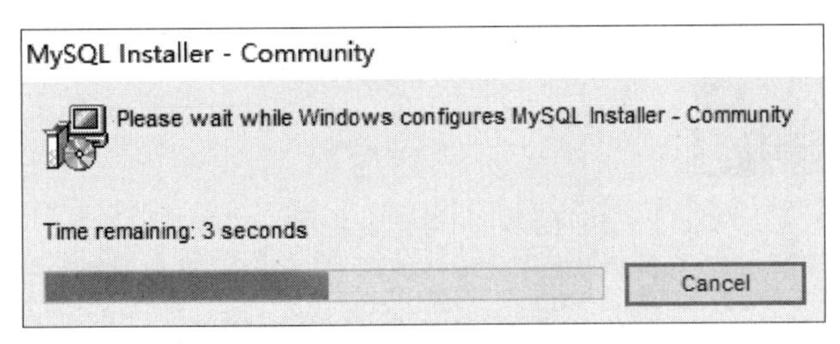

图 2-6　开始安装

图 2-7　安装 MySQL 工具

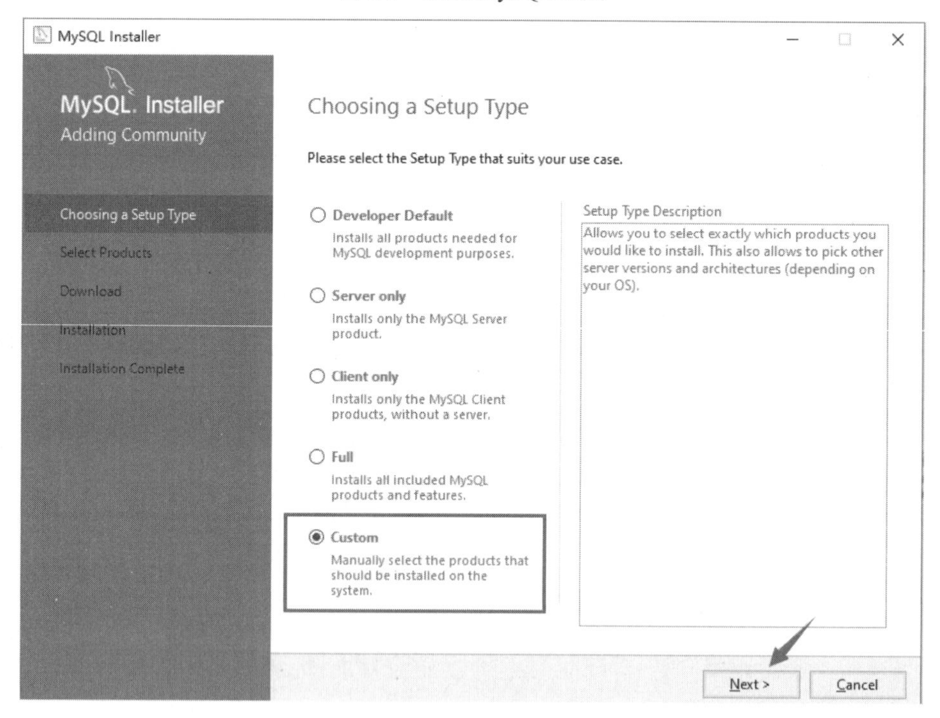

图 2-8　自定义安装

单击 Next 按钮进入 Select Products（选择产品）界面，参数设置如图 2-9 所示。

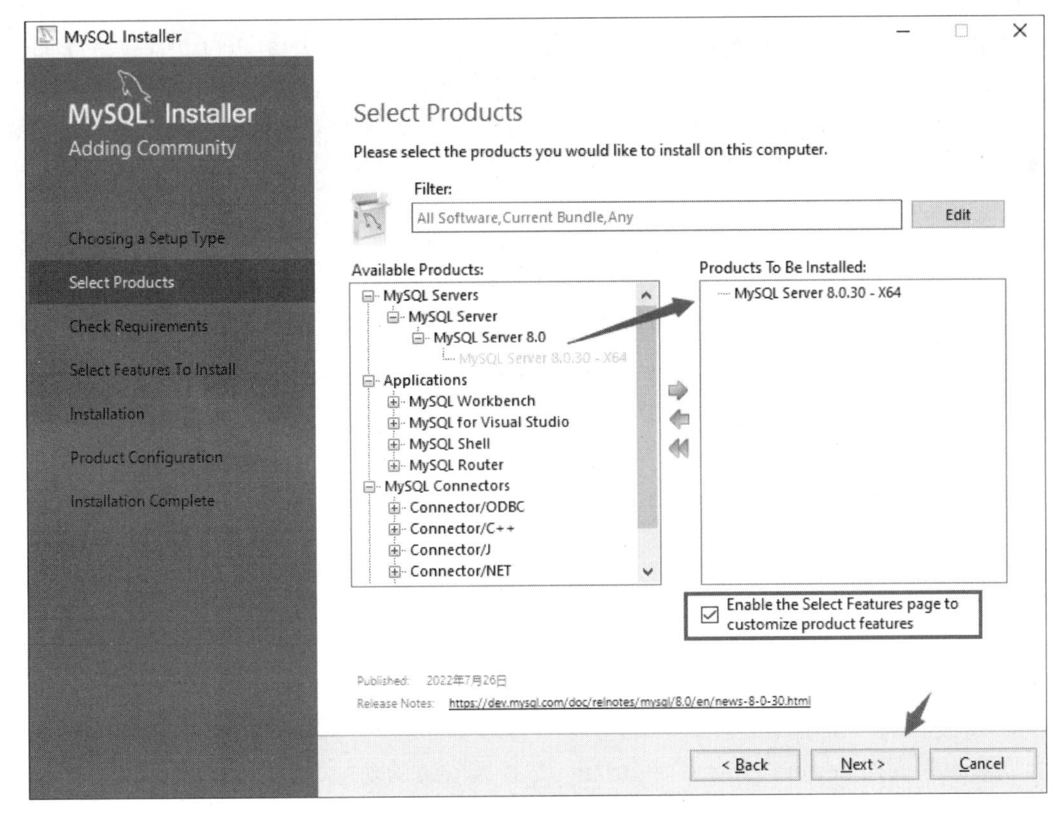

图 2-9　选择安装产品

单击 Next 按钮后，系统进入 Check Requirements（检查必要的配置）安装界面，安装程序会检测软件安装所需要的配置环境，单击 Execute 按钮，进行环境检测，如图 2-10 所示。

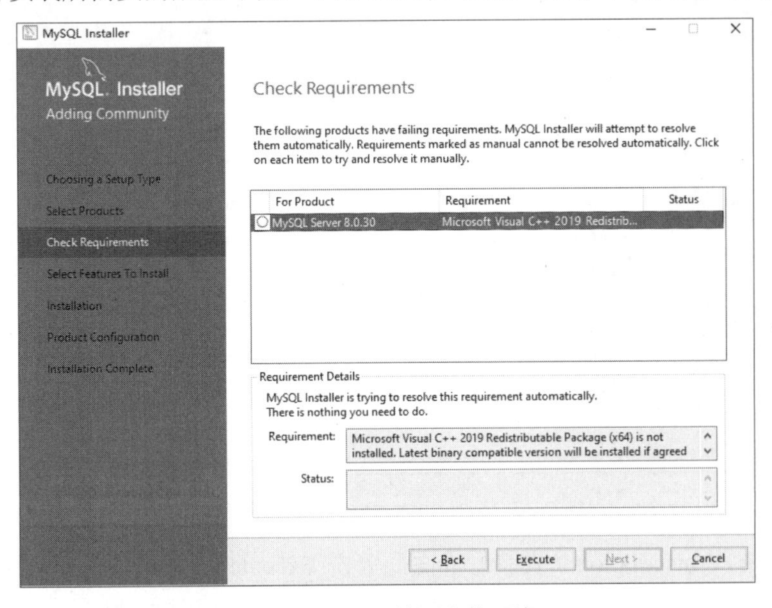

图 2-10　检测安装环境

如果安装环境没有具备 MySQL 软件安装需要的相关环境，则会自动弹出所需要的软件安装界面。如图 2-11 所示，直接单击“安装”按钮，安装完成后，关闭窗口即可。

如果基础环境具备 MySQL 软件安装需要的相关环境，则单击 Check Requirements 安装界面中的 Next 按钮，如图 2-12 所示。

图 2-11　基础环境安装

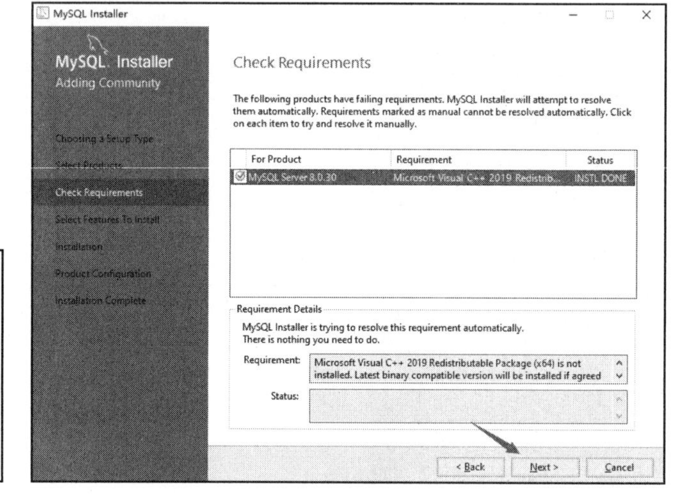

图 2-12　Check Requirements 安装界面

安装程序进入 Select Features To install（选择要安装的功能）界面，选择相关功能，然后单击 Next 按钮，如图 2-13 所示。

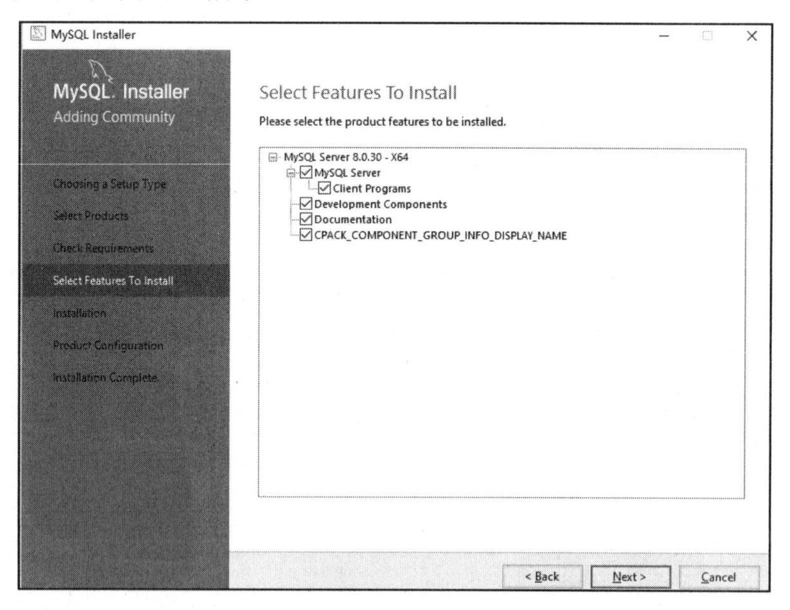

图 2-13　Select Features To install 界面

安装程序进入 Installation（安装）界面，单击 Execute 按钮即可。安装完成后，status（状态）栏中会出现 Complete（完成）提示。连续单击 Next 按钮，则会进入配置向导，如图 2-14 和图 2-15 所示。

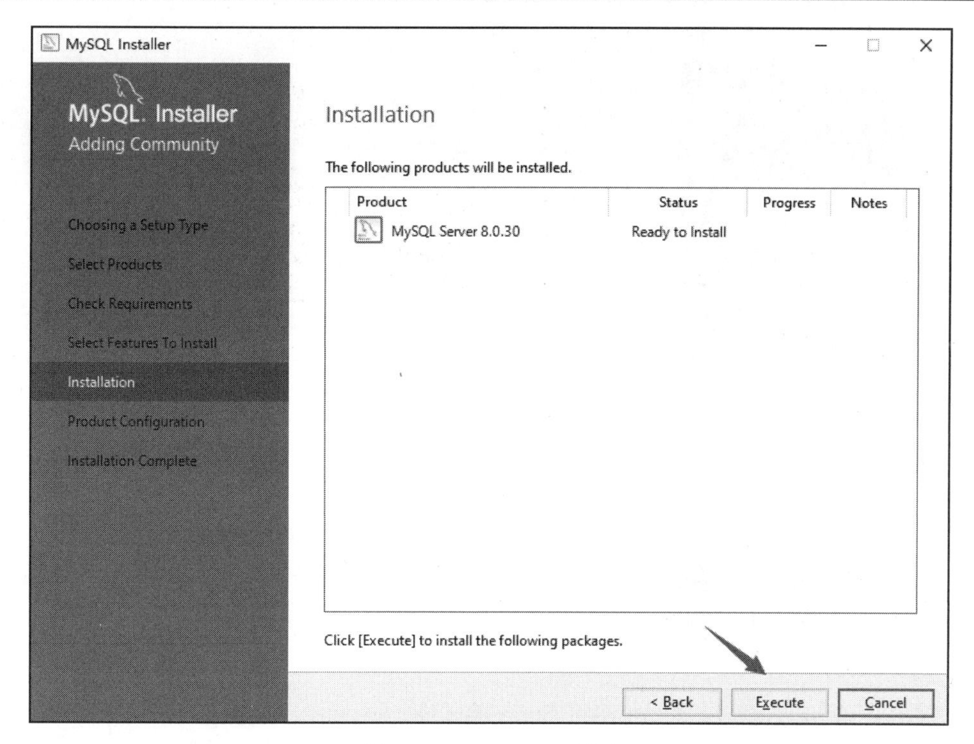

图 2-14　Installation 界面

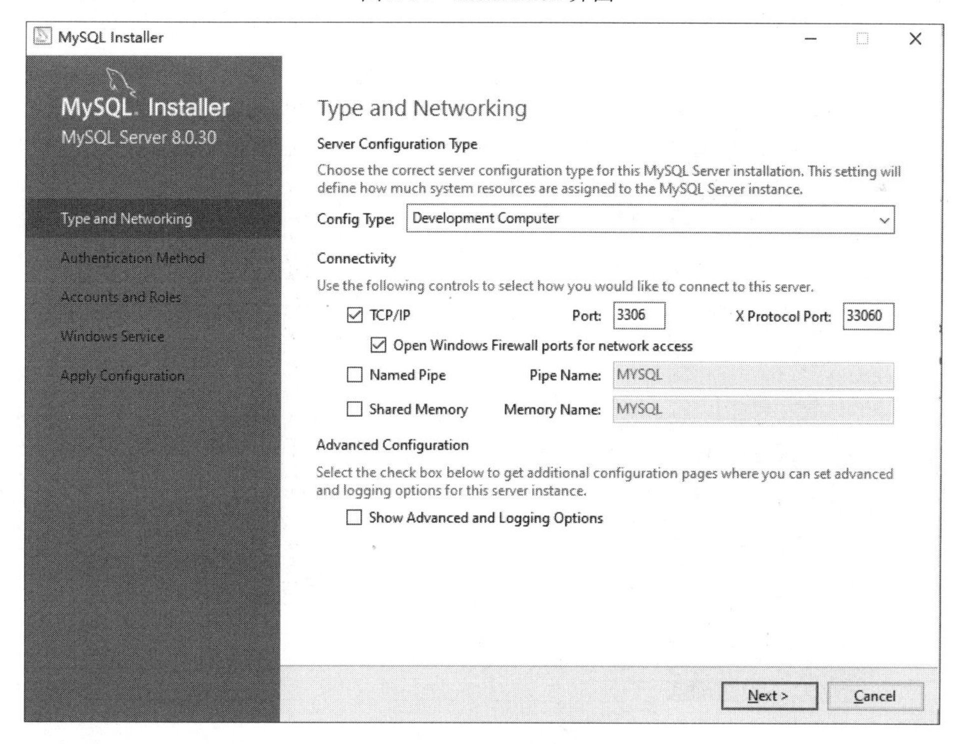

图 2-15　类型与网络配置

默认端口为 3306，单击 Next 按钮进入安全设置界面，如图 2-16 所示。

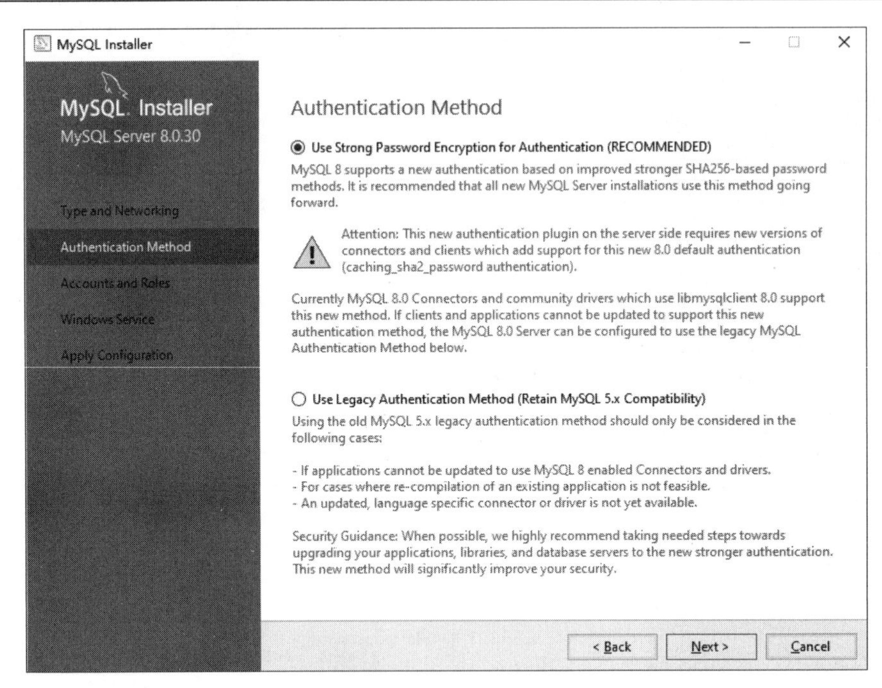

图 2-16　安全设置界面

单击 Next 按钮进入账户配置界面，设置 Root 用户的密码，然后单击 Next 按钮，如图 2-17 所示。

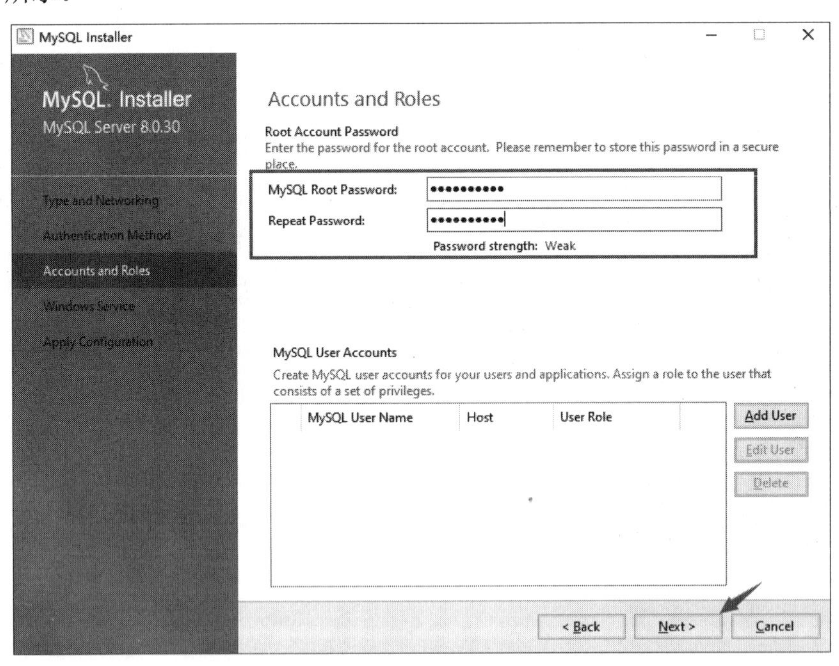

图 2-17　账户设置

安装程序进入 Windows Service 设置界面，如图 2-18 所示。

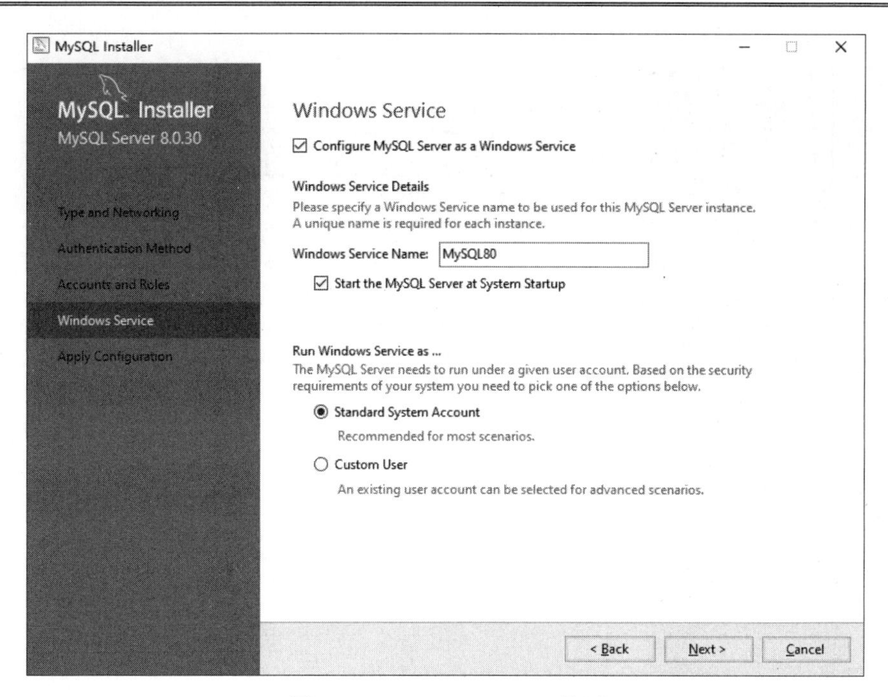

图 2-18　Windows Service 界面

单击 Next 按钮，进入 Apply Configuration（应用配置）界面，如图 2-19 所示。

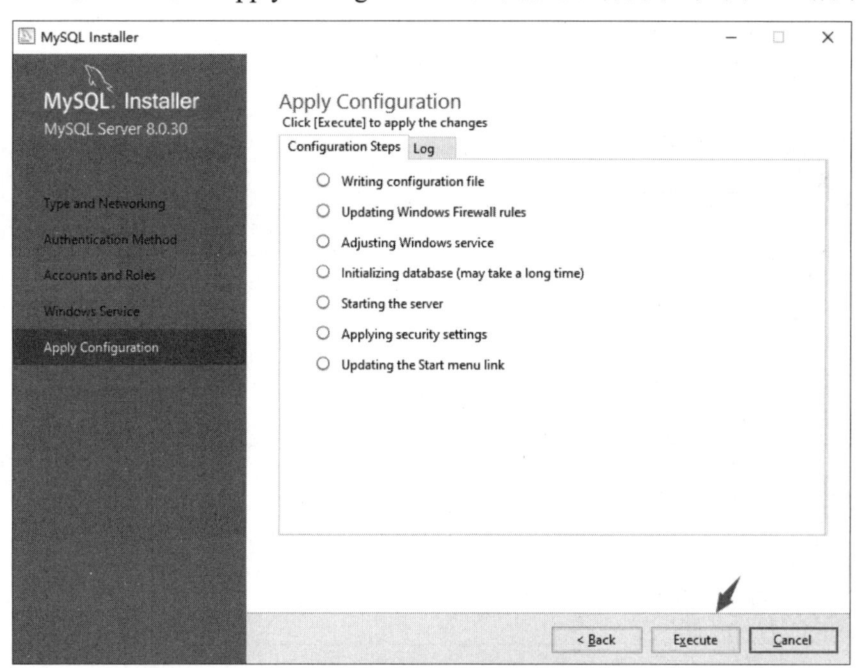

图 2-19　Apply Configuration 界面

单击 Execute 按钮执行配置，直到完成。至此 MySQL 配置完成，最后单击 finish（完成）按钮，如图 2-20、图 2-21 和图 2-22 所示。

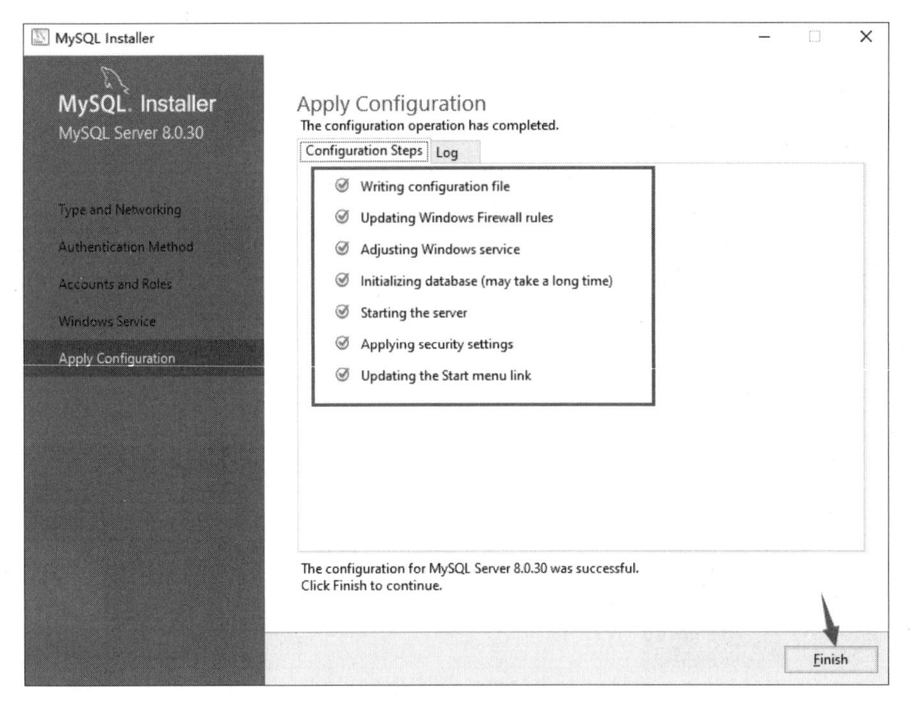

图 2-20　完成配置

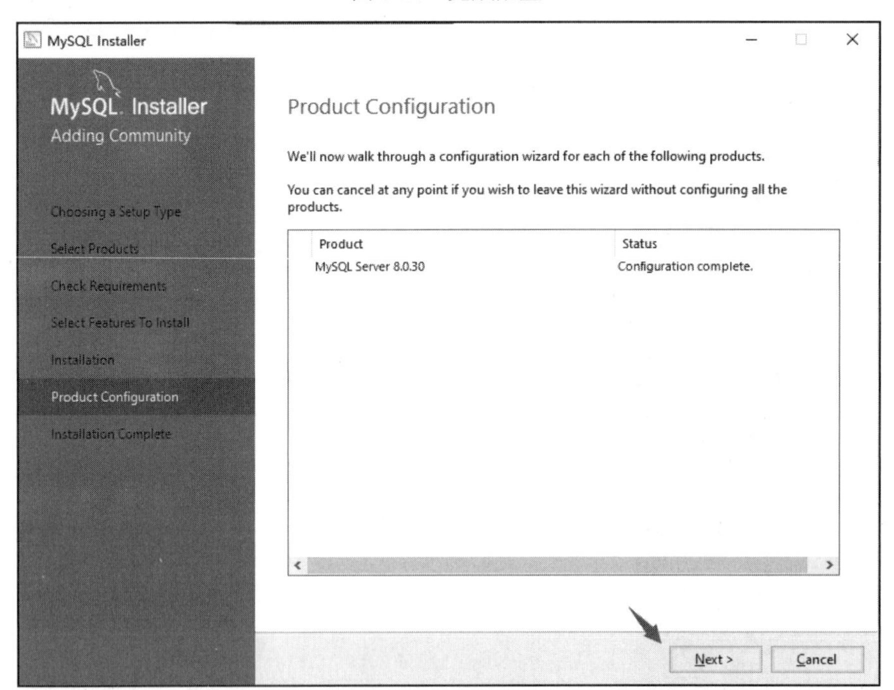

图 2-21　产品配置

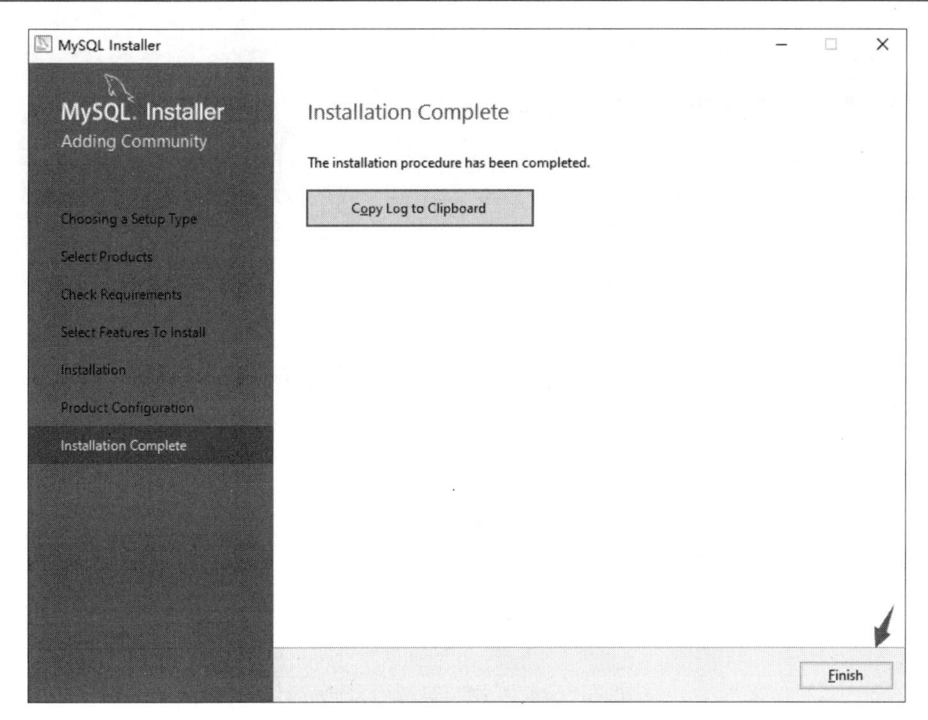

图 2-22　安装完成

MySQL 配置完成后，在“开始”菜单中将出现 MySQL 程序，如图 2-23 所示。

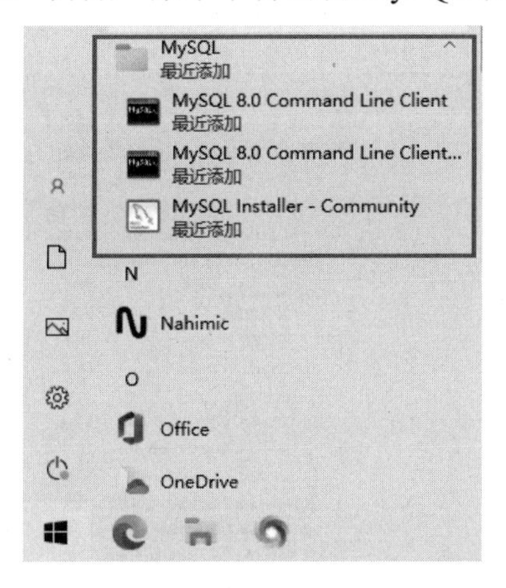

图 2-23　“开始”菜单中的 MySQL 程序

2.2　启动和停止 MySQL 服务

MySQL 安装完成后，默认情况下 MySQL 服务是启动状态。只有启动 MySQL 服务，用户才能登录数据库，本节将介绍如何启动、登录和退出 MySQL。

在 Windows 系统环境下，启动和停止 MySQL 服务有两种方式，一种是通过服务管理器启动，另一种是通过命令的方式启动。

1. 通过服务管理器启动 MySQL 服务

通过服务管理器启动 MySQL 服务的步骤如下：

（1）右击计算机桌面左下角的“开始”按钮，执行“运行(R)”命令，弹出“运行”对话框，在输入框中输入“services.msc”，然后单击“确定”按钮，如图 2-24 所示。

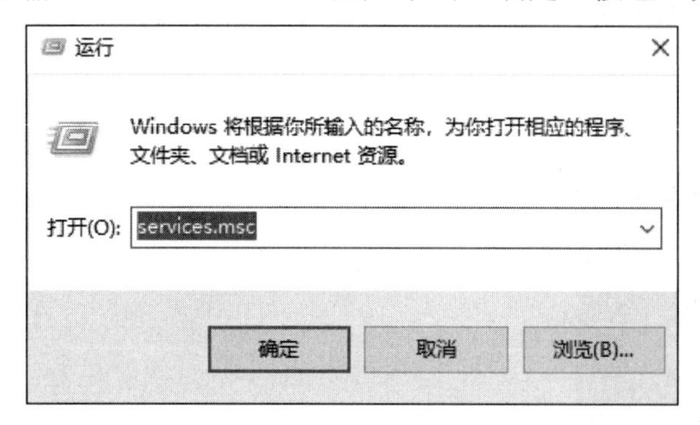

图 2-24　“运行”对话框

（2）打开“服务”窗口，即服务管理器。在其右侧列表中找到 MySQL，如果服务没有启动，则单击左侧出现的“启动”链接，即可启动 MySQL 服务，如图 2-25 所示。

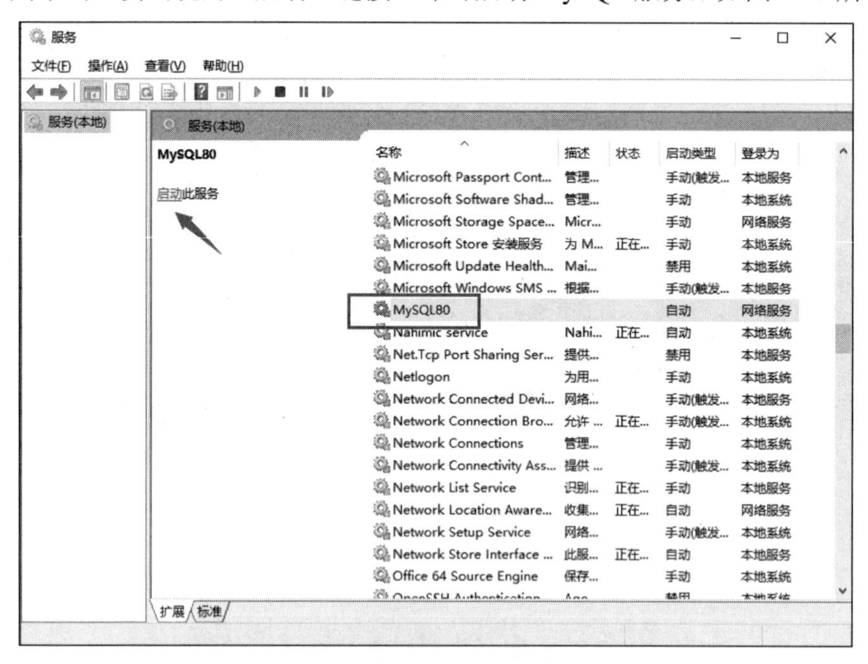

图 2-25　在服务管理器中启动 MySQL 服务

2. 通过服务管理器停止 MySQL 服务

在图 2-25 所示的服务管理器中启动 MySQL 服务器之后，MySQL 服务会处于运行状态，如果需要停止 MySQL 服务，则在“服务”窗口中选择窗口右侧的 MySQL 项，单击其左侧

的“停止”链接即可，如图 2-26 所示。

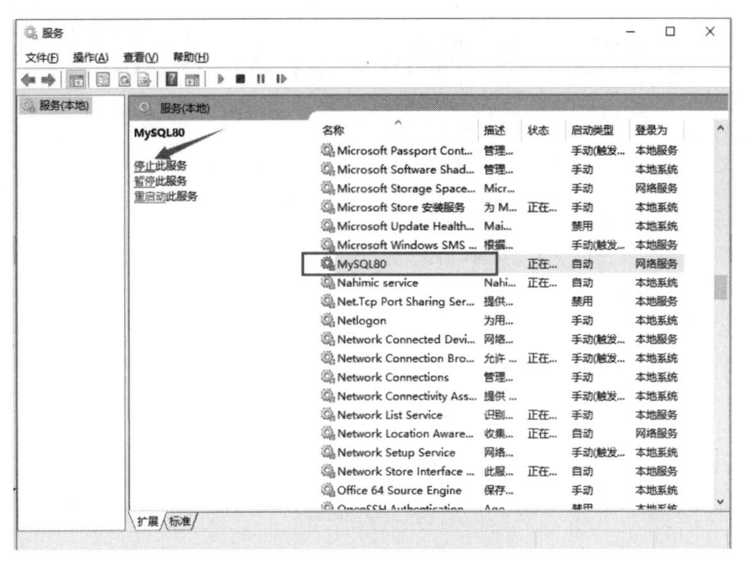

图 2-26　在服务管理器中停止 MySQL 服务

3. 通过命令的方式启动 MySQL 服务

通过命令的方式启动 MySQL 服务的步骤如下：

（1）右击计算机桌面左下角的“开始”按钮，在弹出的菜单中单击“Windows PowerShell (管理员)(A)”，打开“管理员：Windows PowerShell”窗口，即命令行窗口，如图 2-27 所示。

（2）在命令行窗口输入 net start mysql 80 命令，按 Enter 键确认，即可启动 MySQL 服务器，如图 2-28 所示。

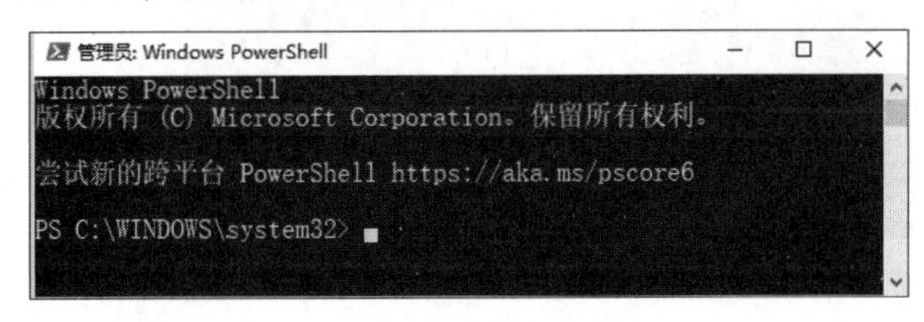

图 2-27　命令行窗口

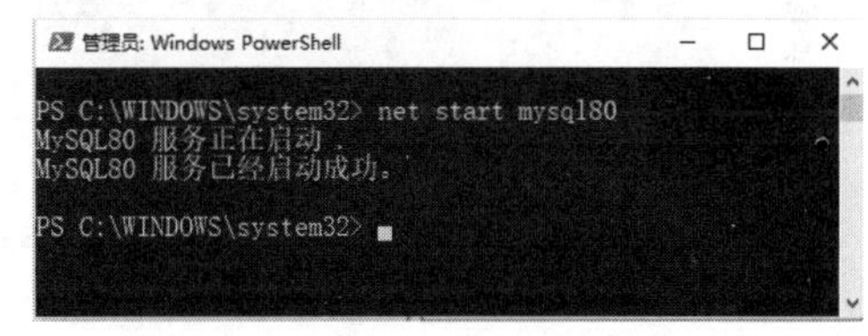

图 2-28　在命令行中启动 MySQL 服务

4. 通过命令的方式停止 MySQL 服务

使用同样的方法，打开命令行窗口。在命令行窗口中输入 net stop mysql 80 命令，按 Enter 键确认，即可禁止 MySQL 服务器，如图 2-29 所示。

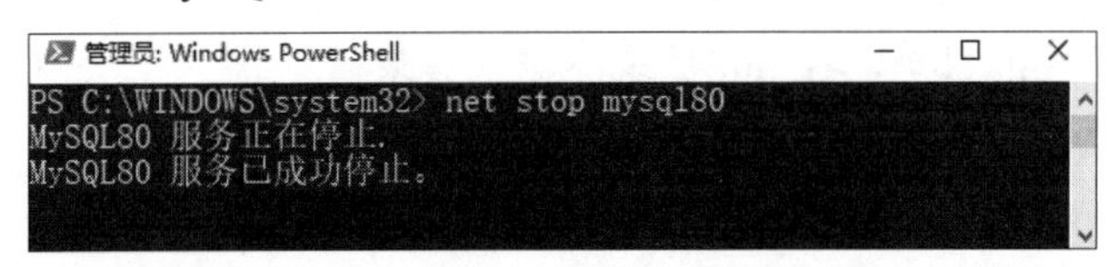

图 2-29　在命令行中停止 MySQL 服务

2.3 登录和退出 MySQL

登录和退出 MySQL 的方法有多种，可以通过安装软件自带的“MySQL 8.0 Command Line Client”命令客户端进行登录，也可以通过 DOS 命令提示符，在命令提示符中输入 MySQL 的启动软件命令进行登录，本节将介绍在命令提示符中修改 MySQL 客户端登录密码及字符编码的相关知识。

2.3.1 使用“MySQL 8.0 Command Line Client”登录 MySQL

启动 MySQL 服务后，可以通过客户端的命令行窗口登录和退出 MySQL。在安装和启动 MySQL 时，必须使用管理员身份，而登录 MySQL 可以使用管理员身份，也可能使用普通用户身份。

单击计算机桌面左下角的“开始”按钮，在弹出的菜单中单击 MySQL 下面的“MySQL 8.0 Command Line Client”，打开命令行窗口。输入 MySQL 密码（安装软件时已经设置好）即可，如图 2-30 所示。

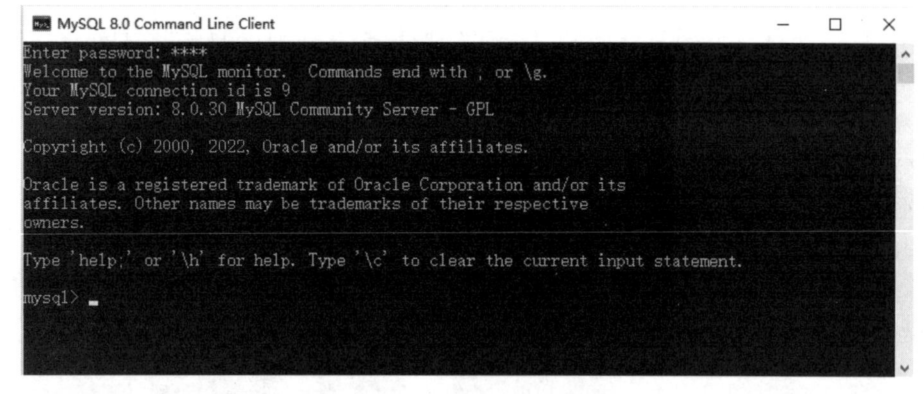

图 2-30 登录 MySQL 界面

2.3.2 使用 DOS 命令提示符登录 MySQL

使用 DOS 命令提示符登录 MySQL，首先需要设置操作系统的环境变量，直接在命令行提示符下进行操作；如果环境变量没有配置好，命令行提示符则需要定位到 MySQL 软件的安装目录，找到 bin 目录，在 bin 目录下输入登录命令。

登录 MySQL 数据库的命令格式如下：

```
mysql  -h  hostname  –u  username  -p
```

参数说明：

➢ Mysql：登录命令。

- Hostname：服务器的主机地址，输入 localhost 或 127.0.0.1 皆可，在本地服务器上登录可以省略此项[-h hostname]。
- Username：登录 MySQL 数据库服务的用户名，这里设置为 root。
- -p：在此参数后可以直接写用户名对应的密码（密码可见），也可以不写，系统会提示输入密码，输入配置好的密码（此时密码用***符号代替）并验证成功后即可登录 MySQL 数据库，如图 2-31 所示。

```
C:\Windows\System32\cmd.exe - mysql  -h localhost -u root -p
C:\Program Files\MySQL\MySQL Server 8.0\bin>mysql -h localhost -u root -p
Enter password: ****
Welcome to the MySQL monitor.  Commands end with ; or \g.
Your MySQL connection id is 20
Server version: 8.0.30 MySQL Community Server - GPL

Copyright (c) 2000, 2022, Oracle and/or its affiliates.

Oracle is a registered trademark of Oracle Corporation and/or its
affiliates. Other names may be trademarks of their respective
owners.

Type 'help;' or '\h' for help. Type '\c' to clear the current input statement.

mysql>
```

图 2-31　带服务器的主机地址登录 MySQL 数据库

由于在本地服务器上登录数据库，也可以省略主机名，如图 2-32 所示。

```
C:\Windows\System32\cmd.exe - mysql  -u root -p
C:\Program Files\MySQL\MySQL Server 8.0\bin>mysql -u root -p
Enter password: ****
Welcome to the MySQL monitor.  Commands end with ; or \g.
Your MySQL connection id is 22
Server version: 8.0.30 MySQL Community Server - GPL

Copyright (c) 2000, 2022, Oracle and/or its affiliates.

Oracle is a registered trademark of Oracle Corporation and/or its
affiliates. Other names may be trademarks of their respective
owners.

Type 'help;' or '\h' for help. Type '\c' to clear the current input statement.

mysql>
```

图 2-32　省略服务器的主机地址登录 MySQL 数据库

2.3.3　修改 MySQL 登录密码

为了方便用户使用，以及提高数据的安全性，用户可以修改 MySQL 的登录密码，命令格式如下：

```
set password for root@localhost=“新密码”
```

例如，将原来的密码修改为 root1234，如图 2-33 所示。

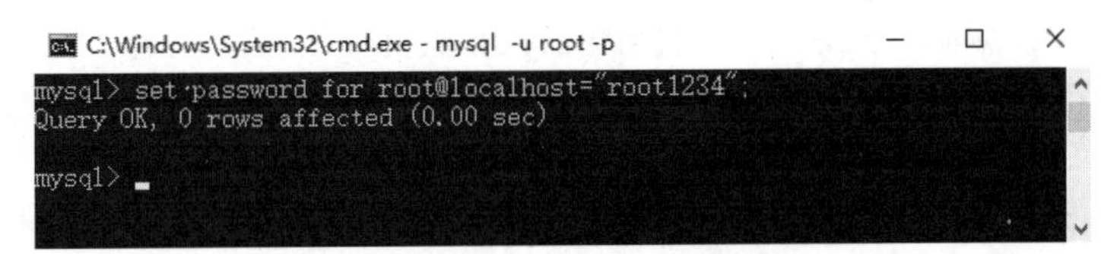

图 2-33　修改登录密码

在下次登录时，需要输入新密码才能登录成功，如图 2-34 所示。

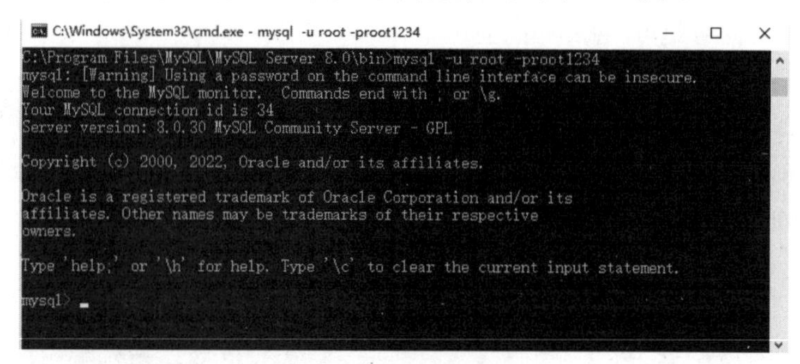

图 2-34　输入新密码登录

2.3.4　修改 MySQL 客户端字符编码

1. DOS 命令方式

登录 MySQL 数据库后，用“\s”命令可查看客户端字符编码，如图 2-35 所示。

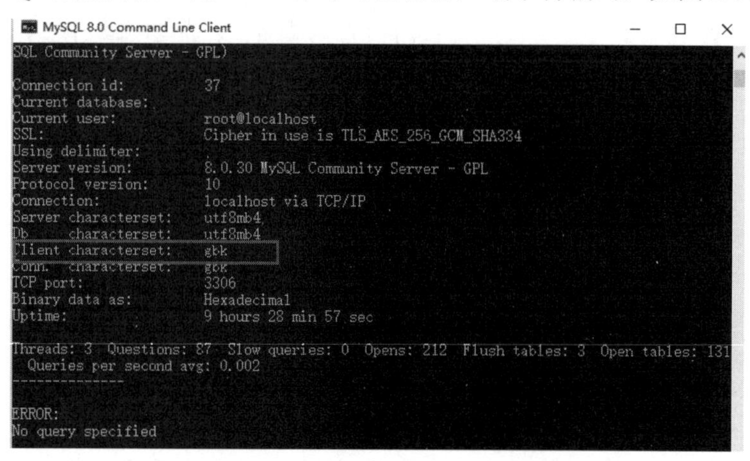

图 2-35　用“\s”命令可查看客户端字符编码

修改 MySQL 客户端字符集编码为 utf8mb4 的命令如下：

```
set character_set_client=utf8mb4
```

通过修改命令，再次查看编码设置，结果如图 2-36 所示。

2. 修改 my.ini 文件

如果想永久更改编码方式，则需要修改 my.ini 文件中的配置内容，在 MySQL8.0 版本中，该文件的路径并不在安装目录下，而是在 C:\ProgramData\MySQL\MySQL Server 8.0 目录下。

找到该文件后，可以用记事本以管理员身份打开并进行编辑。如果查看到文件中有“default-character-set=gbk”的语句，即设置 MySQL 客户端字符集编码为 gbk 编码。如果

要将编码修改为 utf8mb4 编码，则只需要将语句修改为“default-character-set=utf8mb4”，再将 my.ini 文件进行保存即可。

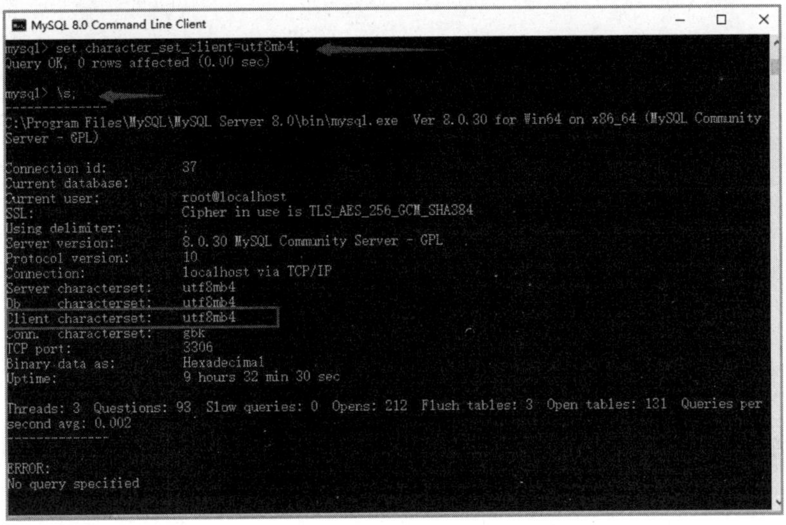

图 2-36　查看修改后的编码情况

2.3.5　退出 MySQL

退出 MySQL 数据库的方法有多种，在命令行窗口中执行 Quit 命令、“\q” 命令、Exit 命令中的任意一个，皆可退出 MySQL 数据库。

2.4　MySQL 图形化管理工具

对于 MySQL 初学者来说，在命令行窗口操作数据库时，需要熟悉各个操作的命令，才能对数据运用自如。然而，使用图形化管理工具可以在不熟悉 MySQL 命令的情况下，对数据库进行可视化操作，从而提高工作效率。

常用的图形化管理工具有很多，其中 Navicat for MySQL 是一款专为 MySQL 设计的强大数据库管理及开发工具，拥有极好的图形用户界面，可以更加安全、容易和快速地创建、组织、存取和共享信息。Navicat for MySQL 可以连接本地或远程 MySQL 服务器，用户可以对数据库及数据表进行相关的操作。本节将介绍该软件的下载及安装方法。

2.4.1　Navicat for MySQL 的下载

Navicat 的官网地址是 https://www.navicat.com.cn。进入主页，单击转到“产品”页面，选择“Navicat 16 for MySQL”，提供了“免费试用”与软件购买渠道，本节选择“免费试用”，如图 2-37 所示。

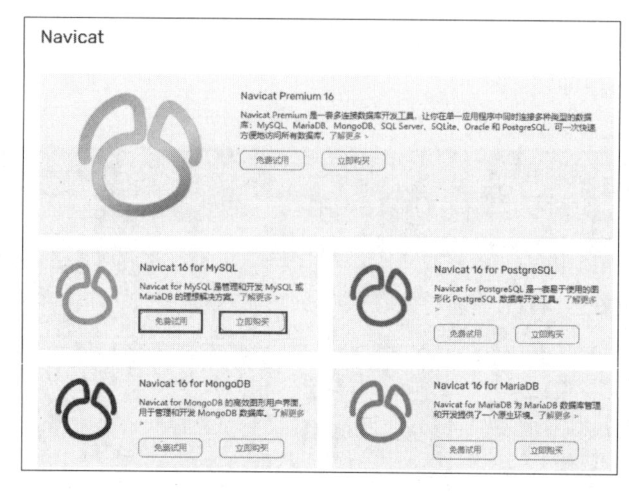

图 2-37　Navicat 下载页面

根据系统的参数，选择相应的版本进行下载，本节下载的是 64 bit 的图形化管理工具软件 navicat161_premium_cs_x64.exe，如图 2-38 所示。

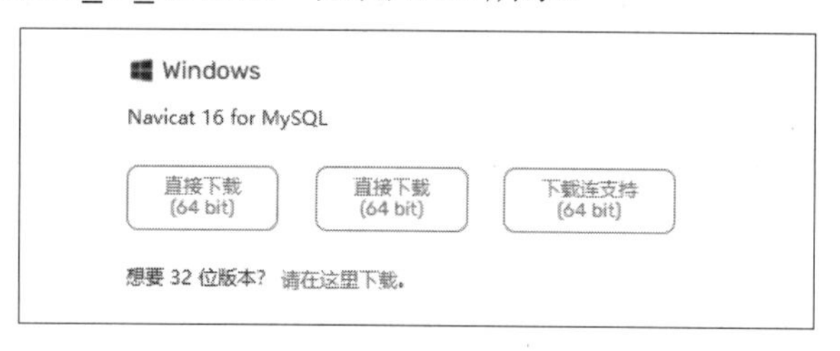

图 2-38　选择 Navicat 下载版本

2.4.2　Navicat for MySQL 的安装

双击下载的安装文件 navicat161_premium_cs_x64.exe，进入安装程序的欢迎界面，如图 2-39 所示。

单击“下一步”按钮后，在“许可证”界面选中“我同意”单选按钮，之后单击“下一步”按钮，如图 2-40 所示。

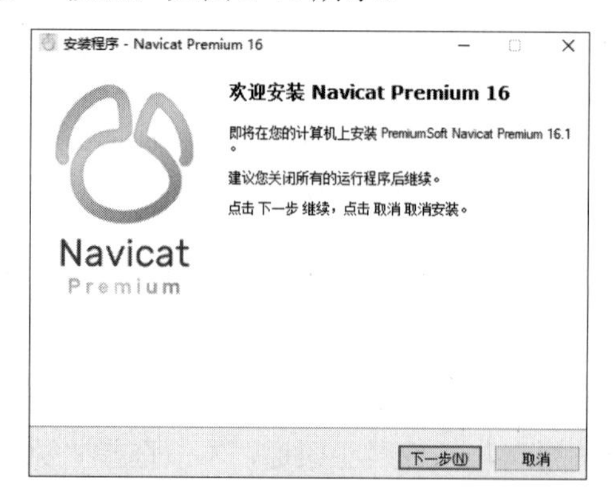

图 2-39　Navicat 软件的安装界面

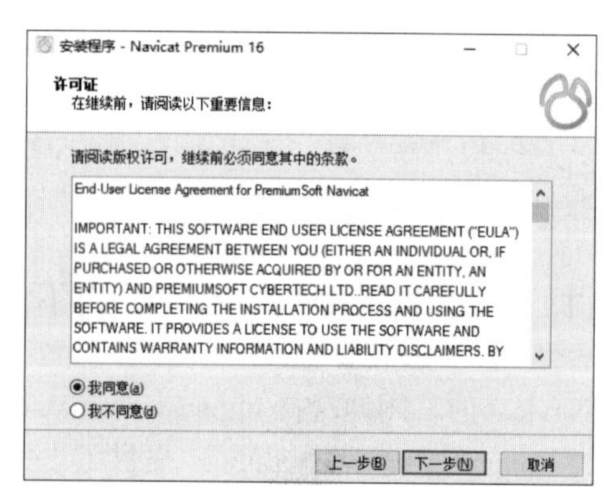

图 2-40　“许可证”界面

在弹出的界面中，可以单击“浏览”按钮，选择软件的安装位置，然后单击“下一步”按钮，如图 2-41 所示。

连续单击“下一步”或“安装”按钮，直至弹出如图 2-42 所示的对话框，最后单击“完成”按钮，即可完成安装。

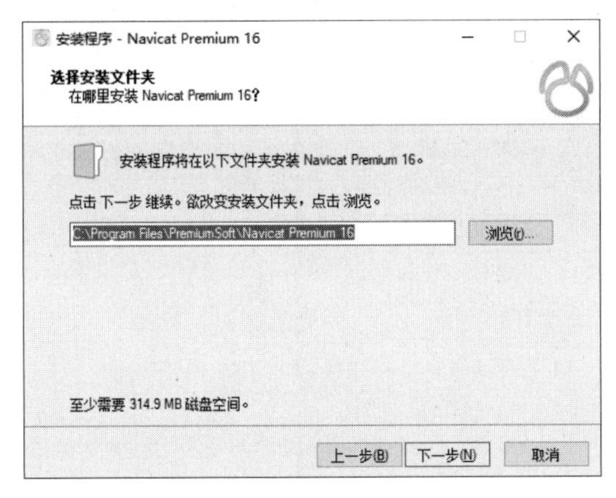

图 2-41　选择安装软件的位置

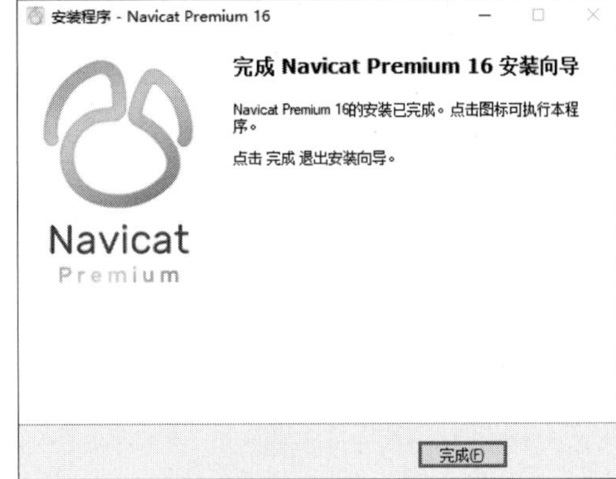

图 2-42　完成安装

2.4.3　Navicat 连接 MySQL

Navicat 客户端软件安装好之后，需要与 MySQL 建立连接才能使用，具体的操作方法如下：

（1）打开 Navicat 客户端软件，单击“连接”下拉菜单，选择“MySQL…”，如图 2-43 所示。

图 2-43　连接数据库

（2）在弹出的“新建连接（MySQL）”对话框中，选择“常规”选项卡，输入正确的主机名或 IP 地址、端口、用户名及相应密码，单击“确定”按钮，就可以和 MySQL 建立连接了，如图 2- 44 所示。

图 2-44　连接数据库参数配置

连接 MySQL 成功以后，显示结果如图 2-45 所示。

图 2-45　连接数据库成功界面

2.5　在 Linux 环境下安装 MySQL

Linux 操作系统的版本有很多，但其安装过程基本相同，读者可以根据自己的需要，对版本进行选择。本节以 CentOS 7 为例，通过 MySQL 官网下载 MySQL 8.0 版本进行安装。

Linux 操作系统的 MySQL 安装包分为 RPM 包、二进制包和源码包 3 类。RPM 包是一种 Linux 系统下的安装文件，通过命令可以方便地安装与卸载，适合初学者；二进制包是源代码经过编译生成的二进制软件包，安装简单；源码包是 MySQL 的源代码，安装之前需要用户自己编译，安装过程复杂，编译时间长。

下面简单介绍 RPM 包的安装步骤。

（1）安装 MySQL 之前需要检测系统是否有自带的 MySQL，有则删除，相关命令如表 2-1 所示。

表 2-1　命令及相关说明

命　令	说　明
rpm -qa | grep mysql	检查是否安装过 MySQL
rpm -qa | grep mariadb	检查是否存在 mariadb 数据库（内置的 MySQL 数据库），有则强制删除
rpm -e --nodeps mariadb-libs-5.5.68-1.el7.x86_64	有则强制删除
rpm -e --nodeps mariadb-5.5.68-1.el7.x86_64	有则强制删除

（2）下载 MySQL 源，从官方地址（https://dev.mysql.com/downloads/）查找相应的版本，本节以 mysql80-community-release-el8-4.noarch.rpm 版本为例进行讲解，如图 2-46 所示。

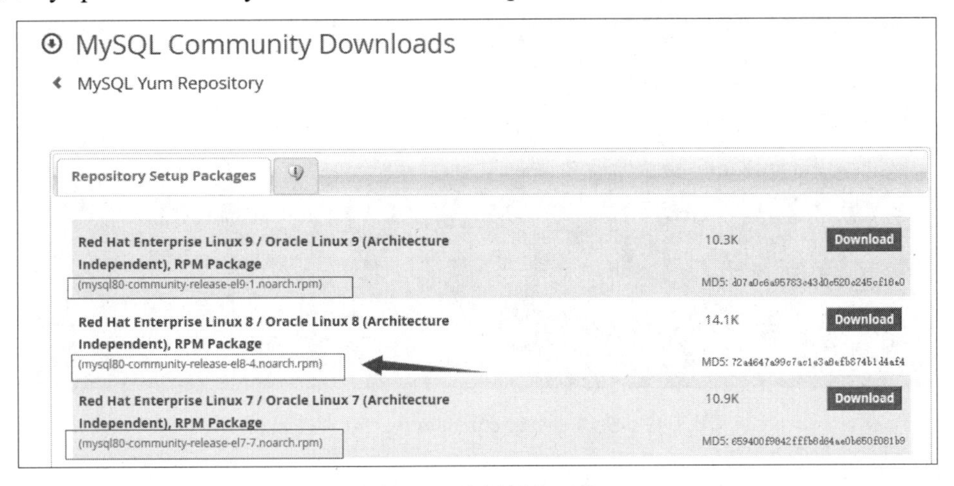

图 2-46　选择版本下载

（3）下载 MySQL 源命令如下所示：

```
Curl -O https://repo.mysql.com//mysql80-community-release-el8-4.noarch.rpm
```

（4）安装 MySQL 源命令如下所示：

```
yum localinstall mysql80-community-release-el8-4.noarch.rpm
```

（5）使用以下命令检查 MySQL 源是否安装成功，显示结果如图 2-47 所示。

```
yum repolist enabled | grep "mysql.*-community.*"
```

```
[root@localhost ~]# yum repolist enabled | grep "mysql.*-community.*"
mysql-connectors-community/x86_64        MySQL Connectors Community        137
mysql-tools-community/x86_64             MySQL Tools Community              55
mysql80-community/x86_64                 MySQL 8.0 Community Server        144
```

图 2-47　显示结果

（6）使用以下命令在 MySQL 源后安装 MySQL：

```
yum install mysql-community-server
```

对于此步操作，如果遇到安装报错，提示无公共密钥，则可以运行以下代码，再次安装。

```
rpm -import https://repo.mysql.com/RPM-GPG-KEY-mysql-2022
```

如果在报错内容中提示包含图 2-48 所示的信息，则需要通过修改文件属性的方法进行设置。

```
You could try using --skip-broken to work around the problem

You could try running: rpm -Va --nofiles --nodigest
```

图 2-48　提示信息

通过 vim 编辑软件修改/etc/yum.repos.d/mysql-community.repo 文件中的 enabled 属性，将需要安装的设置 enabled=1，其余的设置为 enabled=0，如图 2-49 所示。编辑命令如下：

```
vi /etc/yum.repos.d/mysql-community.repo
```

```
# Enable to use MySQL 6.7
[mysql57-community]
name=MySQL 5.7 Community Server
baseurl=http://repo.mysql.com/yum/mysql-5.7-community/el/7/$basearch
enabled=0
gpgcheck=1
gpgkey=file:///etc/pki/rpm-gpg/RPM-GPG-KEY-mysql-2022
       file:///etc/pki/rpm-gpg/RPM-GPG-KEY-mysql

[mysql80-community]
name=MySQL 8.0 Community Server
baseurl=http://repo.mysql.com/yum/mysql-8.0-community/el/7/$basearch
enabled=1
gpgcheck=1
gpgkey=file:///etc/pki/rpm-gpg/RPM-GPG-KEY-mysql-2022
       file:///etc/pki/rpm-gpg/RPM-GPG-KEY-mysql
```

图 2-49　更改 mysql-community.repo 文件属性

（7）查看是否安装成功。输入如下命令后，如果出现图 2-50 所示的结果即表示安装成功。

```
yum list installed mysql-*
```

```
[root@localhost ~]# yum list installed mysql-*
Loaded plugins: fastestmirror
Loading mirror speeds from cached hostfile
 * base: mirrors.aliyun.com
 * extras: mirrors.aliyun.com
 * updates: mirrors.aliyun.com
Installed Packages
mysql-community-client.x86_64                  8.0.30-1.el7            @mysql80-community
mysql-community-client-plugins.x86_64          8.0.30-1.el7            @mysql80-community
mysql-community-common.x86_64                  8.0.30-1.el7            @mysql80-community
mysql-community-icu-data-files.x86_64          8.0.30-1.el7            @mysql80-community
mysql-community-libs.x86_64                    8.0.30-1.el7            @mysql80-community
mysql-community-server.x86_64                  8.0.30-1.el7            @mysql80-community
[root@localhost ~]# _
```

图 2-50　查看安装成功信息

（8）启动 MySQL，命令如下。

```
systemctl start mysqld
```

（9）检查 MySQL 运行状态，出现 active(running)表示成功运行，如图 2-51 所示。

```
systemctl status mysqld
```

```
[root@localhost ~]# systemctl status mysqld
● mysqld.service - MySQL Server
   Loaded: loaded (/usr/lib/systemd/system/mysqld.service; enabled; vendor preset: disabled)
   Active: active (running) since Wed 2022-10-05 08:49:50 AKDT; 2h 23min ago
     Docs: man:mysqld(8)
           http://dev.mysql.com/doc/refman/en/using-systemd.html
  Process: 1033 ExecStartPre=/usr/bin/mysqld_pre_systemd (code=exited, status=0/SUCCESS)
 Main PID: 1076 (mysqld)
   Status: "Server is operational"
   CGroup: /system.slice/mysqld.service
           └─1076 /usr/sbin/mysqld

Oct 05 08:49:43 localhost.localdomain systemd[1]: Starting MySQL Server...
Oct 05 08:49:50 localhost.localdomain systemd[1]: Started MySQL Server.
[root@localhost ~]# _
```

图 2-51　检查 MySQL 运行状态

（10）设置免密登录。通过 vim 软件编辑/etc/my.cnf 文件，在文件中的[mysqld]下面添加代码“skip-grant-tables”，通过“systemctl restart mysqld.service”命令重启 MySQL 服务。即可用“mysql –uroot –p”命令免密登录 MySQL，如图 2-52 所示。

```
[root@localhost ~]# mysql -uroot -p
Enter password:
Welcome to the MySQL monitor.  Commands end with ; or \g.
Your MySQL connection id is 8
Server version: 8.0.30 MySQL Community Server - GPL

Copyright (c) 2000, 2022, Oracle and/or its affiliates.

Oracle is a registered trademark of Oracle Corporation and/or its
affiliates. Other names may be trademarks of their respective
owners.

Type 'help;' or '\h' for help. Type '\c' to clear the current input statement.

mysql>
```

图 2-52　免密登录 MySQL

在创建数据库或数据表之前，要先用命令修改 root 用户的密码，默认的新密码复杂度为 MEDIUM（中等），所以新密码至少为 8 位，并且必须包含大、小写字母，数字和特殊字符。

例如，设置新密码为“Aa123++++”（如图 2-53 所示），命令格式如下：

```
ALTER USER 'root'@'localhost' IDENTIFIED WITH mysql_native_password BY
'Aa123++++';
```

```
mysql> flush privileges;
Query OK, 0 rows affected (0.00 sec)

mysql> ALTER USER 'root'@'localhost' IDENTIFIED WITH mysql_native_password BY 'Aa123++++';
Query OK, 0 rows affected (0.01 sec)
```

图 2-53　修改密码

root 密码修改以后，重新登录，就可以对 MySQL 进行操作了，如图 2-54 所示。

```
[root@localhost ~]# mysql -uroot -pAa123++++
mysql: [Warning] Using a password on the command line interface can be insecure.
Welcome to the MySQL monitor.  Commands end with ; or \g.
Your MySQL connection id is 10
Server version: 8.0.30 MySQL Community Server - GPL

Copyright (c) 2000, 2022, Oracle and/or its affiliates.

Oracle is a registered trademark of Oracle Corporation and/or its
affiliates. Other names may be trademarks of their respective
owners.

Type 'help;' or '\h' for help. Type '\c' to clear the current input statement.

mysql>
```

图 2-54　重新登录 MySQL

在 Linux 环境下安装完 MySQL 软件后，直接输入表 2-2 所示的命令，即可启动、停止和重启 MySQL 服务。

表 2-2　命令及作用

命　　令	作　　用
service mysqld start;	启动 MySQL
service mysqld stop;	停止 MySQL
service mysqld restart;	重启 MySQL

思政小课堂

数据库被称为 IT 领域三大核心之一（其他两个是 CPU 和操作系统），一直以来都被国际巨头垄断，人家控制着核心，主动权掌握在别人的手里？

解决这个问题的办法只能是民族自强，自主研发，自主创新。大家是否知道，中国目前有哪些属于自己的国产数据库？

2.6　总结与训练

本章主要介绍了 Windows 和 Linux 环境下安装 MySQL 数据库的方法及步骤；介绍了如何启动和停止 MySQL 服务，以及登录和退出 MySQL 数据库的方法；针对常用的图形化管理工具的安装与配置进行了讲解，让读者能从最基本的软件安装开始学习 MySQL 数据库。

实践任务：安装与调试 MySQL、Navicat 软件

1. 实践目的

（1）掌握 Windows 环境下安装 MySQL。
（2）掌握 Linux 环境下安装 MySQL。
（3）掌握 MySQL 数据库软件的正常使用。

2. 实践内容

（1）请自己尝试在 Windows 环境下载并安装 MySQL。
（2）简述 MySQL 数据库服务启动和停止的方法。
（3）简述修改 MySQL 数据库客户端字符编码的方式。
（4）简述登录 MySQL 的几种方式。
（5）请自己尝试在 Windows 环境下载并安装 Navicat 软件，并连接好 MySQL 数据库。

第 3 章

数据库与数据表的基本操作

数据库是按照数据结构组织、存储和管理数据的仓库。数据库是数据库管理系统的基础与核心，是存放数据库对象的容器。数据库管理就是数据库定义和创建，以及修改和维护数据库的过程，数据库的运行效率和性能很大程度上取决于数据库的设计和优化。本章将详细地讲解数据库和数据表的基本操作。

学习目标

- 掌握数据库的创建、查看、修改和删除等操作。
- 掌握数据表的创建、查看、修改和删除等操作。
- 了解 MySQL 的数据类型，掌握基本数据类型的使用。
- 掌握 MySQL 表的约束的概念以及定义的方法。
- 掌握数据表数据的插入、修改和删除等操作。

3.1 创建与管理数据库

本节将重点介绍如何创建、查看、修改和删除数据库。

3.1.1 创建数据库

MySQL 安装完成后，需要创建一个数据库才能存储数据。创建数据库的 SQL 语法格式如下：

```
CREATE DATABASE 数据库名称;
```

其中，“数据库名称”即为要创建的数据库名字，在同一个数据库服务器上必须是唯一的，不允许存在同名的数据库。

【例 3-1】创建学生成绩管理系统数据库 studentgradeinfo。

SQL 语句如下：

```
CREATE DATABASE studentgradeinfo;
```

执行结果如图 3-1 所示。

```
mysql> CREATE DATABASE studentgradeinfo;
Query OK, 1 row affected (0.01 sec)
```

图 3-1　创建数据库

SQL 语句执行后显示“Query ok”，说明语句已正确执行，数据库创建成功。

在创建数据库时如不进行自定义设置编码方式，就会使用系统默认的编码方式，可以在创建数据库的同时自定义设置编码方式。其语法格式如下：

```
CREATE DATABASE 数据库名称
DEFAULT CHARACTER SET 字符集名
DEFAULT COLLATE 校对规则名;
```

MySQL 的字符集和校对规则是两个不同的概念。字符集用来定义 MySQL 存储字符串的方式，校对规则定义了比较字符串的方式。

【例 3-2】创建学生成绩管理系统数据库 studentgradeinfo 时设置编码方式。

SQL 语句如下：

```
CREATE DATABASE studentgradeinfo
DEFAULT CHARACTER SET utf8
DEFAULT COLLATE utf8_bin;
```

执行结果如图 3-2 所示。

```
mysql> CREATE DATABASE studentgradeinfo
    -> DEFAULT CHARACTER SET utf8
    -> DEFAULT COLLATE utf8_bin;
Query OK, 1 row affected (0.01 sec)
```

图 3-2　创建数据库并设置编码

3.1.2　查看与选择数据库

在 MySQL 中，可以使用 SQL 语句查看服务器上存在的所有数据库的基本信息。语法格式如下：

```
SHOW DATABASES;
```

【例 3-3】查看服务器已存在的数据库。

SQL 语句如下：

```
SHOW DATABASES;
```

执行结果如图 3-3 所示。

```
mysql> SHOW DATABASES;
+--------------------+
| Database           |
+--------------------+
| information_schema |
| mysql              |
| performance_schema |
| studentgradeinfo   ||
| test               |
+--------------------+
5 rows in set (0.02 sec)
```

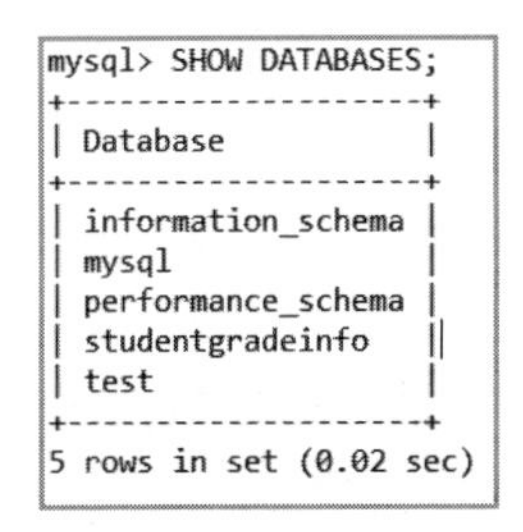

图 3-3　查看数据库

在查看数据库的结果中可以看到，服务器中不仅有例 3-2 新创建的数据库 studentgradeinfo，还有 information_schema、mysql、performance_schema、test 这 4 个数据库，这 4 个数据库都是在 MySQL 安装完成后系统自动创建的数据库，对这 4 个数据库的说明如下：

（1）information_schema 是信息数据库，存储 MySQL 数据库服务器的维护信息，主要保存 MySQL 数据库服务器的系统信息，如数据库的名称、数据表的名称、字段名称、存取权限、数据文件所在的文件夹和系统使用的文件夹等。

（2）mysql 是数据库服务器管理核心数据库，主要用于保存 MySQL 数据库服务器运行时需要的系统信息，如数据文件夹、当前使用的字符集、约束检查信息等。

（3）performance_schema 数据库主要用来监控 MySQL 的各类性能指标。

（4）test 数据库是系统生成的测试数据库，是一个空数据库，可以修改和删除。

在 MySQL 中，可以通过 SQL 语句查看已创建好的数据库的信息。语法格式如下；

```
SHOW CREATE DATABASE 数据库名称;
```

【例 3-4】 查看 studentgradeinfo 数据库信息。

SQL 语句如下：

```
SHOW CREATE DATABASE studentgradeinfo;
```

执行结果如图 3-4 所示。

```
mysql> SHOW CREATE DATABASE studentgradeinfo;
+------------------+------------------------------------------------------------------------------------------------------------------------------+
| Database         | Create Database                                                                                                              |
+------------------+------------------------------------------------------------------------------------------------------------------------------+
| studentgradeinfo | CREATE DATABASE `studentgradeinfo` /*!40100 DEFAULT CHARACTER SET utf8 COLLATE utf8_bin */ /*!80016 DEFAULT ENCRYPTION='N' */ |
+------------------+------------------------------------------------------------------------------------------------------------------------------+
1 row in set (0.04 sec)
```

图 3-4　查看指定数据库信息

在图 3-4 中可以看到 studentgradeinfo 数据库的信息和编码方式。

数据库创建完成后，要对数据库的数据表进行管理则需要先选择数据库。选择数据库的语法格式如下：

```
USE  数据库名称;
```

【例 3-5】 选择 studentgradeinfo 数据库。

SQL 代码如下：

```
USE studentgradeinfo;
```

执行结果如图 3-5 所示。

```
mysql> USE studentgradeinfo;
Database changed
```

图 3-5　选择数据库

图 3-5 中出现“Database changed”表明数据库已经指定到 studentgradeinfo，可以对其进行创建数据表等操作。

3.1.3　修改数据库

数据库创建完成后，编码方式就确定了，可以使用 SQL 语句修改数据库的编码方式。语法格式如下：

```
ALTER DATABASE 数据库名称
DEFAULT CHARACTER SET 字符集名
DEFAULT COLLATE 校对规则名;
```

【例 3-6】修改 studentgradeinfo 数据库的编码方式。

SQL 语句如下：

```
ALTER DATABASE studentgradeinfo
DEFAULT CHARACTER SET utf8mb4
DEFAULT COLLATE utf8mb4_0900_ai_ci;
```

执行结果如图 3-6 所示。

```
mysql> ALTER DATABASE studentgradeinfo
DEFAULT CHARACTER SET utf8mb4
DEFAULT COLLATE utf8mb4_0900_ai_ci;
Query OK, 1 row affected (0.01 sec)
```

图 3-6　修改数据库

3.1.4　删除数据库

数据库删除，语法格式如下：

```
DROP DATABASE 数据库名;
```

【例 3-7】删除数据库 studentgradeinfo。

SQL 语句如下：

```
DROP DATABASE studentgradeinfo;
```

SQL 语句执行成功后，可以用 SHOW DATABASES 语句查看当前数据库的存在情况，结果如图 3-7 所示。

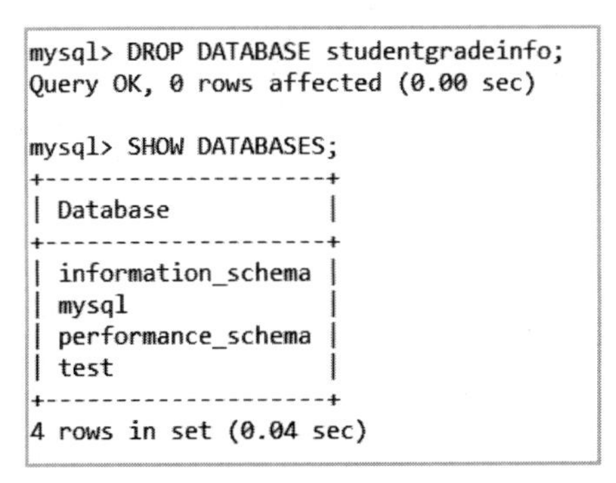

```
mysql> DROP DATABASE studentgradeinfo;
Query OK, 0 rows affected (0.00 sec)

mysql> SHOW DATABASES;
+--------------------+
| Database           |
+--------------------+
| information_schema |
| mysql              |
| performance_schema |
| test               |
+--------------------+
4 rows in set (0.04 sec)
```

图 3-7　删除数据库

从图 3-7 的执行结果可以看出，studentgradeinfo 数据库已被成功删除。

3.2 创建与管理数据表

MySQL 的数据是以关系表的结构存储于数据库中的，数据表是关系数据库中存放数据的实体，当数据库创建完成之后，就需要在数据库中创建表来存放数据。

3.2.1 创建数据表

创建数据表的语法格式如下：

```
CREATE TABLE 数据表名称
(
字段名 1 数据类型 [约束条件 1],
字段名 2 数据类型 [约束条件 2],
...
字段名 n 数据类型 [约束条件 n]
)
```

参数说明：

➢ 数据表名称：表示需要创建的表的名称。

➢ 字段名：表示需要创建的表的列名，也就是数据表实体的属性，必填。

➢ 数据类型：指定字段的数据类型，必填。

➢ 约束条件：用于设置字段的完整性约束内容，如主键、非空、唯一、默认值等。

在创建表时，定义字段的数据类型和定义字段的约束条件对数据库的完整性和性能优化是十分重要的。

1. 数据类型

数据类型是指数据库系统中所允许的数据的类型。MySQL 数据类型定义了列中可以存储什么数据以及该数据怎样存储的规则。

数据表中的每个字段都应该有适当的数据类型，用于限制或允许该列中存储的数据。例如，字段中存储的是数字，则相应的数据类型应该为数值类型。

数据表在录入数据后，其表结构不能随意更改，使用错误的数据类型可能会严重影响应用程序的功能和性能，所以在设计表时，应该特别重视数据列所用的数据类型。更改包含数据的表字段不是一件小事，这样做可能会导致数据丢失。因此，在创建表时必须为每个字段设置正确的数据类型和长度。

MySQL 的数据类型大概可以分为三大类，分别是数值类型、字符串和二进制类型、日期和时间类型。

1）数值类型

MySQL 支持所有标准 SQL 数值数据类型。这些类型包括严格数值数据类型（INTEGER、

SMALLINT、DECIMAL 和 NUMERIC)，以及近似数值数据类型(FLOAT、REAL 和 DOUBLE PRECISION)。关键字 INT 是 INTEGER 的同义词，关键字 DEC 是 DECIMAL 的同义词。

作为 SQL 标准的扩展，MySQL 也支持整数类型 TINYINT、MEDIUMINT 和 BIGINT。表 3-1 显示了需要的每个整数类型的存储范围和用途。

表 3-1　数值类型

类　型	大　小	范围（有符号）	范围（无符号）	用　途
TINYINT	1 Bytes	(-128,127)	(0,255)	小整数值
SMALLINT	2 Bytes	(-32 768,32 767)	(0,65 535)	大整数值
MEDIUMINT	3 Bytes	(-8 388 608,8 388 607)	(0,16 777 215)	大整数值
INT 或 INTEGER	4 Bytes	(-2 147 483 648, 2 147 483 647)	(0,4 294 967 295)	大整数值
BIGINT	8 Bytes	(-9 223 372 036 854 775 808, 9 223 372 036 854 775 807)	(0,18 446 744 073 709 551 615)	极大整数值
FLOAT	4 Bytes	(-3.402 823 466 E+38, -1.175 494 351 E-38), 0,(1.175 494 351 E-38, 3.402 823 466 351 E+38)	0,(1.175 494 351 E-38,3.402 823 466 E+38)	单精度浮点数值
DOUBLE	8 Bytes	(-1.797 693 134 862 315 7 E+308,-2.225 073 858 507 201 4 E-308),0,(2.225 073 858 507 201 4 E-308,1.797 693 134 862 315 7 E+308)	0,(2.225 073 858 507 201 4 E-308,1.797 693 134 862 315 7 E+308)	双精度浮点数值
DECIMAL	对于 DECIMAL (M,D)，如果 M>D，为 M+2 否则为 D+2	依赖于 M 和 D 的值	依赖于 M 和 D 的值	小数值

注意：整数类型和浮点数类型可以统称为数值数据类型。DECIMAL(M,D)中，M 表示整个数值的位数，D 表示小数点后的位数。例如：DECIMAL(4,3)能保存值为 3.123 的数值。

2）字符串和二进制类型

MySQL 中存储字符串的类型包括 CHAR、VARCHAR、BINARY、VARBINARY、BLOB、TEXT 等，如表 3-2 所示。

表 3-2　字符串和二进制类型

类　型	大　小	用　途
CHAR	0～255 bytes	定长字符串
VARCHAR	0～65535 bytes	变长字符串
TINYBLOB	0～255 bytes	不超过 255 个字符的二进制字符串

续表

类　　型	大　　小	用　　途
TINYTEXT	0～255 bytes	短文本字符串
BLOB	0～65 535 bytes	二进制形式的长文本数据
TEXT	0～65 535 bytes	长文本数据
MEDIUMBLOB	0～16 777 215 bytes	二进制形式的中等长度文本数据
MEDIUMTEXT	0～16 777 215 bytes	中等长度文本数据
LONGBLOB	0～4 294 967 295 bytes	二进制形式的极大文本数据
LONGTEXT	0～4 294 967 295 bytes	极大文本数据

注意：CHAR(N)和 VARCHAR(N)中括号中的 N 代表字符的个数，并不代表字节个数，比如 CHAR(30)就是可以存储 30 个字符。字符串类型必须设置长度。

CHAR 和 VARCHAR 类型类似，但它们保存和检索的方式不同。它们的最大长度和是否尾部空格被保留等方面也不同。在存储或检索过程中不进行大小写转换。

BINARY 和 VARBINARY 类似于 CHAR 和 VARCHAR，不同的是它们包含二进制字符串，而不包含非二进制字符串。也就是说，它们包含字节字符串而不是字符字符串。这说明它们没有字符集，并且排序和比较都是基于列值字节的数值。

BLOB 是一个二进制大对象，可以容纳可变数量的数据。有 4 种 BLOB 类型：TINYBLOB、BLOB、MEDIUMBLOB 和 LONGBLOB。它们的区别在于可容纳存储范围不同。

TEXT 类型有 4 种：TINYTEXT、TEXT、MEDIUMTEXT 和 LONGTEXT。对应的这 4 种 BLOB 类型，可存储的最大长度也不同，可根据实际情况选择。

3）日期和时间类型

表示时间值的日期和时间类型包括 DATE、TIME、YEAR、DATETIME 和 TIMESTAMP，具体说明如表 3-3 所示。

表 3-3　日期和时间类型

类　　型	大　　小	范　　围	格　　式	用　　途
DATE	3	1000-01-01/9999-12-31	YYYY-MM-DD	日期值
TIME	3	'-838:59:59'/'838:59:59'	HH:MM:SS	时间值或持续时间
YEAR	1	1901/2155	YYYY	年份值
DATETIME	8	'1000-01-01 00:00:00' 到 '9999-12-31 23:59:59'	YYYY-MM-DD HH:MM:SS	混合日期和时间值
TIMESTAMP	4	'1970-01-01 00:00:01' UTC 到 '2038-01-19 03:14:07' UTC 结束时间是第 2147483647 秒，北京时间 2038-1-19 11:14:07，格林尼治时间 2038 年 1 月 19 日凌晨 03:14:07	YYYY-MM-DD HH:MM:SS	混合日期和时间值、时间戳

注意： 每个时间类型都有一个有效值范围和一个“零”值，当指定不合法的 MySQL 不能表示的值时，除 TIMESTAMP 类型外的时间数据类型默认填入“零”值，YYYY-MM-DD 的“零”值为 0000-00-00，HH:MM:SS 的“零”值为 00:00:00。TIMESTAMP 类型有专有的自动更新特性，显示类型与 DATETIME 相同，但是取值范围更小，当 TIMESTAMP 类型的字段无输入时，默认以系统当前的日期填入而不是填入“零”值。

【例 3-8】在数据库 studentgradeinfo 中创建学生信息表 Student ，要求有学号、姓名、性别、班级、系部、民族、政治面貌、出生日期。

SQL 语句如下：

```
CREATE TABLE Student
(
 StudentId  varchar(20),
 StudentName  varchar(20),
 StudentSex  varchar(2),
 StudentClass  varchar(20),
 StudentDepartment  varchar(20),
 StudentNation  varchar(20),
 StudentPolitics  varchar(20),
 StudentBirthday  datetime
)
```

创建表语句的必要条件是写出表名、字段名和数据类型。

2. 完整性约束

在 MySQL 中，约束是指对表中数据的一种约束，能够帮助数据库管理员更好地管理数据库，并且能够确保数据库中数据的完整性和一致性。一般来说，在创建表的时候就应当设计好各个表字段的约束。

在 MySQL 中，主要支持以下 5 种约束：

1）PRIMARY KEY（主键约束）

主键，又称主码，由表的一个字段或多个字段组成，能够唯一地标识表中的每条记录。主键约束要求主键字段中的数据唯一，并且不允许为空。主键分为两种类型，单字段主键和联合主键。主键约束是使用最频繁的约束。在设计数据表时，一般情况下，都会要求表中设置一个主键，并且一张表只能设置一个主键。

（1）单字段主键：在 CREATE TABLE 语句中，通过 PRIMARY KEY 关键字来指定主键。在定义字段的同时指定主键，语法格式如下：

```
字段名 数据类型 PRIMARY KEY
```

例如，在创建学生信息表时，学生的学号是唯一的。

【例 3-9】在创建学生信息表时对学号设置主键约束。可以将创建 Student 表的 SQL 代码修改为：

```
CREATE TABLE Student
(
 StudentId  varchar(20) PRIMARY KEY,
```

```
  StudentName  varchar(20),
  StudentSex  varchar(2),
  StudentClass  varchar(20),
  StudentDepartment  varchar(20),
  StudentNation  varchar(20),
  StudentPolitics  varchar(20),
  StudentBirthday  datetime
)
```

（2）联合主键：是指主键是由一张表中多个字段组成的。例如，设计学生成绩表时，是使用学号做主键还是用课程号做主键呢？如果用学号做主键，那么一个学生就只能选择一门课程。如果用课程号做主键，那么一门课程只能有一个学生来选。显然，这两种情况都是不符合实际情况的。实际上，设计学生成绩表要限定的是一个学生只能选择同一课程一次。因此，学号和课程号可以放在一起共同作为主键，也就是联合主键。

联合主键由多个字段联合组成，语法格式如下：

```
PRIMARY KEY [字段 1，字段 2，…，字段 n]
```

【例 3-10】创建学生成绩表 Grade，字段要求有学号、课程号和成绩。其中，学号和课程号设置为联合主键。

SQL 语句如下：

```
CREATE TABLE Grade
(
  CourseId varchar(20) ,
  StudentId varchar(20) ,
  Score FLOAT,
  PRIMARY KEY (CourseId,StudentId)
)
```

注意：当主键是由多个字段组成时，不能直接在字段名后面声明主键约束，需要写在所有字段之后。

2）UNIQUE（唯一约束）

唯一约束与主键约束有一个相似的地方，就是它们都能够确保列的唯一性。与主键约束不同的是，唯一约束在一个表中可以有多个，并且设置唯一约束的列是允许有空值的，虽然只能有一个空值。

在 CREATE TABLE 语句中，通过 UNIQUE 关键字来设置字段的唯一约束，语法格式如下：

```
字段名 数据类型 UNIQUE
```

例如，在学生信息表中，要避免表中的学生重名，就可以把学生名字段设置为唯一约束。

【例 3-11】在创建学生信息表时，对学生姓名设置唯一约束。可以将创建 Student 表的 SQL 代码修改为：

```
CREATE TABLE Student
```

```
(
  StudentId  varchar(20) PRIMARY KEY,
  StudentName  varchar(20) UNIQUE,
  StudentSex  varchar(2),
  StudentClass  varchar(20),
  StudentDepartment  varchar(20),
  StudentNation  varchar(20),
  StudentPolitics  varchar(20),
  StudentBirthday  datetime
)
```

3）NOT NULL（非空约束）

非空约束用来约束表中的字段不能为空。在 CREATE TABLE 语句中，通过 NOT NULL 关键字来设置字段非空。语法格式如下：

```
字段名 数据类型 NOT NULL
```

例如，在学生信息表中，如果不添加学生姓名，那么这条记录是没有用的。

【例 3-12】在创建学生信息表时，对学生姓名设置非空约束。可以将创建 Student 表的 SQL 代码修改为：

```
CREATE TABLE Student
(
  StudentId  varchar(20) PRIMARY KEY,
  StudentName  varchar(20) UNIQUE NOT NULL,
  StudentSex  varchar(2),
  StudentClass  varchar(20),
  StudentDepartment  varchar(20),
  StudentNation  varchar(20),
  StudentPolitics  varchar(20),
  StudentBirthday  datetime
)
```

注意：同一个字段可以添加除主键约束外的多种约束。

4）DEFAULT（默认值约束）

默认值约束用来约束当数据表中某个字段没有输入值时，自动为其添加一个已经设置好的值。在 CREATE TABLE 语句中，通过 DEFAULT 关键字来设置字段默认值，语法格式如下：

```
字段名 数据类型 DEFAULT 默认值
```

例如，在注册学生信息时，如果不输入学生的性别，那么会默认设置一个性别。

【例 3-13】在创建学生信息表时，设置学生性别的默认值为“男”。可以将创建 Student 表的 SQL 代码修改为：

```
CREATE TABLE Student
(
  StudentId  varchar(20) PRIMARY KEY,
  StudentName  varchar(20) UNIQUE NOT NULL,
```

```
  StudentSex  varchar(2) DEFAULT'男',
  StudentClass  varchar(20),
  StudentDepartment  varchar(20),
  StudentNation  varchar(20),
  StudentPolitics  varchar(20),
  StudentBirthday  datetime
)
```

5）FOREIGN KEY（外键约束）

外键约束是表的一个特殊约束，经常与主键约束一起使用。外键用来建立主表与从表的关联关系，为两个表的数据建立联接，约束两个表中数据的一致性和完整性。对于两个具有关联关系的表而言，关联字段中需要去关联主键所在的表就是主表（父表），当前需要创建外键所在的表就是从表（子表）。

主表删除某条记录时，从表中与之对应的记录也必须有相应的改变。一个表可以有一个或多个外键，外键可以为空值，若不为空值，则每一个外键的值必须等于主表中主键的某个值。

定义外键时，需要遵守下列规则：

（1）主表必须已经存在于数据库中，或者是当前正在创建的表。如果是后一种情况，则主表与从表是同一个表，这样的表称为自参照表，这种结构称为自参照完整性。

（2）必须为主表定义主键。

（3）主键不能包含空值，但允许在外键中出现空值。也就是说，只要外键的每个非空值出现在指定的主键中，这个外键的内容就是正确的。

（4）在主表的表名后面指定列名或列名的组合。这个列或列的组合必须是主表的主键或候选键。

（5）外键中列的数目必须和主表的主键中列的数目相同。

（6）外键中列的数据类型必须和主表的主键中对应列的数据类型相同。

在 CREATE TABLE 语句中，外键需要在字段名之后添加。语法格式如下：

```
[CONSTRAINT 外键名] FOREIGN KEY(字段名 1 [，字段名 2，…])
REFERENCES 主表名(主键列 1 [，主键列 2，…])
```

【例 3-14】在创建成绩表时对学号设置外键约束，关联学生表的主键学号。可以将创建 Grade 表的 SQL 代码修改为：

```
CREATE TABLE Grade
(
  CourseId varchar(20),
  StudentId varchar(20),
  Score FLOAT,
  PRIMARY KEY ( CourseId,StudentId),
  CONSTRAINT fk_grade_student FOREIGN KEY(StudentId)
  REFERENCES Student(StudentId)
)
```

3.2.2　查看数据表

创建好数据表之后，可以查看数据表结构，以确认其内容是否正确。在 MySQL 中查看表结构的方式有两种。

（1）使用 SHOW CREATE TABLE 语句查看表结构，语法格式如下：

```
SHOW CREATE TABLE 数据表名称;
```

其中，数据表名称即为需要查看表结构的表名称。

【例 3-15】使用 SHOW CREATE TABLE 语句查看 Student 表结构。

SQL 语句如下：

```
SHOW CREATE TABLE Student;
```

执行结果如图 3-8 所示：

```
mysql> use studentgradeinfo;
Database changed
mysql> SHOW CREATE TABLE Student;
+---------+------------------------------------------------------------------------
---------------------------------------------------------------------------------
---------------------------------------------------------------------------------
--------------------------------------------------------------+
| Table   | Create Table

                                                                         |
+---------+------------------------------------------------------------------------
---------------------------------------------------------------------------------
---------------------------------------------------------------------------------
--------------------------------------------------------------+
| Student | CREATE TABLE `student` (
  `StudentId` varchar(20) NOT NULL,
  `StudentName` varchar(20) NOT NULL,
  `StudentSex` varchar(2) DEFAULT '男',
  `StudentClass` varchar(20) DEFAULT NULL,
  `StudentDepartment` varchar(20) DEFAULT NULL,
  `StudentNation` varchar(20) DEFAULT NULL,
  `StudentPolitics` varchar(20) DEFAULT NULL,
  `StudentBirthday` datetime DEFAULT NULL,
  PRIMARY KEY (`StudentId`),
  UNIQUE KEY `StudentName` (`StudentName`)
) ENGINE=InnoDB DEFAULT CHARSET=utf8mb4 COLLATE=utf8mb4_0900_ai_ci |
+---------+------------------------------------------------------------------------
---------------------------------------------------------------------------------
---------------------------------------------------------------------------------
--------------------------------------------------------------+
1 row in set (0.04 sec)
```

图 3-8　SHOW CREATE TABLE 语句查看 Student 表结构

从图 3-8 中可以看出 Student 表的定义信息以及支持的编码方式。在 MySQL 中，未设置 NOT NULL 的列默认值都为 NULL。ENGINE=InnoDB 表示引擎方式为 InnoDB，目前引擎方式有两种：InnoDB 和 MyISAM。InnoDB 支持外键和事务处理，而 MyISAM 不支持。

因为 MyISAM 查询效率更快，所以在某些只用于查询的数据库中可以使用 MyISAM，需要根据场景选择。字符编码和编码规则如创建表时未进行设置，则默认使用与数据库相同的编码方式。

（2）使用 DESCRIBE 语句查看表结构，可以查看数据表的字段名、类型、是否为空、主键等信息。语法格式如下：

```
DESCRIBE 表名;
```

或简写成

```
DESC 表名;
```

【例 3-16】 使用 DESC 语句查看 Student 表结构。

SQL 语句如下：

```
DESC Student;
```

执行结果如图 3-9 所示。

```
mysql> DESC Student;
+-------------------+-------------+------+-----+---------+-------+
| Field             | Type        | Null | Key | Default | Extra |
+-------------------+-------------+------+-----+---------+-------+
| StudentId         | varchar(20) | NO   | PRI | NULL    |       |
| StudentName       | varchar(20) | NO   | UNI | NULL    |       |
| StudentSex        | varchar(2)  | YES  |     | 男      |       |
| StudentClass      | varchar(20) | YES  |     | NULL    |       |
| StudentDepartment | varchar(20) | YES  |     | NULL    |       |
| StudentNation     | varchar(20) | YES  |     | NULL    |       |
| StudentPolitics   | varchar(20) | YES  |     | NULL    |       |
| StudentBirthday   | datetime    | YES  |     | NULL    |       |
+-------------------+-------------+------+-----+---------+-------+
8 rows in set (0.07 sec)
```

图 3-9　使用 DESC 语句查看 Student 表结构

从图 3-9 中可以看出，Field 表示字段名，Type 表示数据类型，Null 表示是否为空，Key 表示对应字段是否编制索引和约束，Default 表示默认值，Extra 表示备注。

3.2.3　修改数据表

修改数据表的前提是数据库中已经存在该表。修改表指的是修改数据库中已经存在的数据表的结构。修改数据表的操作也是数据库管理中必不可少的，就像素描一样，画多了可以用橡皮擦掉，画少了可以用笔加上。不了解如何修改数据表，就相当于我们只要画错了就要把画扔掉重画，这样就增加了不必要的成本。

在 MySQL 中可以使用 ALTER TABLE 语句来改变原有表的结构，如增加或删减列、更改原有列类型、重新命名列或表等。

语法格式如下：

```
ALTER TABLE 表名 [修改选项]
```

修改选项的语法格式如下：

```
ADD COLUMN 列名 类型 [约束]
CHANGE COLUMN 旧列名 新列名 新列类型 [约束]
ALTER COLUMN 列名 SET DEFAULT 默认值 | DROP DEFAULT
MODIFY COLUMN 列名 类型
DROP COLUMN 列名
RENAME TO 新表名
CHARACTER SET 字符集名
COLLATE 校对规则名
```

1. 修改表名

MySQL 通过 ALTER TABLE 语句来实现表名的修改。语法规则如下：

```
ALTER TABLE 旧表名 RENAME [TO] 新表名;
```

其中，TO 为可选参数，使用与否均不影响结果。

【例 3-17】将表 Grade 重命名为 Stu_Grade。

SQL 语句如下：

```
ALTER TABLE Grade RENAME TO Stu_Grade;
```

执行结果如图 3-10 所示。

```
mysql> ALTER TABLE Grade RENAME TO Stu_Grade;
Query OK, 0 rows affected (0.01 sec)

mysql> SHOW TABLES;
+---------------------------+
| Tables_in_studentgradeinfo |
+---------------------------+
| stu_grade                 |
| student                   |
+---------------------------+
2 rows in set (0.04 sec)
```

图 3-10　重命名表

2. 修改表字符集

MySQL 通过 ALTER TABLE 语句来实现表字符集的修改。语法规则如下：

```
ALTER TABLE 表名 [DEFAULT]
CHARACTER SET 字符集名 [DEFAULT] COLLATE 校对规则名;
```

其中，DEFAULT 为可选参数，使用与否均不影响结果。

【例 3-18】将表 Stu_Grade 字符集修改为 gb2312，校对规则修改为 gb2312_chinese_ci。

SQL 语句如下：

```
ALTER TABLE Stu_Grade
CHARACTER SET gb2312  DEFAULT COLLATE gb2312_chinese_ci;
```

执行结果如图 3-11 所示。

```
mysql> ALTER TABLE Stu_Grade
CHARACTER SET gb2312  DEFAULT COLLATE gb2312_chinese_ci;
Query OK, 0 rows affected (0.02 sec)
Records: 0  Duplicates: 0  Warnings: 0

mysql> SHOW CREATE TABLE Stu_Grade;
+-----------+---------------------------------------------------------------
------------------------------------------------------------------------------
------------------------------------------------------------------------------
------------------------------------------------------+
| Table     | Create Table

                                                       |
+-----------+---------------------------------------------------------------
------------------------------------------------------------------------------
------------------------------------------------------------------------------
------------------------------------------------------+
| Stu_Grade | CREATE TABLE `stu_grade` (
  `CourseId` varchar(20) CHARACTER SET utf8 NOT NULL COMMENT '课程号',
  `StudentId` varchar(20) CHARACTER SET utf8 NOT NULL COMMENT '学号',
  `Score` float NOT NULL COMMENT '成绩',
  `TeacherId` varchar(20) CHARACTER SET utf8 NOT NULL COMMENT '教师号',
  PRIMARY KEY (`CourseId`,`StudentId`),
  KEY `fk_g_s` (`StudentId`),
  CONSTRAINT `fk_g_s` FOREIGN KEY (`StudentId`) REFERENCES `student` (`StudentId`)
) ENGINE=InnoDB DEFAULT CHARSET=gb2312 COMMENT='成绩表' |
+-----------+---------------------------------------------------------------
------------------------------------------------------------------------------
------------------------------------------------------------------------------
------------------------------------------------------+
1 row in set (0.06 sec)
```

图 3-11　修改表字符集

3. 修改表字段

1）修改字段名

在 MySQL 中修改表字段名的语法规则如下：

```
ALTER TABLE 表名 CHANGE 旧字段名 新字段名 新数据类型;
```

其中：

- 旧字段名：指修改前的字段名。
- 新字段名：指修改后的字段名。
- 新数据类型：指修改后的数据类型，如果不需要修改字段的数据类型，可以将新数据类型设置成与原来一样，但数据类型不能为空。

【例 3-19】将表 Stu_Grade 的 TeacherId 字段修改为 Credit 字段，数据类型为 int 类型。SQL 语句如下：

```
ALTER TABLE Stu_Grade
CHANGE  TeacherId  Credit int;
```

执行结果如图 3-12 所示。

2）删除字段

删除字段是将数据表中的某个字段从表中移除，语法格式如下：

```
ALTER TABLE 表名 DROP 字段名;
```

```
mysql> ALTER TABLE Stu_Grade CHANGE  TeacherId  Credit int;
Query OK, 0 rows affected (0.05 sec)
Records: 0  Duplicates: 0  Warnings: 0

mysql> SHOW CREATE TABLE Stu_Grade;
+-----------+------------------------------------------------------------------------------------------------------------
-------------------------------------------------------------------------------------------------------------------------
-------------------------------------------------------------------------------------------------------------------------
--------------+
| Table     | Create Table


          |
+-----------+------------------------------------------------------------------------------------------------------------
-------------------------------------------------------------------------------------------------------------------------
-------------------------------------------------------------------------------------------------------------------------
--------------+
| Stu_Grade | CREATE TABLE `stu_grade` (
  `CourseId` varchar(20) CHARACTER SET utf8 NOT NULL COMMENT '课程号',
  `StudentId` varchar(20) CHARACTER SET utf8 NOT NULL COMMENT '学号',
  `Score` float NOT NULL COMMENT '成绩',
  `Credit` int DEFAULT NULL,
  PRIMARY KEY (`CourseId`,`StudentId`),
  KEY `fk_g_s` (`StudentId`),
  CONSTRAINT `fk_g_s` FOREIGN KEY (`StudentId`) REFERENCES `student` (`StudentId`)
) ENGINE=InnoDB DEFAULT CHARSET=gb2312 COMMENT='成绩表' |
+-----------+------------------------------------------------------------------------------------------------------------
-------------------------------------------------------------------------------------------------------------------------
-------------------------------------------------------------------------------------------------------------------------
--------------+
1 row in set (0.07 sec)
```

图 3-12　修改表字段

【例 3-20】将表 Stu_Grade 的 Credit 字段删除。

SQL 语句如下：

```
ALTER TABLE Stu_Grade DROP  Credit;
```

执行结果如图 3-13 所示。

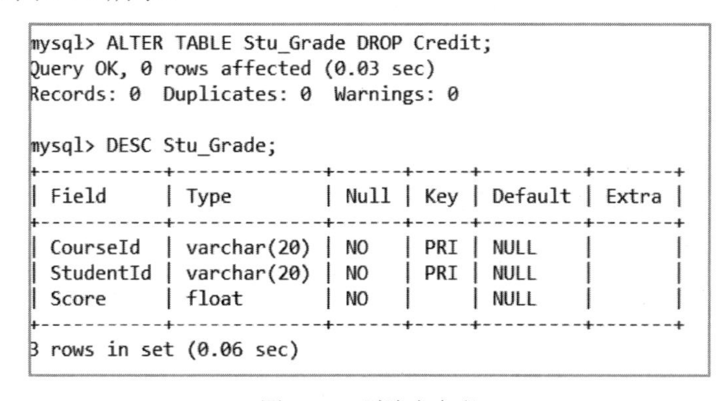

```
mysql> ALTER TABLE Stu_Grade DROP Credit;
Query OK, 0 rows affected (0.03 sec)
Records: 0  Duplicates: 0  Warnings: 0

mysql> DESC Stu_Grade;
+-----------+-------------+------+-----+---------+-------+
| Field     | Type        | Null | Key | Default | Extra |
+-----------+-------------+------+-----+---------+-------+
| CourseId  | varchar(20) | NO   | PRI | NULL    |       |
| StudentId | varchar(20) | NO   | PRI | NULL    |       |
| Score     | float       | NO   |     | NULL    |       |
+-----------+-------------+------+-----+---------+-------+
3 rows in set (0.06 sec)
```

图 3-13　删除表字段

3）新增字段

一个完整的字段包括字段名、数据类型和约束条件。MySQL 添加字段的语法格式如下：

```
ALTER TABLE 表名 ADD 新字段名 数据类型 [约束条件] [FIRST 或 AFTER 字段名];
```

其中“FIRST 或 AFTER 字段名”表示新增字段为第一个字段或者在某一字段后添加，

如果省略不写，则默认为在最后一个字段之后添加。

【例 3-21】在表 Stu_Grade 中添加 Credit 字段，数据类型为 FLAOT。

SQL 语句如下：

```
ALTER TABLE Stu_Grade ADD Credit FLOAT ;
```

执行结果如图 3-14 所示。

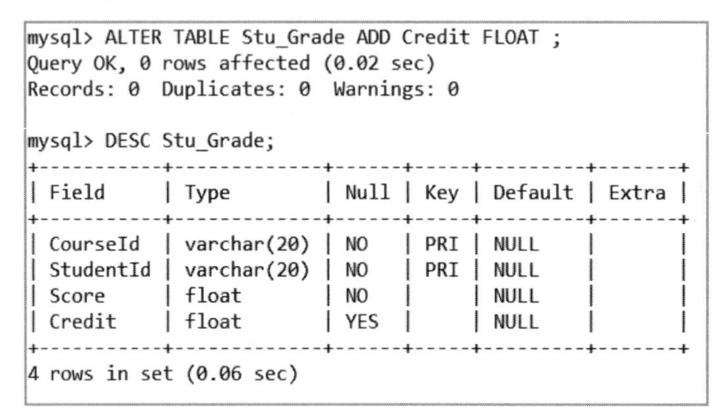

```
mysql> ALTER TABLE Stu_Grade ADD Credit FLOAT ;
Query OK, 0 rows affected (0.02 sec)
Records: 0  Duplicates: 0  Warnings: 0

mysql> DESC Stu_Grade;
+-----------+-------------+------+-----+---------+-------+
| Field     | Type        | Null | Key | Default | Extra |
+-----------+-------------+------+-----+---------+-------+
| CourseId  | varchar(20) | NO   | PRI | NULL    |       |
| StudentId | varchar(20) | NO   | PRI | NULL    |       |
| Score     | float       | NO   |     | NULL    |       |
| Credit    | float       | YES  |     | NULL    |       |
+-----------+-------------+------+-----+---------+-------+
4 rows in set (0.06 sec)
```

图 3-14　添加表字段

4）修改字段数据类型

修改字段的数据类型就是把字段的数据类型转换成另一种数据类型。在 MySQL 中修改字段数据类型的语法格式如下：

```
ALTER TABLE 表名 MODIFY 字段名 数据类型 [约束]
```

【例 3-22】在表 Stu_Grade 中修改 Credit 字段的数据类型为 INT。

SQL 语句如下：

```
ALTER TABLE Stu_Grade MODIFY Credit INT ;
```

执行结果如图 3-15 所示。

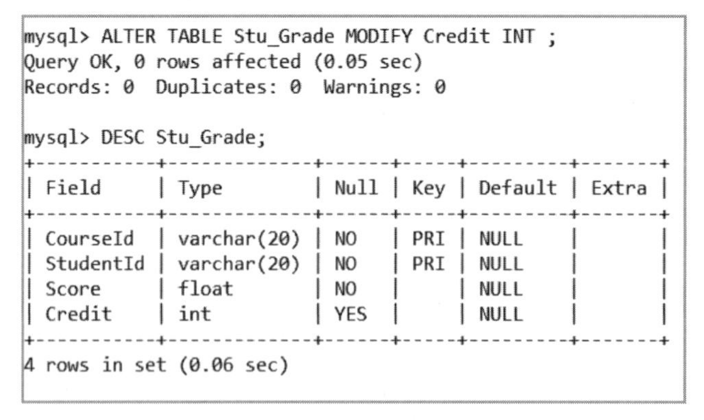

```
mysql> ALTER TABLE Stu_Grade MODIFY Credit INT ;
Query OK, 0 rows affected (0.05 sec)
Records: 0  Duplicates: 0  Warnings: 0

mysql> DESC Stu_Grade;
+-----------+-------------+------+-----+---------+-------+
| Field     | Type        | Null | Key | Default | Extra |
+-----------+-------------+------+-----+---------+-------+
| CourseId  | varchar(20) | NO   | PRI | NULL    |       |
| StudentId | varchar(20) | NO   | PRI | NULL    |       |
| Score     | float       | NO   |     | NULL    |       |
| Credit    | int         | YES  |     | NULL    |       |
+-----------+-------------+------+-----+---------+-------+
4 rows in set (0.06 sec)
```

图 3-15　修改表字段数据类型

5）修改表约束

在 MySQL 中表的约束有 5 种，各种约束修改的方式也有所不同，所以修改表约束可以

有两种方式，一种就是在使用 ALTER TABLE 语句修改表字段时同时设置新的约束条件可以覆盖原本的约束；另一种就是使用 CONSTRAINT 关键字来实现约束的修改。

约束的修改本质上还是修改表结构，所以同样使用 ALTER TABLE 语句来实现修改。各类约束的修改语法如表 3-4 所示。

表 3-4　修改表约束

约　束	操　作	语 法 格 式
主键	新增	ALTER　TABLE 表名 ADD PRIMARY KEY (字段名)
	删除	ALTER　TABLE 表名 DROP PRIMARY KEY
非空	新增	ALTER　TABLE 表名 MODIFY 字段名 数据类型 NOT NULL
	删除	ALTER　TABLE 表名 MODIFY 字段名 数据类型 NULL
唯一	新增	ALTER　TABLE 表名 ADD UNIQUE 约束名(字段)
	删除	ALTER　TABLE 表名 DROP KEY 约束名
默认	新增	ALTER　TABLE 表名 ALTER 字段名　SET DEFAULT '值'
	删除	ALTER　TABLE 表名 ALTER 字段名　DROP DEFAULT
外键	新增	ALTER　TABLE 表名 ADD CONSTRAINT 约束名 FOREIGN KEY(字段名) REFERENCES 外表(外表主键)
	删除	第一步：删除外键 ALTER　TABLE 表名 DROP FOREIGN KEY 约束名 第二步：删除索引 ALTER　TABLE 表名 DROP　INDEX 索引名

6）自动增量

在 MySQL 数据表中，如果表的某一个字段是逐一增长的，我们希望在每次插入数据的时候该字段由系统生成并逐一增加，这种功能可以通过对字段添加 AUTO_INCREMENT 关键字来实现。语法格式为：

新增：

```
ALTER TABLE 表名 MODIFY 字段名 INT  AUTO_INCREMENT
```

删除：

```
ALTER TABLE 表名 MODIFY 字段名 INT
```

3.2.4　删除数据表

删除数据表是指删除数据库中已经存在的表，同时该数据表中的数据也会被删除。删除数据表的语法格式如下：

```
DROP TABLE 表名;
```

【例 3-23】 使用 DROP 语句删除 Student 表。

SQL 语句如下：

```
DROP TABLE Student;
```

为验证 Student 表是否删除成功，可以使用 DESC 语句查看。执行结果如图 3-16 所示。

```
mysql> DROP TABLE Student;
Query OK, 0 rows affected (0.01 sec)

mysql> DESC Student;
1146 - Table 'studentgradeinfo.student' doesn't exist
```

图 3-16　删除数据表

从图 3-16 可以看出，执行 DROP 语句后表已经被成功删除。在数据库中，删除表是一项危险的操作，因为表中的数据也会被同时删除，所以，一般在删除表之前，都要进行表备份操作，这将在后续章节有详细介绍。

3.3　数据表记录的管理

数据库与表创建成功以后，就可以对数据库的表进行数据管理和维护了。MySQL 提供了功能丰富的数据库管理语句，包括向数据库中插入数据的 INSERT 语句，更新数据的 UPDATE 语句，以及当数据不再使用时，删除数据的 DELETE 语句。

3.3.1　插入数据

在 MySQL 中可以使用 INSERT 语句向数据库已有的表中插入一行或者多行元组数据。

插入数据的基本语法格式为：

```
INSERT INTO 表名 [ 字段名 1 [ , 字段名 2… 字段名 n] ]
VALUES (值 1[,值 2…值 n]) ;
```

参数说明：

- 表名：指定被操作的表名。
- 列名：指定需要插入数据的列名。若向表中的所有列插入数据，则全部的列名均可以省略，直接采用 INSERT 表名 VALUES(…)形式即可。
- VALUES：指的是要插入的数据清单。数据清单中数据的顺序要和列的顺序相对应。

注意： 在插入的字段类型为字符串类型（如 CHAR、VARCHAR）和日期类型（如 DATETIME）时，插入的值要用英文半角单引号括起来，如‘张三’。

1. 插入单行数据

【例 3-24】 在学生信息表 Student 中添加一条记录：学号为 1001001，姓名为赵明亮，性别男，班级为计算机 2001，系部为信息工程，民族为汉族，政治面貌为团员，出生日期为 2001-02-15。

SQL 语句如下：

```
INSERT INTO Student
(StudentId,StudentName,StudentSex,StudentClass,StudentDepartment,
StudentNation,StudentPolitics,StudentBirthday)
VALUES ('1001001', '赵明亮', '男', '计算机 2001', '信息工程',
'汉族', '团员', '2001-02-15');
```

执行结果如图 3-17 所示。

```
INSERT INTO Student
(StudentId,StudentName,StudentSex,StudentClass,StudentDepartment,StudentNation,StudentPolitics,StudentBirthday)
VALUES ('1001001', '赵明亮', '男', '计算机2001', '信息工程', '汉族', '团员', '2001-02-15')
Affected rows: 1
时间: 0.003s
```

图 3-17　插入单行记录（全部字段）执行结果

注意：上述语句中插入数据的时候，为 Student 表的全部字段都指定了值，所以可以简写为如下语句：

```
INSERT INTO Student
VALUES ('1001001', '赵明亮', '男', '计算机 2001', '信息工程',
'汉族', '团员', '2001-02-15');
```

【例 3-25】 在学生信息表 Student 中添加一条记录：学号为 1001004，姓名为王晓丽，性别女。

SQL 语句如下：

```
INSERT INTO Student
(StudentId,StudentName,StudentSex)
VALUES ('1001004', '王晓丽', '女');
```

执行结果如图 3-18 所示。

```
INSERT INTO Student
(StudentId,StudentName,StudentSex)
VALUES ('1001004', '王晓丽', '女')
Affected rows: 1
时间: 0.009s
```

图 3-18　插入单行记录（部分字段）执行结果

注意：使用 INSERT 语句插入数据时，如果只插入表的部分字段，必须在插入语句中的表名之后指定字段，表名后指定的字段顺序可以与原表不一致，但是 VALUSES 语句后的值必须与指定的字段顺序保持一致。

2. 插入多行数据

在插入数据的时候，大多数情况是要求同时插入多条数据。MySQL 提供了使用 INSERT 语句插入多条数据的功能。其语法格式如下：

```
INSERT INTO 表名 [ 字段名 1 [ , 字段名 2… 字段名 n] ]
```

```
VALUES (值列表 1),
       (值列表 2),
...
       (值列表 n);
```

【例 3-26】在学生信息表 Student 中添加如图 3-19 所示的记录。

StudentId	StudentName	StudentSex	StudentClass	StudentDepartment	StudentNation	StudentPolitics	StudentBirthday
1001002	钱多多	男	计算机2001	信息工程学院	汉族	党员	2001-08-25 00:00:00
1001003	孙晓梅	女	计算机2001	信息工程学院	壮族	团员	2001-12-25 00:00:00

图 3-19　待添加记录

SQL 语句如下：

```
INSERT INTO student VALUES
('1001002', '钱多多', '男', '计算机 2001', '信息工程学院', '汉族', '党员', '200
1-08-25'),
('1001003', '孙晓梅', '女', '计算机 2001', '信息工程学院', '壮族', '团员', '200
1-12-25')
```

执行结果如图 3-20 所示。

```
INSERT INTO student VALUES
('1001002', '钱多多', '男', '计算机2001', '信息工程学院', '汉族', '党员', '2001-08-25'),
('1001003', '孙晓梅', '女', '计算机2001', '信息工程学院', '壮族', '团员', '2001-12-25')
Affected rows: 2
时间: 0.011s
```

图 3-20　插入多行记录的执行结果

3.3.2　更新数据

在 MySQL 中，可以使用 UPDATE 语句来修改、更新表中的数据。其语法格式为：

```
UPDATE 表名
SET 字段名 1=值 1 [,字段名 2=值 2… ]
[WHERE 条件表达式 ]
```

参数说明：

- 表名：表示要修改数据的表名称。
- 字段名：指定要修改的字段。使用“字段名=值”这样的形式修改字段的内容，可以同时修改多个字段，在多个赋值表达式间用英文逗号隔开。
- WHERE条件表达式：是指在修改数据的时候指定要修改的记录，通过条件表达式进行筛选和指定记录。可以省略不写，但是不写 WHERE 条件进行筛选记录的话，将会修改整张表的所有记录。

注意：在修改表数据时，修改的新的值需要满足表的各类约束，不满足条件则修改不成功。

【例 3-27】在学生信息表 Student 中将学生的班级改为“计算机 2101”。

SQL 语句如下：

```
UPDATE Student
SET StudentClass = '计算机 2101';
```

执行结果如图 3-21 所示。

注意：有三行数据受到了影响，说明学生信息表的所有学生的班级都改成了计算机 2101。

【例 3-28】在学生信息表 Student 中将孙晓梅的政治面貌改为“党员”。

SQL 语句如下：

```
UPDATE Student
SET StudentPolitics = '党员'
WHERE StudentName = '孙晓梅';
```

执行结果如图 3-22 所示。

```
UPDATE Student
SET StudentClass = '计算机2101'
Affected rows: 3
时间: 0.01s
```

图 3-21　修改所有班级执行结果

```
UPDATE Student
SET StudentPolitics = '党员'
WHERE StudentName = '孙晓梅'
Affected rows: 1
时间: 0.01s
```

图 3-22　修改指定学生政治面貌执行结果

注意：只有一行数据受到了影响，说明学生信息表中只有孙晓梅同学的政治面貌改成了党员。一般来说，如果不是要统一修改表的某个字段全部修改为某一特定值，都需要在 WHERE 中添加条件以修改指定的记录。

3.3.3　删除数据

在数据表中，当数据不再需要保存时，就需要把数据删除。在 MySQL 中，可以使用 DELETE 语句来实现数据表记录的删除，其语法格式如下：

```
DELETE [FROM] 表名
[WHERE 条件表达式 ];
```

WHERE 条件表达式是指在删除数据的时候指定要删除的条件，通过条件表达式进行筛选和指定记录。可以省略不写，但是不写 WHERE 条件进行筛选记录的话，将会删除整张表的所有记录。

注意：在删除表记录的时候需要注意表的外键约束，否则可能会出现无法删除的情况。

【例 3-29】在学生信息表 Student 中将王晓丽的记录删除。

SQL 语句如下：

```
DELETE FROM Student
WHERE StudentName = '王晓丽';
```

执行结果如图 3-23 所示。

【例 3-30】 删除学生信息表 Student 的所有记录。

SQL 语句如下：

```
DELETE FROM Student;
```

执行结果如图 3-24 所示。

```
DELETE FROM Student
WHERE StudentName = '王晓丽'
Affected rows: 1
时间: 0.01s
```

图 3-23　删除指定记录执行结果

```
DELETE FROM Student
Affected rows: 2
时间: 0.01s
```

图 3-24　删除表所有记录执行结果

在 MySQL 中，还有一种方式可以清空表中的所有记录，这种方式需要使用 TRUNCATE 语句。其语法格式如下：

```
TRUNCATE  [TABLE] 表名;
```

所以例 3-30 可以使用下面语句实现同样清空表数据的效果。

```
TRUNCATE  Student;
```

TRUNCATE 语句的功能是清空表数据，与 DELETE 语句在不加 WHERE 条件时是一样的作用，但是两者也有一定的区别：

（1）DELETE 语句是 DML 语句，而 TRUNCATE 语句是 DDL 语句。

（2）DELETE 语句可以在后面连用 WHERE 语句来指定满足删除条件的记录，而 TRUNCATE 语句只能清空表数据，不能跟 WHERE 语句一起使用。

（3）DELETE 语句清空表数据不会重置自动增量 AUTO_INCREMENT 为初始值，而 TRUNCATE 语句清空表数据后会将 AUTO_INCREMENT 恢复为初始值。

思政小课堂

在添加或者修改数据时，只有符合规则的数据才能被成功操作，否则会引起报错而终止操作。而使用数据库的我们同样也需要遵循法律法规、校纪校规以及社会的公序良俗，只有遵纪守法，我们的社会环境才能保持正常有序运行，社会才能稳定和谐发展，我们才能更全心全意认真学习。

3.4　总结与训练

本章以学生成绩管理系统数据库为例来介绍数据库的创建和数据表的相关设计知识。学生成绩管理系统用于学校管理学生成绩和课程。本章的学习目标为实现学生成绩管理系统的数据库设计，主要内容包括数据库和表的创建、管理与维护，以及表数据的增、删、改操作，要求设计者熟练掌握相关操作的 SQL 语句。

实践任务一：创建数据库和数据表

1. 实践目的

（1）熟练掌握创建数据库的方法。

（2）熟练掌握创建表的方法。

（3）掌握表结构管理和维护的方法。

2. 实践内容

（1）创建学生成绩管理数据库 Studentinfo，并设置编码字符集为 utf8mb4，校对规则为 utf8mb4_0900_ai_ci。

（2）在学生成绩管理数据库 Studentinfo 中创建学生信息表，表结构如表 3-5 所示。

（3）在学生成绩管理数据库 Studentinfo 中创建课程表，表结构如表 3-6 所示。

（4）在学生成绩管理数据库 Studentinfo 中创建成绩表，表结构如表 3-7 所示。

（5）在学生成绩管理数据库 Studentinfo 中创建教师表，表结构如表 3-8 所示。

（6）在教师表中添加一个字段 title（职称），数据类型为 char(10)。查看表结构检查执行结果。

表 3-5　学生信息表

字　段　名	数 据 类 型	是否允许为空	约　　束	备　　注
StudentId	VARCHAR(20)	不允许	主键	学号
StudentName	VARCHAR(20)	不允许		姓名
StudentSex	VARCHAR(2)		默认值为‘男’	性别
StudentClass	VARCHAR(20)			班级
StudentDepartment	VARCHAR(20)			系部
StudentNation	VARCHAR(20)			民族
StudentPolitics	VARCHAR(20)			政治面貌
StudentBirthday	DATETIME			出生日期

表 3-6　课程表

字　段　名	数 据 类 型	是否允许为空	约　　束	备　　注
CourseId	VARCHAR(20)	不允许	主键	课程号
CourseName	VARCHAR(20)	不允许		课程名称
Credit	FLOAT			课程学分
CourseType	VARCHAR(20)			课程类型

表 3-7　成绩表

字　段　名	数 据 类 型	是否允许为空	约　　束	备　　注
CourseId	VARCHAR(20)	不允许	联合主键，外键连接课程表的课程号	课程号

续表

字段名	数据类型	是否允许为空	约束	备注
StudentId	VARCHAR(20)	不允许	联合主键，外键连接学生表的学号	学号
Score	FLOAT			成绩
TeacherId	VARCHAR(20)			教师号

表 3-8　教师表

字段名	数据类型	是否允许为空	约束	备注
TeacherId	VARCHAR(20)	不允许	主键	教师号
TeacherName	VARCHAR(20)	不允许		教师名
TeacherSex	VARCHAR(2)			性别
TeacherDepartment	VARCHAR(20)			所属系部
TeacherSchool	VARCHAR(20)			所属学校
TeacherPhone	CHAR(11)			手机号

实践任务二：表数据管理与维护

1. 实践目的

熟练掌握使用 INSERT、UPDATE、DELETE 语句在数据表中的使用，实现数据添加、修改和删除操作。

2. 实践内容

（1）在学生成绩管理数据库中的学生信息表、课程表、成绩表和教师表中分别录入数据，需要录入的数据如表 3-9～表 3-12 所示。

表 3-9　学生表数据

学号	姓名	性别	班级	系部	民族	面貌	出生日期
1001001	赵明亮	男	计算机 2001	信息工程学院	汉族	团员	2001-02-15
1001002	钱多多	男	计算机 2001	信息工程学院	汉族	党员	2001-08-25
1001003	孙晓梅	女	计算机 2001	信息工程学院	壮族	团员	2001-12-25
1002001	李静	女	网络 2002	信息工程学院	汉族	团员	2000-01-20
1002002	王明伟	男	网络 2002	信息工程学院	壮族	党员	2001-03-18
1002003	李晓蓉	女	网络 2002	信息工程学院	苗族	党员	2000-10-22
1002004	王浩云	男	网络 2002	信息工程学院	苗族	群众	2001-09-21
1002005	魏金木	男	网络 2002	信息工程学院	汉族	群众	2002-08-28
2002001	韦谨言	男	商务 2002	工商管理学院	汉族	群众	2001-05-16
2002002	黄慧	女	商务 2002	工商管理学院	汉族	群众	2001-07-07
3001001	李运国	男	动漫 2001	艺术学院	汉族	群众	2001-11-25
3001002	张轩宇	男	动漫 2001	艺术学院	汉族	群众	2001-06-06

续表

学号	姓名	性别	班级	系部	民族	面貌	出生日期
4001001	李强	男	机械 2001	机械工程学院	汉族	团员	2001-09-10
4001002	莫小荣	男	机械 2001	机械工程学院	壮族	团员	2001-02-19
5001001	李佳欣	女	汽修 2001	交通工程学院	汉族	党员	2002-01-12

表 3-10　课程表数据

课　程　号	课　程　名	学　　分	课 程 类 型
1001	程序设计基础	3	专业基础
1002	C#程序设计	3.5	专业基础
1003	数据库应用	3.5	专业基础
1004	计算机网络	3.5	专业基础
2001	JAVA 程序设计	3	专业必修
2002	移动应用设计	3	专业必修
3001	高等数学	6	基础必修
3002	大学英语	6	基础必修
3003	体育	8	基础必修
4001	职业素养	1	选修课

表 3-11　成绩表数据

课　程　号	学　　号	成　　绩	教　师　号
1001	1001001	85	1
1001	1001002	80	1
1001	1001003	55	1
1002	1001001	90	2
1002	1001002	78	2
1002	1001003	65	2
1003	1001001	86	3
1003	1001002	75	3
1003	1001003	70	3
1004	1001002	95	5
1004	1001003	75	5
1004	1002001	90	5
1004	2002001	80	6
1004	2002002	85	5
3001	1001001	85	8
3001	1001002	86	8
3001	3001001	75	8
3001	3001002	85	8
3001	4001001	90	8
3001	4001002	93	8
3001	5001001	59	8

表 3-12　教师表数据

教师号	姓名	性别	系部	学校	手机号
1	吴子明	男	信息工程	广西机电职业技术学院	13557830145
2	罗晓燕	女	信息工程	广西工业职业技术学院	13557830145
3	王建国	男	信息工程	广西职业技能技术学院	13557830145
4	李铭	男	信息工程	广西机电职业技术学院	13557830145
5	李咏浩	男	信息工程	广西交通职业技术学院	13557830145
6	冯名扬	男	信息工程	南宁职业技术学院	13557830145
7	梁君	男	信息工程	广西机电职业技术学院	13557830145
8	石玉梅	女	艺术学院	广西机电职业技术学院	13557830145
9	朱永刚	男	信息工程	南宁职业技术学院	13557830145

（2）使用 SQL 语句修改表数据。

- 在课程表中将“程序设计基础”课程的学分修改为 3.5 分。
- 在学生表中将班级为“机械 2001”班且民族为“汉族”的同学政治面貌修改为“党员”。

（3）使用 SQL 语句删除教师表中“朱永刚”老师的记录。

第 4 章

数 据 查 询

数据查询是数据库管理系统应用的主要内容，也是用户对数据库最频繁、最常见的操作请求。数据查询可以根据用户提供的限定条件，从已存在的数据表中检索用户需要的数据。MySQL 使用 SELECT 语句既可以完成简单的单表查询、联合查询，也可以完成复杂的联接查询、子查询，从数据库中检索符合用户需求的数据，并将结果集以表格的形式返回给用户。

学习目标

- 熟练应用 SELECT 语句进行数据查询。
- 掌握应用 SELECT 语句进行分组聚合查询。
- 掌握应用 SELECT 语句多表联接查询和子查询。
- 能够应用 SELECT 语句进行嵌套查询。

4.1 单 表 查 询

我们首先从一张表的查询进行学习，在掌握单表的基本查询后，再进行更复杂的多表查询的学习。

4.1.1 查询语句的基本语法

SELECT 语句是数据库操作最基本的语句之一，同时也是 SQL 编程技术中最常用的语句。它功能强大，所以也有较多的子句。包含主要子句的基本语法格式如下：

```
SELECT 字段名1 [ ,字段名2...]
FROM 表名1 [ ,表名2...]
[WHERE 条件表达式]
[GROUP BY 字段名列表 [HAVING 条件表达式]]
[ORDER BY 字段名[ASC|DESC]];
```

参数说明：

- SELECT 字段名 1 [,字段名 2...]：查询的内容可以是一个字段、多个字段，甚至是全部字段，还可以是表达式或函数。若要查询部分字段，需要将各字段名用逗号分隔开，各字段名在 SELECT 子句中的顺序决定了它们在结果中显示的顺序。

- FROM 表名 1 [,表名 2...]：指定用于查询的数据表，可以是单张表，也可以是多表。
- WHERE 条件表达式：用于指定数据查询的条件，可写可不写。
- GROUP BY 字段名列表：用来对查询结果进行分组，可写可不写。
- HAVING 条件表达式：用来指定分组的条件，可写可不写。
- ORDER BY 字段名[ASC|DESC]：用来指定查询结果集的排序方式，ASC 表示结果集按指定的字段以升序排列，DESC 表示结果集按指定的字段以降序排列，默认为 ASC。可写可不写。

SELECT 语句是比较复杂的语句，上述结构还不能完全说明其用法，只是先构建一个整体的印象，在后续学习时将拆分成对应的具体子句进行详细阐述。

4.1.2　简单查询

最基本的查询语句只包括如下两个部分：

```
SELECT 字段名1 [ ,字段名2...]
FROM 表名1 [ ,表名2...]
```

1. 查询所有字段（即整张表）

当需要查询的内容是数据表中的所有列，即整张表完整的内容时，可以在 SELECT 后使用通配符*代表所有字段名的集合。

【例 4-1】查询 studentgradeinfo 数据库中的 student 表，输出整张表的详细信息。

SQL 语句如下：

```
USE studentgradeinfo;
SELECT *
FROM student;
```

执行结果如图 4-1 所示。

查询创建工具　查询编辑器

```
1  USE studentgradeinfo;
2  SELECT *
3  FROM student;
4
```

信息　结果1　概况　状态

StudentId	StudentName	StudentSex	StudentClass	StudentDepartment	StudentNation	StudentPolitics	StudentBirthday
1001001	赵明亮	男	计算机2001	信息工程	汉族	团员	2001-02-15 00:00:00
1001002	钱多多	男	计算机2001	信息工程学院	汉族	党员	2001-08-25 00:00:00
1001003	孙晓梅	女	计算机2001	信息工程学院	壮族	团员	2001-12-25 00:00:00
1002001	李静	女	网络2002	信息工程学院	汉族	团员	2000-01-20 00:00:00
1002002	王明伟	男	网络2002	信息工程学院	壮族	党员	2001-03-18 00:00:00
1002003	李晓蕾	女	网络2002	信息工程学院	苗族	党员	2000-10-22 00:00:00
1002004	王浩云	男	网络2002	信息工程学院	苗族	群众	2001-09-21 00:00:00
1002005	魏金木	男	网络2002	信息工程学院	汉族	群众	2002-08-28 00:00:00
2002001	韦谨言	男	商务2002	工商管理学院	汉族	群众	2001-05-16 00:00:00
2002002	萧慧	女	商务2002	工商管理学院	汉族	群众	2001-07-07 00:00:00
3001001	李运国	男	动漫2001	艺术学院	汉族	群众	2001-11-25 00:00:00
3001002	张轩宇	男	动漫2001	艺术学院	汉族	群众	2001-06-06 00:00:00
4001001	李强	男	机械2001	机械工程学院	汉族	团员	2001-09-10 00:00:00
4001002	龚小荣	男	机械2001	机械工程学院	壮族	团员	2001-02-19 00:00:00
5001001	李佳欣	女	汽修2001	交通工程学院	汉族	党员	2002-01-12 00:00:00

图 4-1　输出整张表信息

当然，也可以在 SELECT 后面列出所有的列名，只是如果表中的字段很多，则比较麻烦。例如，上述语句可以改写为：

```
USE studentgradeinfo;
SELECT StudentId,StudentName,StudentSex,StudentClass,
StudentDepartment,StudentNation,StudentPolitics,StudentBirthday
FROM student;
```

且在 SELECT 子句的查询字段中，字段的顺序是可以改变的，无须按照表中定义的顺序排列。例如，上述语句还可以写为：

```
USE studentgradeinfo;
SELECT StudentName,StudentId,StudentSex,StudentClass,StudentDepartment,
StudentNation,StudentPolitics,StudentBirthday
FROM student;
```

2. 查询部分指定字段

【例 4-2】查询 studentgradeinfo 数据库中的 student 表，输出所有学生的学号、姓名和出生日期。

SQL 语句如下：

```
USE studentgradeinfo;
SELECT StudentId,StudentName,StudentBirthday
FROM student;
```

执行结果如图 4-2 所示。

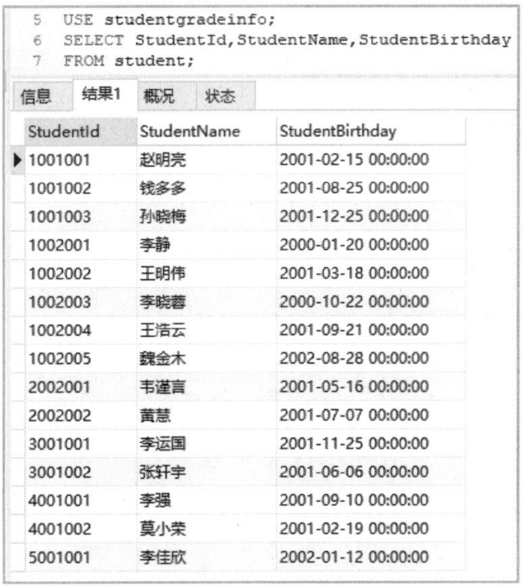

```
5  USE studentgradeinfo;
6  SELECT StudentId,StudentName,StudentBirthday
7  FROM student;
```

信息　结果1　概况　状态

StudentId	StudentName	StudentBirthday
1001001	赵明亮	2001-02-15 00:00:00
1001002	钱多多	2001-08-25 00:00:00
1001003	孙晓梅	2001-12-25 00:00:00
1002001	李静	2000-01-20 00:00:00
1002002	王明伟	2001-03-18 00:00:00
1002003	李晓蓉	2000-10-22 00:00:00
1002004	王浩云	2001-09-21 00:00:00
1002005	魏金木	2002-08-28 00:00:00
2002001	韦谨言	2001-05-16 00:00:00
2002002	黄慧	2001-07-07 00:00:00
3001001	李运国	2001-11-25 00:00:00
3001002	张轩宇	2001-06-06 00:00:00
4001001	李强	2001-09-10 00:00:00
4001002	莫小荣	2001-02-19 00:00:00
5001001	李佳欣	2002-01-12 00:00:00

图 4-2　输出指定字段信息

3. 设置列别名并改变查询结果中的列名

使用 SELECT 语句进行查询时，查询结果集中字段的名称与 SELECT 子句中字段的名称相同。然而，有些字段名是英文或不那么好理解的名字，此时可以在 SELECT 语句中让查询结果集显示新的字段名，称为字段的别名。指定返回字段的别名有如下两种命令方法：

（1）字段名 AS 别名。

（2）字段名 别名。

【例 4-3】查询 studentgradeinfo 数据库中的 student 表，输出所有学生的学号、姓名，并分别使用“学号”“姓名”作为别名。

SQL 语句如下：

```
USE studentgradeinfo;
SELECT StudentId AS 学号,StudentName 姓名
FROM student;
```

执行结果如图 4-3 所示。

4. 使用 DISTINCT 关键字消除重复记录

例如，我们需要从 student 表了解该表中的学生包括了哪些民族的情况，使用 SQL 语句如下：

```
USE studentgradeinfo;
SELECT StudentNation
FROM student;
```

执行结果如图 4-4 所示。

```
9  USE studentgradeinfo;
10 SELECT StudentId AS 学号,StudentName 姓名
11 FROM student;
```

信息 结果1 概况 状态

学号	姓名
1001001	赵明亮
1001002	钱多多
1001003	孙晓梅
1002001	李静
1002002	王明伟
1002003	李晓蓉
1002004	王浩云
1002005	魏金木
2002001	韦谨言
2002002	黄慧
3001001	李运国
3001002	张轩宇
4001001	李强
4001002	莫小荣
5001001	李佳欣

图 4-3　指定返回字段别名

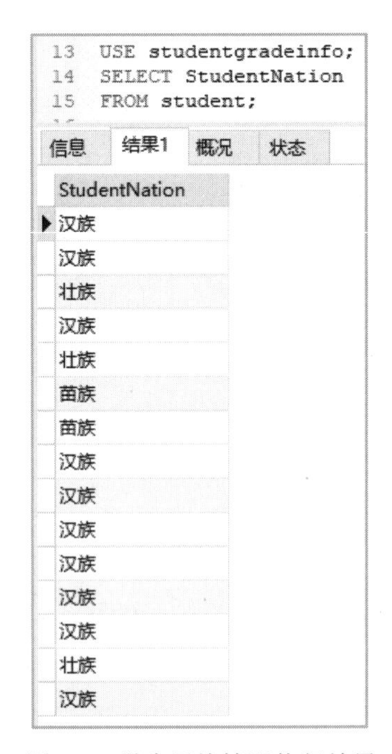

```
13 USE studentgradeinfo;
14 SELECT StudentNation
15 FROM student;
```

信息 结果1 概况 状态

StudentNation
汉族
汉族
壮族
汉族
壮族
苗族
苗族
汉族
汉族
汉族
汉族
汉族
汉族
壮族
汉族

图 4-4　学生民族情况执行结果

从图 4-4 可知，上述查询结果中出现了重复的行，消除结果中重复的行，才是我们需要的结果。这种情况下使用 DISTINCT 关键字能实现该需求。DISTINCT 关键字用于从 SELECT

语句的结果集中除去重复的行。如果没有指定 DISTINCT 关键字，查询结果可能出现重复的行。

【例 4-4】查询 studentgradeinfo 数据库中的 student 表，了解该表中学生的民族情况，消除重复记录。

SQL 语句如下：

```
USE studentgradeinfo;
SELECT DISTINCT StudentNation
FROM student;
```

执行结果如图 4-5 所示。

> 注意：DISTINCT 关键字要写在 SELECT 关键字和第一个字段之间。对于 DISTINCT 关键字来说，所有的空值 NULL 将被认为是重复的内容，当 SELECT 语句中包括 DISTINCT 关键字时，不论遇到多少个空值，在结果中只返回一个 NULL。

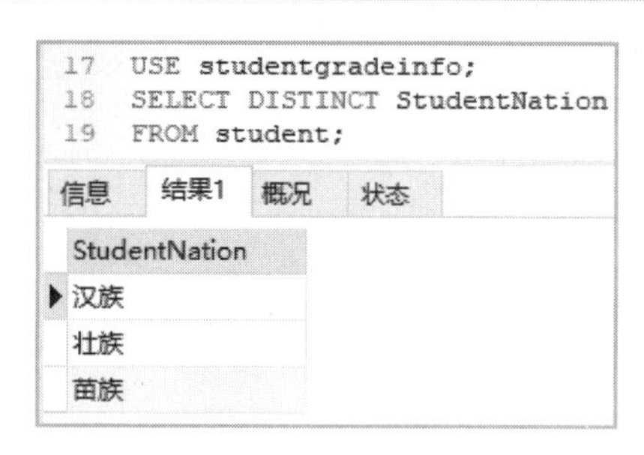

图 4-5　指定 DISTINCT 关键字后的查询结果

4.1.3　WHERE 子句指定查询条件

WHERE 子句能指定查询的条件，用以从数据表中筛选出满足条件的数据行。其语法格式如下：

```
SELECT 字段名1 [ ,字段名2...]
FROM 表名1 [ ,表名2...]
WHERE 条件表达式
```

实际使用中，WHERE 子句的使用比较灵活但复杂，可以使用的条件包括比较运算符、逻辑运算符、模糊匹配、范围等，表 4-1 列出了常用的条件表达式使用的运算符。

表 4-1　条件表达式使用的运算符

运算符类型	运　算　符	说　　明
比较运算符	=、>、<、>=、<=、<>、!=、!>、!<	比较字段的大小
逻辑运算符	AND、OR、NOT	用于多个条件表达式的逻辑连接
字符串匹配运算符	LIKE、NOT LIKE	判断字段值是否和指定的字符串匹配
范围运算符	BETWEEN...AND、NOT BETWEEN...AND	判断字段值是否在指定范围内
列表运算符	IN、NOT IN	判断字段值是否在指定列表中
空值判断运算符	IS NULL、IS NOT NULL	判断字段值是否为空

1. 比较运算符

使用比较运算符=（等于）、>（大于）、<（小于）、>=（大于等于）、<=（小于等于）、<>（不等于）、!= （不等于）、!>（不大于）、!< （不小于）可以让表中的值与指定值或表达式做比较。

【例 4-5】查询 studentgradeinfo 数据库中的 student 表，输出所有女生的信息。

SQL 语句如下：

```
USE studentgradeinfo;
SELECT *
FROM student
WHERE StudentSex='女';
```

执行结果如图 4-6 所示。

```
1  USE studentgradeinfo;
2  SELECT *
3  FROM student
4  WHERE StudentSex='女';
```

信息 结果1 概况 状态

StudentId	StudentName	StudentSex	StudentClass	StudentDepartment	StudentNation	StudentPolitics	StudentBirthday
1001003	孙晓梅	女	计算机2001	信息工程学院	壮族	团员	2001-12-25 00:00:00
1002001	李静	女	网络2002	信息工程学院	汉族	团员	2000-01-20 00:00:00
1002003	李晓蓉	女	网络2002	信息工程学院	苗族	党员	2000-10-22 00:00:00
2002002	黄慧	女	商务2002	工商管理学院	汉族	群众	2001-07-07 00:00:00
5001001	李佳欣	女	汽修2001	交通工程学院	汉族	党员	2002-01-12 00:00:00

图 4-6　使用=运算符的查询结果

注意： 数据类型为 CHAR、NCHAR、VARCHAR、NVARCHAR、text、datetime 和 smalldatetime 的数据，在引用时需要用单引号括起来。

【例 4-6】查询 studentgradeinfo 数据库中的 student 表，输出所有不是党员的学生的信息。

SQL 语句如下：

```
USE studentgradeinfo;
SELECT *
FROM student
WHERE StudentPolitics<>'党员';
```

执行结果如图 4-7 所示。

```
6  USE studentgradeinfo;
7  SELECT *
8  FROM student
9  WHERE StudentPolitics<>'党员';
```

信息 结果1 概况 状态

StudentId	StudentName	StudentSex	StudentClass	StudentDepartment	StudentNation	StudentPolitics	StudentBirthday
1001001	赵明亮	男	计算机2001	信息工程	汉族	团员	2001-02-15 00:00:00
1001003	孙晓梅	女	计算机2001	信息工程学院	壮族	团员	2001-12-25 00:00:00
1002001	李静	女	网络2002	信息工程学院	汉族	团员	2000-01-20 00:00:00
1002004	王浩云	男	网络2002	信息工程学院	苗族	群众	2001-09-21 00:00:00
1002005	魏金木	男	网络2002	信息工程学院	汉族	群众	2002-08-28 00:00:00
2002001	韦谨言	男	商务2002	工商管理学院	汉族	群众	2001-05-16 00:00:00
2002002	黄慧	女	商务2002	工商管理学院	汉族	群众	2001-07-07 00:00:00
3001001	李运国	男	动漫2001	艺术学院	汉族	群众	2001-11-25 00:00:00
3001002	张轩宇	男	动漫2001	艺术学院	汉族	群众	2001-06-06 00:00:00
4001001	李强	男	机械2001	机械工程学院	汉族	团员	2001-09-10 00:00:00
4001002	莫小荣	男	机械2001	机械工程学院	壮族	团员	2001-02-19 00:00:00

图 4-7　使用<>运算符的查询结果

本题中的<>（不等于）也可以使用!=（不等于）替代，读者可以自行尝试。

2. 逻辑运算符

查询条件可以是一个条件表达式，也可以是多个条件表达式的组合。逻辑运算符能够连接多个条件表达式，构成一个复杂的查询条件。逻辑运算符包括 AND（逻辑与）、OR（逻辑或）、NOT（逻辑非）。

- AND：连接两个条件表达式。当且仅当两个条件表达式都成立时，组合起来的条件才成立。
- OR：连接两个条件表达式。两个条件表达式之一成立，组合起来的条件就成立。
- NOT：连接一个条件表达式。对给定条件取反。

【例 4-7】查询 studentgradeinfo 数据库中的 student 表，输出是“信息工程学院”且班级为“网络 2002”班的学生的信息。

SQL 语句如下：

```
USE studentgradeinfo;
SELECT *
FROM student
WHERE StudentDepartment='信息工程学院' AND StudentClass='网络 2002';
```

执行结果如图 4-8 所示。

```
11  USE studentgradeinfo;
12  SELECT *
13  FROM student
14  WHERE StudentDepartment='信息工程学院' AND StudentClass='网络2002';
```

信息　结果1　概况　状态

StudentId	StudentName	StudentSex	StudentClass	StudentDepartment	StudentNation	StudentPolitics	StudentBirthday
1002001	李静	女	网络2002	信息工程学院	汉族	团员	2000-01-20 00:00:00
1002002	王明伟	男	网络2002	信息工程学院	壮族	党员	2001-03-18 00:00:00
1002003	李晓蓉	女	网络2002	信息工程学院	苗族	党员	2000-10-22 00:00:00
1002004	王浩云	男	网络2002	信息工程学院	苗族	群众	2001-09-21 00:00:00
1002005	魏金木	男	网络2002	信息工程学院	汉族	群众	2002-08-28 00:00:00

图 4-8　使用 AND 运算符的查询结果

【例 4-8】查询 studentgradeinfo 数据库中的 student 表，输出是“信息工程学院”，或者班级为“网络 2002”班的学生的信息。

SQL 语句如下：

```
USE studentgradeinfo;
SELECT *
FROM student
WHERE StudentDepartment='信息工程学院' OR StudentClass='网络 2002';
```

执行结果如图 4-9 所示。

注意：AND 运算符的优先级高于 OR 运算符，因此如果遇到两个运算符一起使用时，应该先处理 AND 运算符两边的表达式，再处理 OR 运算符两边的表达式。

另外，例 4-6 中的“不是党员”条件也可以使用 NOT 运算符写成如下形式：

```
USE studentgradeinfo;
SELECT *
FROM student
```

```
WHERE NOT(StudentPolitics='党员');
```

其执行结果和图 4-7 是一样的。

```
16  USE studentgradeinfo;
17  SELECT *
18  FROM student
19  WHERE StudentDepartment='信息工程学院' OR StudentClass='网络2002';
```

信息 结果1 概况 状态

StudentId	StudentName	StudentSex	StudentClass	StudentDepartment	StudentNation	StudentPolitics	StudentBirthday
1001002	钱多多	男	计算机2001	信息工程学院	汉族	党员	2001-08-25 00:00:00
1001003	孙晓梅	女	计算机2001	信息工程学院	壮族	团员	2001-12-25 00:00:00
1002001	李静	女	网络2002	信息工程学院	汉族	团员	2000-01-20 00:00:00
1002002	王明伟	男	网络2002	信息工程学院	壮族	党员	2001-03-18 00:00:00
1002003	李晓蓉	女	网络2002	信息工程学院	苗族	党员	2000-10-22 00:00:00
1002004	王浩云	男	网络2002	信息工程学院	苗族	群众	2001-09-21 00:00:00
1002005	魏金木	男	网络2002	信息工程学院	汉族	群众	2002-08-28 00:00:00

图 4-9　使用 OR 运算符的查询结果

3. 字符串匹配运算符

在指定的条件不是很明确的情况下，可以使用 LIKE 运算符与指定的字符串进行匹配。其语法格式如下：

```
字段名 [NOT] LIKE '指定字符串'
```

参数说明：

- 字段名：指定要进行匹配的字段。字段的数据类型可以是字符串类型或者日期和时间类型，包括 CHAR、NCHAR、VARCHAR、NVARCHAR、datetime、smalldatetime 等。
- 指定字符串：可以是一般的字符串，也可以是包含通配符的字符串，可以与 LIKE 相匹配的通配符及其含义，如表 4-2 所示。

表 4-2　与 LIKE 相匹配的通配符

通　配　符	含　　义
%	代表任意长度（0 个或多个）的字符串
_	代表任意 1 个字符

通配符和字符串必须括在单引号中。例如，表达式“LIKE 'c%'”匹配以字母 c 开头的字符串；表达式“LIKE '%2001'”匹配以 2001 结尾的字符串；表达式“LIKE '_晓%'”匹配第 2 个字符为“晓”的字符串。

【例 4-9】查询 studentgradeinfo 数据库中的 student 表，输出姓“李”的学生的信息。

SQL 语句如下：

```
USE studentgradeinfo;
SELECT *
FROM student
WHERE StudentName LIKE '李%';
```

执行结果如图 4-10 所示。

```
26  USE studentgradeinfo;
27  SELECT *
28  FROM student
29  WHERE StudentName LIKE '李%';
```

信息　结果1　概况　状态

StudentId	StudentName	StudentSex	StudentClass	StudentDepartment	StudentNation	StudentPolitics	StudentBirthday
1002001	李静	女	网络2002	信息工程学院	汉族	团员	2000-01-20 00:00:00
1002003	李晓蓉	女	网络2002	信息工程学院	苗族	党员	2000-10-22 00:00:00
3001001	李运国	男	动漫2001	艺术学院	汉族	群众	2001-11-25 00:00:00
4001001	李强	男	机械2001	机械工程学院	汉族	团员	2001-09-10 00:00:00
5001001	李佳欣	女	汽修2001	交通工程学院	汉族	党员	2002-01-12 00:00:00

图 4-10　使用字符串匹配运算符的查询结果

4. 范围运算符

使用“BETWEEN...AND...”可以查询一个连续的范围。

【例 4-10】 查询 studentgradeinfo 数据库中的 student 表，输出 2002 年出生的学生的信息。

SQL 语句如下：

```
USE studentgradeinfo;
SELECT *
FROM student
WHERE StudentBirthday BETWEEN '2002-1-1' AND '2002-12-31';
```

执行结果如图 4-11 所示。

```
31  USE studentgradeinfo;
32  SELECT *
33  FROM student
34  WHERE StudentBirthday BETWEEN '2002-1-1' AND '2002-12-31';
```

信息　结果1　概况　状态

StudentId	StudentName	StudentSex	StudentClass	StudentDepartment	StudentNation	StudentPolitics	StudentBirthday
1002005	魏金木	男	网络2002	信息工程学院	汉族	群众	2002-08-28 00:00:00
5001001	李佳欣	女	汽修2001	交通工程学院	汉族	党员	2002-01-12 00:00:00

图 4-11　使用范围运算符的查询结果

注意： 日期和时间类型是一个特殊的数据类型，它不仅可以作为一个连续的范围使用 BETWEEN...AND 运算符，还可以进行加、减以及比较大小的操作。本例 SQL 语句还可以写成如下形式：

```
USE studentgradeinfo;
SELECT *
FROM student
WHERE StudentBirthday>='2002-1-1' AND StudentBirthday<='2002-12-31';
```

其执行结果和图 4-11 是一样的。

5. 列表运算符

使用“IN”可以查询字段值是否在指定的列表中。

【例 4-11】 查询 studentgradeinfo 数据库中的 student 表，输出艺术学院、交通工程学院学生的信息。

SQL 语句如下：

```
USE studentgradeinfo;
```

```
SELECT *
FROM student
WHERE StudentDepartment IN ('艺术学院','交通工程学院');
```

执行结果如图 4-12 所示。

```
41  USE studentgradeinfo;
42  SELECT *
43  FROM student
44  WHERE StudentDepartment IN ('艺术学院','交通工程学院');
```

信息 结果1 概况 状态

StudentId	StudentName	StudentSex	StudentClass	StudentDepartment	StudentNation	StudentPolitics	StudentBirthday
3001001	李运国	男	动漫2001	艺术学院	汉族	群众	2001-11-25 00:00:00
3001002	张轩宇	男	动漫2001	艺术学院	汉族	群众	2001-06-06 00:00:00
5001001	李佳欣	女	汽修2001	交通工程学院	汉族	党员	2002-01-12 00:00:00

图 4-12　使用列表运算符的查询结果

6. 空值判断运算符

IS [NOT] NULL 运算符用于判断指定字段的值是否为空值。对于空值的判断，不能使用比较运算符或者字符串匹配运算符。

【例 4-12】查询 studentgradeinfo 数据库中的 student 表，输出没有登记出生日期信息的学生的信息。

SQL 语句如下：

```
USE studentgradeinfo;
SELECT *
FROM student
WHERE StudentBirthday IS NULL;
```

执行结果如图 4-13 所示。

```
46  USE studentgradeinfo;
47  SELECT *
48  FROM student
49  WHERE StudentBirthday IS NULL;
```

信息 结果1 概况 状态

StudentId	StudentName	StudentSex	StudentClass	StudentDepartment	StudentNation	StudentPolitics	StudentBirthday
(Null)	(Null)	(Null)	(Null)	(Null)	(Null)	(Null)	(Null)

图 4-13　使用空值判断运算符的查询结果

图 4-13 中的查询结果是空的，说明所有的记录都有对应的出生日期。如果把 WHERE 子句中的条件改成“WHERE StudentBirthday IS NOT NULL;”就能查出整张表的内容。

4.1.4　ORDER BY 子句排序

在查询结果集中，数据行是按照它们在表中的顺序进行排列的。我们可以使用 ORDER BY 子句按指定的一个或多个字段对查询结果重新排序。其语法格式如下：

```
ORDER BY 字段名 [ASC|DESC]
```

参数说明：

➢　ORDER BY 字段名：指定要排序的字段，可以是多个字段。如果是多个字段，查

询结果首先按照第一个字段的值排序，对第一个字段的值相同的数据行，再进一步按照第二个字段的值排序，依此类推。

➢ [ASC|DESC]：指定数据行排序规则，要么是 ASC，要么是 DESC，可写可不写。ASC 指明查询结果按升序排列，DESC 指明查询结果按降序排列。如果均不写，则系统默认参数是 ASC。

➢ ORDER BY 子句要写在 WHERE 子句的后面。

例如，查询 studentgradeinfo 数据库中的 grade 表，输出选修了 3001 号课程的学生信息，并将查询结果按成绩的降序排序。

SQL 语句如下：

```
USE studentgradeinfo;
SELECT *
FROM grade
WHERE CourseId='3001'
ORDER BY Score DESC;
```

执行结果如图 4-14 所示。

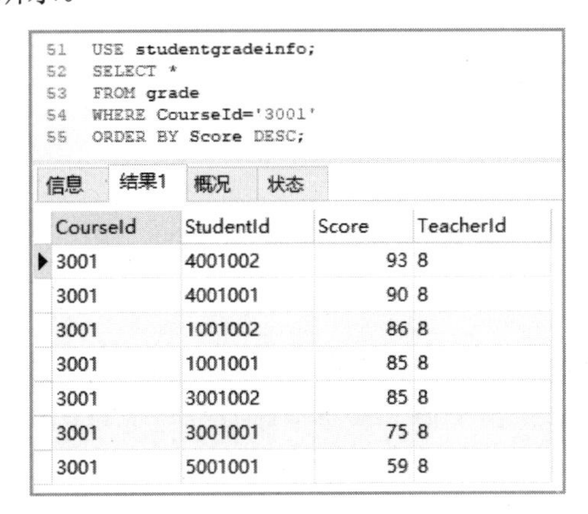

CourseId	StudentId	Score	TeacherId
3001	4001002	93	8
3001	4001001	90	8
3001	1001002	86	8
3001	1001001	85	8
3001	3001002	85	8
3001	3001001	75	8
3001	5001001	59	8

图 4-14 使用 ORDER BY 子句排序的查询结果

【本节强化】

1）查询 studentgradeinfo 数据库中的 student 表，输出当前所有班级的名称，设置列别名为“当前所有班级的列表”，并消除重复结果。

SQL 语句如下：

```
USE studentgradeinfo;
SELECT DISTINCT StudentClass AS 当前所有班级的列表
FROM Student;
```

2）查询 studentgradeinfo 数据库中的 student 表，输出所有是少数民族党员的女同学，并按出生日期倒序排列。

SQL 语句如下：

```
USE studentgradeinfo;
SELECT *
```

```
FROM Student
WHERE StudentNation !='汉族' AND StudentPolitics='党员' AND
StudentSex='女'
ORDER BY StudentBirthday;
```

3）查询 studentgradeinfo 数据库中的 student 表，使用至少 3 种方法输出在 2001 年 6 月～9 月出生的学生。

SQL 语句如下：

```
USE studentgradeinfo;
#方法 1
SELECT *
FROM Student
WHERE StudentBirthday>='2001-09-01' AND StudentBirthday<='2001-09-30';
#方法 2
SELECT *
FROM Student
WHERE StudentBirthday BETWEEN '2001-09-01' AND '2001-09-30';
#方法 1
SELECT *
FROM Student
WHERE StudentBirthday LIKE '2001-09%';
```

4.2 统 计 查 询

SELECT 语句可以通过使用集合函数和 GROUP BY 子句、HAVING 子句组合，对查询的结果集进行求和、平均值、最大值、最小值以及分组等统计操作。

4.2.1 集合函数

集合函数用于对查询结果集中的指定字段进行统计，并输出统计值。常用的集合函数如表 4-3 所示。

表 4-3 常用的集合函数

集 合 函 数	功 能 描 述
COUNT([DISTINCT|ALL]字段|*)	计算指定字段中值的个数。COUNT(*)返回满足条件的行数，包括含有空值的行，不能与 DISTINCT 一起使用
SUM([DISTINCT|ALL]字段)	计算指定字段中数据的总和（此字段为数值类型）
AVG([DISTINCT|ALL]字段)	计算指定字段中数据的平均值（此字段为数值类型）
MAX([DISTINCT|ALL]字段)	计算指定字段中数据的最大值
MIN([DISTINCT|ALL]字段)	计算指定字段中数据的最小值

参数说明：

- ALL：为默认选项，表示计算所有的值。
- DISTINCT：表示去掉重复值后再计算。

【例 4-13】查询 studentgradeinfo 数据库中的 grade 表，统计并输出选修了 3001 号课程的学生人数、总成绩、平均分、最高分和最低分。

SQL 语句如下：

```
USE studentgradeinfo;
SELECT COUNT(*) AS 选修人数,SUM(Score) AS 总成绩,AVG(Score) AS 平均分,
MAX(Score) AS 最高分, MIN(Score) AS 最低分
FROM grade
WHERE CourseId='3001';
```

执行结果如图 4-15 所示。

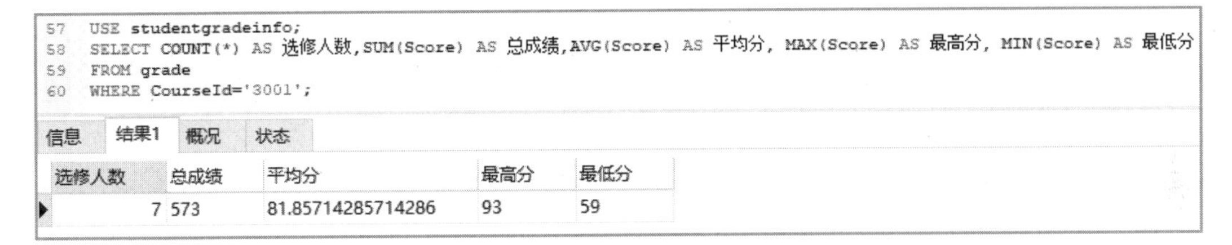

图 4-15　使用集合函数的查询结果

4.2.2　GROUP BY 子句分组

例 4-13 进行的查询是针对整个结果集进行条件筛选展开的，而实际应用中，我们还需要根据各课程或者每个学生分别进行统计查询，此时就需要使用 GROUP BY 子句按指定字段进行分组，将相同字段的记录放在一组后再进行统计并输出结果。

集合函数和 GROUP BY 子句搭配使用可以对查询结果集进行分组统计。其语法格式如下：

```
SELECT 字段或集合函数
FROM 表名
[WHERE 条件表达式]
GROUP BY 字段名列表;
```

【例 4-14】查询 studentgradeinfo 数据库中的 grade 表，统计并输出每门课程所选学生的人数、平均分、最高分和最低分。

SQL 语句如下：

```
USE studentgradeinfo;
SELECT CourseId,COUNT(*) AS 选修人数,AVG(Score) AS 平均分,
MAX(Score) AS 最高分, MIN(Score) AS 最低分
FROM grade
GROUP BY CourseId;
```

执行结果如图 4-16 所示。

```
62  USE studentgradeinfo;
63  SELECT CourseId,COUNT(*) AS 选修人数,AVG(Score) AS 平均分, MAX(Score) AS 最高分, MIN(Score) AS 最低分
64  FROM grade
65  GROUP BY CourseId;
```

信息 结果1 概况 状态

CourseId	选修人数	平均分	最高分	最低分
1001	3	73.33333333333333	85	55
1002	3	77.66666666666667	90	65
1003	3	77	86	70
1004	5	85	95	75
3001	7	81.85714285714286	93	59

图 4-16　使用 GROUP BY 子句分组后的查询结果

【例 4-15】查询 studentgradeinfo 数据库中的 grade 表，统计并输出每个学生所选课程的数目及平均分。

SQL 语句如下：

```
USE studentgradeinfo;
SELECT StudentId,COUNT(*) AS 选修课程数,AVG(Score) AS 平均分
FROM grade
GROUP BY StudentId;
```

执行结果如图 4-17 所示。

```
67  USE studentgradeinfo;
68  SELECT StudentId,COUNT(*) AS 选修课程数,AVG(Score) AS 平均分
69  FROM grade
70  GROUP BY StudentId;
```

信息 结果1 概况 状态

StudentId	选修课程数	平均分
1001001	4	86.5
1001002	5	82.8
1001003	4	66.25
1002001	1	90
2002001	1	80
2002002	1	85
3001001	1	75
3001002	1	85
4001001	1	90
4001002	1	93
5001001	1	59

图 4-17　分组查询结果

4.2.3　HAVING 子句分组后筛选

HAVING 子句用于对分组后的结果集进行过滤，它的功能类似于 WHERE 子句，但它用于整个组，而不是单个记录行。HAVING 子句需要与 GROUP BY 子句一起搭配使用，不能单独出现，且只能出现在 GROUP BY 子句之后。其语法格式如下：

```
SELECT 字段或集合函数
FROM 表名
[WHERE 条件表达式]
```

```
GROUP BY 字段名列表
HAVING 条件表达式;
```

WHERE 子句与 HAVING 子句的区别如下：

（1）WHERE 子句设置的查询筛选条件是在 GROUP BY 子句之前发生作用，并且 WHERE 子句的条件表达式中不能使用集合函数。

（2）HAVING 子句设置的查询筛选条件是在 GROUP BY 子句之后发生作用，并且 HAVING 子句的条件表达式中允许使用集合函数。

当一个语句中同时出现了 WHERE 子句、GROUP BY 子句和 HAVING 子句时，它们的执行顺序如下：

（1）先执行 WHERE 子句，从数据表中选取满足条件的数据行。

（2）再由 GROUP BY 子句对选取后的数据行按照指定字段进行分组。

（3）执行集合函数。

（4）执行 HAVING 子句，选取满足条件的分组。

【例 4-16】 查询 studentgradeinfo 数据库中的 grade 表，统计并输出平均分 75～80 的课程号及其平均分、最高分和最低分。

SQL 语句如下：

```
USE studentgradeinfo;
SELECT CourseId,AVG(Score) AS 平均分, MAX(Score) AS 最高分,
MIN(Score) AS 最低分
FROM grade
GROUP BY CourseId
HAVING AVG(Score)>=75 AND AVG(Score)<=80;
```

执行结果如图 4-18 所示。

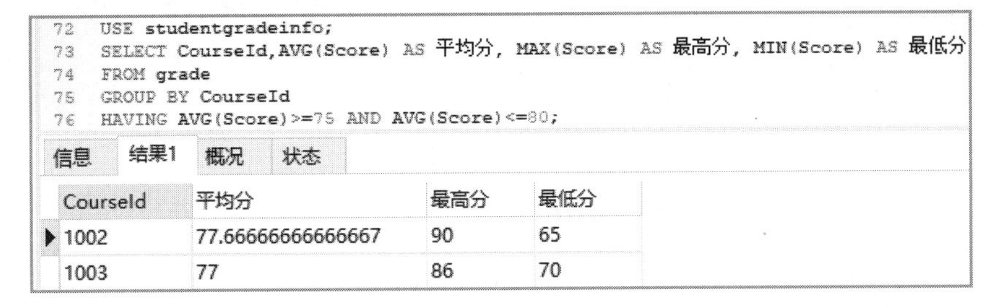

图 4-18　使用 HAVING 子句查询结果

【例 4-17】 查询 studentgradeinfo 数据库中的 grade 表，统计并输出至少选修了 4 门课程的学生的学号。

SQL 语句如下：

```
USE studentgradeinfo;
SELECT StudentId,COUNT(*) AS 选修课程数
FROM grade
GROUP BY StudentId
HAVING COUNT(*)>=4;
```

执行结果如图 4-19 所示。

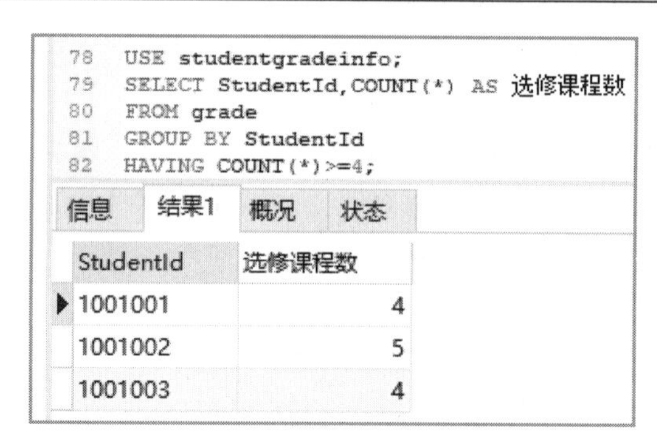

```
78  USE studentgradeinfo;
79  SELECT StudentId,COUNT(*) AS 选修课程数
80  FROM grade
81  GROUP BY StudentId
82  HAVING COUNT(*)>=4;
```

信息 | 结果1 | 概况 | 状态

StudentId	选修课程数
1001001	4
1001002	5
1001003	4

图 4-19　分组后筛选查询结果

【本节强化】

1）查询 studentgradeinfo 数据库中的 teacher 表，统计出每个学校的教师人数。

SQL 语句如下：

```
USE studentgradeinfo;
SELECT TeacherSchool 学校,COUNT(*) 人数
FROM Teacher
GROUP BY TeacherSchool
```

2）查询 studentgradeinfo 数据库中的 teacher 表，统计出“广西机电职业技术学院信息工程”系部的男女教师人数。

SQL 语句如下：

```
USE studentgradeinfo;
SELECT TeacherSex,COUNT(*)
FROM Teacher
WHERE TeacherSchool='广西机电职业技术学院' AND TeacherDepartment='信息工程'
GROUP BY TeacherSex;
```

3）查询 studentgradeinfo 数据库中的 teacher 表，输出每个学校的每个系部女教师的人数。

SQL 语句如下：

```
USE studentgradeinfo;
SELECT TeacherSchool 学校,TeacherDepartment 系部,TeacherSex 性别,COUNT(*)
人数
FROM Teacher
GROUP BY TeacherSchool,TeacherDepartment,TeacherSex
HAVING COUNT(*)>0 AND TeacherSex='女';
```

4.3　多表查询

数据库的设计原则是精简，通常是各个表中存放不同的数据，最大限度地减少数据库冗余数据。而实际工作中，往往需要从多个表中查询出用户需要的数据并生成单个的结果

集，这时就需要使用多表查询。

多表查询是通过各个表之间的共同列的相关性来查询数据的。多表查询首先需要在这些要用到的表中建立联接，再在联接生成的结果集基础上进行筛选。多表查询语法格式如下：

```
SELECT [表名.] 字段名1 [ , [表名.]字段名2...]
FROM 表名1 联接类型 表名2
ON 联接条件
[WHERE 条件表达式]
```

参数说明：

- SELECT [表名.] 字段名 1：如果所要联接的表具有相同的字段名，则在引用这些字段的时候，必须明确指明其表名，格式即为“表名.字段名”。
- FROM 表名 1 联接类型 表名 2：联接类型左侧的表一般称为左表，右侧的表称为右表。

常用的联接类型及其关键字如表 4-4 所示。

表 4-4　常用的联接类型及关键字

联 接 类 型	关 键 字
内联接	[INNER] JOIN
左外联接	LEFT JOIN
右外联接	RIGHT JOIN
自然联接	NATURAL JOIN

4.3.1　内联接

内联接（[INNER] JOIN）查询就是使用等于（=）比较运算符判断表之间的联接值，查询结果返回参与联接查询的表间联接字段相等的记录行。从数学角度看，内联接的查询结果为两张表的交集，如图 4-20 所示。

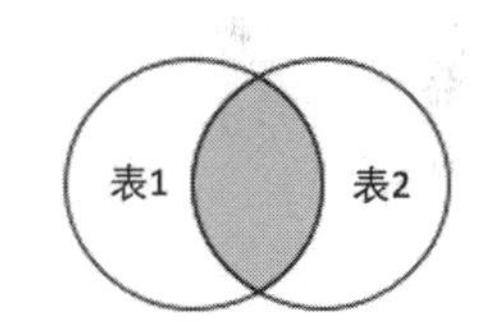

图 4-20　内联接查询结果集

内联接查询的语法格式如下：

```
SELECT [表名.] 字段名1 [ , [表名.]字段名2...]
FROM 表名1 [INNER] JOIN 表名2
ON 表名1.字段名=表名2.字段名;
```

在上述语法格式中，如果要输出的字段是表 1 和表 2 都有的且字段名相同时，必须在输出的字段名前加上表名进行区分，用“表名.字段名”表示。还可以在 FROM 语句中给表名定义别名，定义别名后，在 SELECT 语句的输出字段名和 ON 联接条件句中，用到表名的地方都可以使用别名来代替。

【例 4-18】 查询 studentgradeinfo 数据库，统计并输出考试成绩低于 60 分的学生的学号、姓名、班级、课程号、成绩。

本示例的查询结果需要输出四个字段，在 studentgradeinfo 数据库中，没有一张表完整包含这 4 个字段，因此需要找到包含这 4 个字段的多张表进行联接查询。第一步，根据输出的字段确定需要几张表进行联接查询，并保证用到的表的数量最少；第二步，确定联接的表之间有含义相同的可以联接的字段，即联接条件；第三步，对整张联接后的大表进行查询，做法与单表查询一致。

SQL 语句如下：

```
USE studentgradeinfo;
SELECT s.StudentId,s.StudentName,s.StudentClass,CourseId,Score
FROM student AS s JOIN grade AS g
ON s.StudentId=g.StudentId
WHERE Score<60;
```

执行结果如图 4-21 所示。

【例 4-19】查询 studentgradeinfo 数据库，统计并输出考试成绩低于 60 分的学生的学号、姓名、班级、课程名、成绩。

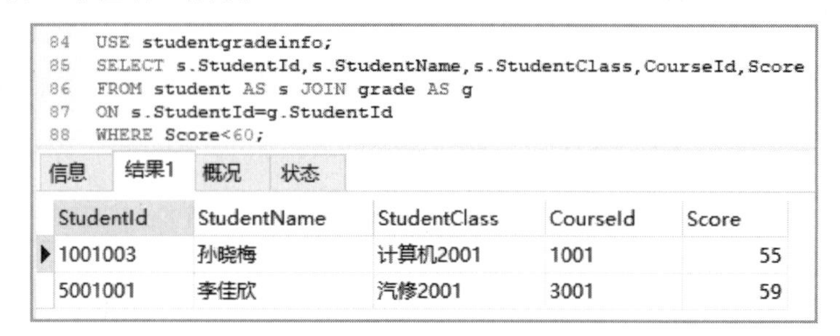

图 4-21　两表内联接查询结果

SQL 语句如下：

```
USE studentgradeinfo;
SELECT s.StudentId,s.StudentName,s.StudentClass,CourseName,Score
FROM student AS s JOIN grade AS g
ON s.StudentId=g.StudentId
JOIN course AS c
ON g.CourseId=c.CourseId
WHERE Score<60;
```

执行结果如图 4-22 所示。

图 4-22　三表内联接查询结果

4.3.2　左外联接

外联接与内联接不同，有主表和从表的区分。外联接包括左外联接和右外联接。

左外联接（LEFT JOIN），以 FROM 语句中的左表为主表，将主表中每行记录去匹配从表中的数据，如果符合联接条件则返回到结果集中；如果从表中对应于主表的字段无记录，则使用 NULL 值表示。从数学角度看，左外联接的查询结果如图 4-23 所示。

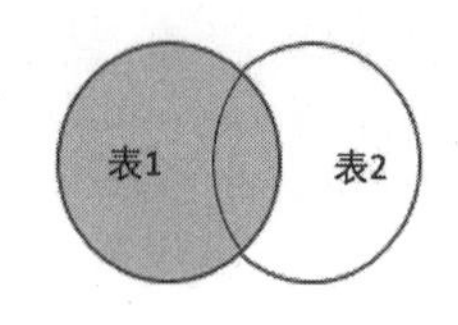

图 4-23　左外联接查询结果集

左外联接的语法格式如下：

```
SELECT [表名.] 字段名 1 [ , [表名.]字段名 2...]
FROM 表名 1 LEFT JOIN 表名 2
ON 表名 1.字段名=表名 2.字段名;
```

【例 4-20】查询 studentgradeinfo 数据库，统计并输出所有教师的授课信息，没有授课任务的教师也要列出。

SQL 语句如下：

```
USE studentgradeinfo;
SELECT DISTINCT t.*,c.*
FROM teacher AS t LEFT JOIN grade AS g
ON t.TeacherId=g.TeacherId
LEFT JOIN course AS c
ON g.CourseId=c.CourseId;
```

执行结果如图 4-24 所示。

```
98  USE studentgradeinfo;
99  SELECT DISTINCT t.*,c.*
100 FROM teacher AS t LEFT JOIN grade AS g
101 ON t.TeacherId=g.TeacherId
102 LEFT JOIN course AS c
103 ON g.CourseId=c.CourseId;
```

信息　结果1　概况　状态

TeacherId	TeacherName	TeacherSex	TeacherDepartment	TeacherSchool	TeacherPhone	CourseId	CourseName	Credit	CourseType
1	吴子明	男	信息工程	广西机电职业技术学院	13557830145	1001	程序设计基础	3	专业基础
2	罗晓燕	女	信息工程	广西机电职业技术学院	13557830145	1002	C#程序设计	3.5	专业基础
3	王建国	男	信息工程	广西机电职业技术学院	13557830145	1003	数据库应用	3.5	专业基础
5	李咏浩	男	信息工程	广西交通职业技术学院	13557830145	1004	计算机网络	3.5	专业基础
6	冯名扬	男	信息工程	南宁职业技术学院	13557830145	1004	计算机网络	3.5	专业基础
8	石玉梅	女	艺术学院	广西机电职业技术学院	13557830145	3001	高等数学	6	基础必修
4	李铭	男	信息工程	广西机电职业技术学院	13557830145	(Null)	(Null)	(Null)	(Null)
7	梁君	男	信息工程	广西机电职业技术学院	13557830145	(Null)	(Null)	(Null)	(Null)
9	朱永刚	男	信息工程	南宁职业技术学院	13557830145	(Null)	(Null)	(Null)	(Null)

图 4-24　使用左外联接查询结果

4.3.3　右外联接

右外联接（RIGHT JOIN）与左外联接相反，以 FROM 语句中的右表为主表，将主表中每行记录去匹配从表中的数据，如果符合联接条件则返回到结果集中；如果从表中对应于主表

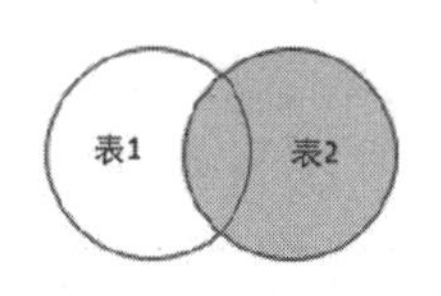

图 4-25　右外联接查询结果集

的字段无记录，则使用 NULL 值表示。从数学角度看，右外联接的查询结果如图 4-25 所示。

右外联接的语法格式如下：

```
SELECT [表名.] 字段名1 [ , [表名.]字段名2...]
FROM 表名1 RIGHT JOIN 表名2
ON 表名1.字段名=表名2.字段名;
```

【例 4-21】上一个示例【例 4-20】也可以使用右外联接完成。

SQL 语句如下：

```
USE studentgradeinfo;
SELECT DISTINCT t.*,c.*
FROM Course AS c RIGHT JOIN Grade AS g
ON c.CourseId=g.CourseId
RIGHT JOIN Teacher AS t
ON t.TeacherId=g.TeacherId;
```

执行结果如图 4-26 所示。

```
105  USE studentgradeinfo;
106  SELECT DISTINCT t.*,c.*
107  FROM course AS c RIGHT JOIN grade AS g
108  ON g.CourseId=c.CourseId
109  RIGHT JOIN teacher AS t
110  ON t.TeacherId=g.TeacherId;
```

信息 结果1 概况 状态

TeacherId	TeacherName	TeacherSex	TeacherDepartment	TeacherSchool	TeacherPhone	CourseId	CourseName	Credit	CourseType
1	吴子明	男	信息工程	广西机电职业技术学院	13557830145	1001	程序设计基础	3	专业基础
2	罗晓燕	女	信息工程	广西机电职业技术学院	13557830145	1002	C#程序设计	3.5	专业基础
3	王建国	男	信息工程	广西机电职业技术学院	13557830145	1003	数据库应用	3.5	专业基础
4	李铭	男	信息工程	广西机电职业技术学院	13557830145	(Null)	(Null)	(Null)	(Null)
5	李咏浩	男	信息工程	广西交通职业技术学院	13557830145	1004	计算机网络	3.5	专业基础
6	冯名扬	男	信息工程	南宁职业技术学院	13557830145	1004	计算机网络	3.5	专业基础
7	梁君	男	信息工程	广西机电职业技术学院	13557830145	(Null)	(Null)	(Null)	(Null)
8	石玉梅	女	艺术学院	广西机电职业技术学院	13557830145	3001	高等数学	6	基础必修
9	朱永刚	男	信息工程	南宁职业技术学院	13557830145	(Null)	(Null)	(Null)	(Null)

图 4-26　使用右外联接查询结果

4.3.4　自然联接

自然联接（NATURAL JOIN）会自动找出两个表中名称和类型相同的字段作为联接条件进行联接，不用额外指定联接条件。自然联接有普通自然联接、左自然联接和右自然联接，可以分别把它们看成简化版的内联接、左外联接和右外联接。

自然联接的语法格式如下：

```
SELECT [表名.] 字段名1 [ , [表名.]字段名2...]
FROM 表名1 NATURAL [ INNER |{LEFT|RIGHT} ] JOIN 表名2;
```

在例 4-19 中，student 表和 grade 表的联接字段 StudentId 在两个表中的名称和类型都相同，grade 表和 course 表的联接字段 CourseId 在两个表中的名称和类型都相同，所以可以通过普通自然联接实现。

SQL 语句如下：

```
USE studentgradeinfo;
SELECT s.StudentId,s.StudentName,s.StudentClass,CourseName,Score
```

```
FROM student AS s NATURAL JOIN grade AS g NATURAL JOIN course AS c
WHERE Score<60;
```

执行后的结果与图 4-22 一致。

【本节强化】

1）查询学过“石玉梅”老师课的学生的姓名和班级，以及所上的课程名称。

SQL 语句如下：

```
USE studentgradeinfo;
SELECT StudentName,StudentClass,CourseName
FROM Grade JOIN Teacher
on Grade.TeacherId=Teacher.TeacherId
JOIN Student
on Grade.StudentId=Student.StudentId
JOIN Course
ON Grade.CourseId=Course.CourseId
WHERE TeacherName='石玉梅';
```

2）按平均成绩从高到低显示所有学生的姓名以及平均成绩。

SQL 语句如下：

```
USE studentgradeinfo;
SELECT StudentName,AVG(score)
FROM Student JOIN Grade
on Student.StudentId=Grade.StudentId
GROUP BY Student.StudentId
ORDER BY AVG(score) DESC;
```

3）使用左外联接查询所有课程的平均分，并输出“课程名称”“平均分”作为列表名，然后按照平均分由低到高排序。

SQL 语句如下：

```
USE studentgradeinfo;
SELECT CourseName 课程名称,AVG(Score) 平均分
FROM Course LEFT JOIN Grade
ON Course.CourseId=Grade.CourseId
GROUP BY CourseName
ORDER BY AVG(Score) ASC;
```

4.4　子　查　询

子查询是把一个 SELECT 语句嵌套在另一个 SELECT 语句的 WHERE 子句中的查询。包含子查询的 SELECT 语句称为父查询或外层查询。子查询可以进行多层嵌套，执行的顺序是由内层向外层逐个查询，即先查询最内层的子查询，其查询结果返回给上一层查询，直至最外层查询。

使用子查询时，需要注意如下几点：

（1）子查询需要使用括号“()”括起来。

（2）当子查询的返回值为单个值时，子查询可以应用到任何表达式中。

（3）子查询返回的结果值的数据类型必须匹配 WHERE 子句中的数据类型。

（4）子查询中不能出现 ORDER BY 子句，如需排序，只能放在最外层的父查询中。

子查询有几种形式，分别是比较子查询、IN 子查询、批量比较子查询和 EXISTS 子查询。子查询也可以嵌套在 INSERT、UPDATE 或 DELETE 语句中。

4.4.1 比较子查询

比较子查询是指在 WHERE 子句中嵌套的子查询使用比较运算符进行联接的查询。在这种类型的子查询中，返回值最多只有一个。

【例 4-22】查询 studentgradeinfo 数据库，输出吴子明老师所教授的课程名称。

先从 teacher 表中查出吴子明老师的 TeacherId，再用父查询查出 grade 表中吴子明老师的 TeacherId 所对应的记录并拿到课程号 CourseId，此处因为筛选出多条 CourseId 一样的记录，所以要使用 DISTINCT 关键字去重。最后用筛选出的 CourseId 到 course 表中查找对应的课程名称。

SQL 语句如下：

```
USE studentgradeinfo;
SELECT CourseName
FROM course
WHERE CourseId=
(
        SELECT DISTINCT CourseId
        FROM grade
        WHERE TeacherId=
        (
                SELECT TeacherId
                FROM teacher
                WHERE TeacherName='吴子明'
        )
);
```

执行结果如图 4-27 所示。

这个例子使用了比较运算符（=）联接进行多层的子查询，这就要求每一层子查询的结果值最多只能有一个，也就是说吴子明老师只能教一门课，如果教授两门课，使用这个查询就会报错。

在现实生活中，一个老师教授多门课程是普遍存在的，所以对于子查询可能存在返回多个值的情况，这就需要用到 IN 子查询。

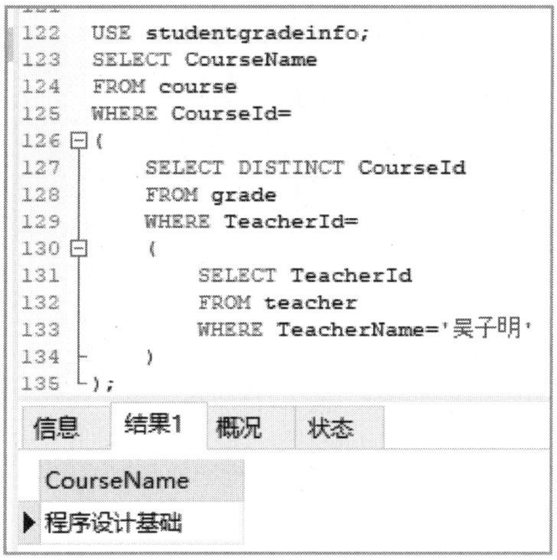

```
122  USE studentgradeinfo;
123  SELECT CourseName
124  FROM course
125  WHERE CourseId=
126  (
127      SELECT DISTINCT CourseId
128      FROM grade
129      WHERE TeacherId=
130      (
131          SELECT TeacherId
132          FROM teacher
133          WHERE TeacherName='吴子明'
134      )
135  );
```

信息 结果1 概况 状态

CourseName
程序设计基础

图 4-27 使用比较子查询的查询结果

4.4.2 IN 子查询

IN 子查询是指在 WHERE 子句中嵌套的子查询使用 IN（或者 NOT IN）进行联接，判定某个字段的值是否存在（或者不存在）于子查询输出的结果集中。在这种类型的子查询中，返回值可以有多个。

【例 4-23】 查询 studentgradeinfo 数据库，输出选修了“程序设计基础” 这门课的学生的信息。

先从 course 表中查出“程序设计基础” 这门课的 CourseId，再到 grade 表中查询对应 CourseId 的记录拿到 StudentId，最后从 student 表中查出所有对应学号的学生信息。

SQL 语句如下：

```
USE studentgradeinfo;
SELECT *
FROM  student
WHERE StudentId IN
(
        SELECT StudentId
        FROM grade
        WHERE CourseId=
        (
            SELECT CourseId
            FROM course
            WHERE CourseName='程序设计基础'
        )
);
```

执行结果如图 4-28 所示。

```
137  USE studentgradeinfo;
138  SELECT *s
139  FROM  student
140  WHERE StudentId IN
141  (
142      SELECT StudentId
143      FROM grade
144      WHERE CourseId=
145      (
146        SELECT CourseId
147        FROM course
148        WHERE CourseName='程序设计基础'
149      )
150  );
```

信息　结果1　概况　状态

StudentId	StudentName	StudentSex	StudentClass	StudentDepartment	StudentNation	StudentPolitics	StudentBirthday
1001001	赵明亮	男	计算机2001	信息工程	汉族	团员	2001-02-15 00:00:00
1001002	钱多多	男	计算机2001	信息工程学院	汉族	党员	2001-08-25 00:00:00
1001003	孙晓梅	女	计算机2001	信息工程学院	壮族	团员	2001-12-25 00:00:00

图 4-28　使用 IN 子查询的查询结果

4.4.3　批量比较子查询

批量比较子查询指 WHERE 子句中嵌套的子查询返回结果不止一个，父查询和子查询之间需要用比较运算符进行联接判断，此时需要在子查询前加上 ANY 或者 ALL。

1. ANY 批量比较

在子查询前使用 ANY 时，需要使用指定的比较运算符将一个表达式的值或字段的值与每一个子查询返回的值进行比较，只要有一次比较的结果为 TRUE，那么整个表达式的值为 TRUE。

【例 4-24】查询 studentgradeinfo 数据库，输出需要补考的学生的信息。

SQL 语句如下：

```
USE studentgradeinfo;
SELECT *
FROM  student
WHERE StudentId =ANY
(
        SELECT StudentId
        FROM grade
        WHERE Score<60
);
```

执行结果如图 4-29 所示。

```
152  USE studentgradeinfo;
153  SELECT *
154  FROM  student
155  WHERE StudentId =ANY
156  (
157      SELECT StudentId
158      FROM grade
159      WHERE Score<60
160  );
```

信息　结果1　概况　状态

StudentId	StudentName	StudentSex	StudentClass	StudentDepartment	StudentNation	StudentPolitics	StudentBirthday
1001003	孙晓梅	女	计算机2001	信息工程学院	壮族	团员	2001-12-25 00:00:00
5001001	李佳欣	女	汽修2001	交通工程学院	汉族	党员	2002-01-12 00:00:00

图 4-29　ANY 批量比较查询结果

2. ALL 批量比较

在子查询前使用 ALL 时，需要使用指定的比较运算符将一个表达式的值或字段的值与每一个子查询返回的值进行比较，只有当所有比较的结果都为 TRUE 时，整个表达式的值才为 TRUE，否则为 FALSE。

【例 4-25】查询 studentgradeinfo 数据库，输出不需要补考的学生的姓名。

SQL 语句如下：

```
USE studentgradeinfo;
SELECT StudentName
FROM  student
WHERE StudentId <>ALL
(
        SELECT StudentId
        FROM grade
        WHERE Score<60
);
```

执行结果如图 4-30 所示。

4.4.4　EXISTS 子查询

EXISTS 子查询是指在子查询前面加上 EXISTS 或者 NOT EXISTS 判断子查询是否查找到满足条件的数据行，如果找到则 EXISTS 表达式返回值为 TRUE，否则为 FALSE。

【例 4-26】查询 studentgradeinfo 数据库的 student 表，如果有学生是“党员”，则输出所有学生的信息；如果没有学生是党员，则不输出任何信息。

SQL 语句如下：

```
USE studentgradeinfo;
SELECT *
FROM  student
WHERE EXISTS
(
        SELECT *
        FROM student
        WHERE StudentPolitics='党员'
);
```

图 4-30　ALL 批量比较查询结果

执行结果如图 4-31 所示。

```
8   use studentgradeinfo;
9   select *
10  from student
11  where exists
12  (
13    select *
14    from student
15    where studentpolitics='党员'
16  );
```

消息 摘要 结果 1 剖析 状态

StudentId	StudentName	StudentSex	StudentClass	StudentDepartment	StudentNation	StudentPolitics	StudentBirthday
1001001	赵明亮	男	计算机 2001	信息工程	汉族	团员	2001-02-15 00:00:00
1001002	钱多多	男	计算机 2001	信息工程学院	汉族	党员	2001-08-25 00:00:00
1001003	孙晓梅	女	计算机 2001	信息工程学院	壮族	团员	2001-12-25 00:00:00
1002001	李静	女	网络 2002	信息工程学院	汉族	团员	2000-01-20 00:00:00
1002002	王明伟	男	网络 2002	信息工程学院	壮族	党员	2001-03-18 00:00:00
1002003	李晓蓉	女	网络 2002	信息工程学院	苗族	党员	2000-10-22 00:00:00
1002004	王浩云	男	网络 2002	信息工程学院	苗族	群众	2001-09-21 00:00:00
1002005	魏金木	男	网络 2002	信息工程学院	汉族	群众	2002-08-28 00:00:00
2002001	韦谨言	男	商务 2002	工商管理学院	汉族	群众	2001-05-16 00:00:00
2002002	黄慧	女	商务 2002	工商管理学院	汉族	群众	2001-07-07 00:00:00
3001001	李运国	男	动漫 2001	艺术学院	汉族	群众	2001-11-25 00:00:00
3001002	张轩宇	男	动漫 2001	艺术学院	汉族	群众	2001-06-06 00:00:00
4001001	李强	男	机械 2001	机械工程学院	汉族	团员	2001-09-10 00:00:00
4001002	莫小荣	男	机械 2001	机械工程学院	壮族	团员	2001-02-19 00:00:00
5001001	李佳欣	女	汽修 2001	交通工程学院	汉族	党员	2002-01-12 00:00:00

图 4-31　使用 EXISTS 子查询的查询结果

4.4.5　在 INSERT、UPDATE、DELETE 语句中使用子查询

1. 在 INSERT 语句中使用子查询

在插入数据时，可以使用 INSERT…SELECT 语句将 SELECT 查询的结果添加到表中。语法格式如下：

```
INSERT [INTO] 表名 1  [(字段名列表 1)]
SELECT 字段名列表 2 FROM 表名 2 [WHERE 表达式];
```

【例 4-27】 在 studentgradeinfo 数据库中创建一张名为 StuComp2001 的表用于存放计算机 2001 班学生的信息，表中包含学号、姓名、性别，然后从 student 表中查询出计算机 2001 班学生的相关信息并添加到 StuComp2001 表中。

（1）创建 StuComp2001 表，SQL 语句如下：

```
USE studentgradeinfo;
CREATE TABLE StuComp2001
(
    StudentId varchar(20) PRIMARY KEY,
    StudentName varchar(20),
    StudentSex varchar(2)
);
```

（2）将 student 表中查询出的计算机 2001 班学生的信息添加到 StuComp2001 表中。SQL 语句如下：

```
INSERT INTO StuComp2001
SELECT StudentId,StudentName,StudentSex
FROM student WHERE StudentClass='计算机 2001';
```

（3）查看 StuComp2001 表，SQL 语句如下：

```
SELECT * FROM StuComp2001;
```

所有步骤执行完成后的结果如图 4-32 所示。

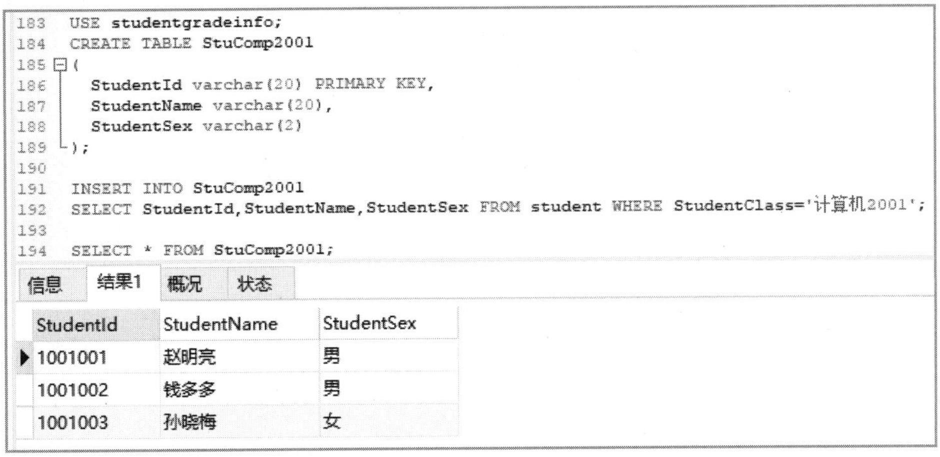

```
183   USE studentgradeinfo;
184   CREATE TABLE StuComp2001
185 ⊟ (
186     StudentId varchar(20) PRIMARY KEY,
187     StudentName varchar(20),
188     StudentSex varchar(2)
189   );
190
191   INSERT INTO StuComp2001
192   SELECT StudentId,StudentName,StudentSex FROM student WHERE StudentClass='计算机2001';
193
194   SELECT * FROM StuComp2001;
```

信息　结果1　概况　状态

StudentId	StudentName	StudentSex
1001001	赵明亮	男
1001002	钱多多	男
1001003	孙晓梅	女

图 4-32　在 INSERT 语句中使用子查询的查询结果

2. 在 UPDATE 语句中使用子查询

使用 UPDATE 更新表中数据时，可以使用子查询。

【例 4-28】将 studentgradeinfo 数据库的 grade 表中所有吴子明老师教授的课程变更为李铭老师。

SQL 语句如下：

```
UPDATE grade SET TeacherId=
(
        SELECT TeacherId
        FROM teacher
        WHERE TeacherName='李铭'
)
WHERE TeacherId=
(
        SELECT TeacherId
        FROM teacher
        WHERE TeacherName='吴子明'
);
```

执行结果如图 4-33 所示。

```
196   UPDATE grade SET TeacherId=
197 ⊟(
198       SELECT TeacherId
199       FROM teacher
200       WHERE TeacherName='李铭'
201  └)
202   WHERE TeacherId=
203 ⊟(
204       SELECT TeacherId
205       FROM teacher
206       WHERE TeacherName='吴子明'
207  └);
```

信息　概况　状态

```
[SQL]UPDATE grade SET TeacherId=(SELECT TeacherId FROM teacher WHERE TeacherName='李铭')
WHERE TeacherId=(SELECT TeacherId FROM teacher WHERE TeacherName='吴子明');
受影响的行: 3
时间: 0.009s
```

图 4-33　在 UPDATE 语句中使用子查询

可以通过 SELECT 语句查看 grade 表，检查是否更新成功。

3. 在 DELETE 语句中使用子查询

使用 DELETE 语句删除数据时，可以在 WHERE 子句中使用子查询。

【例 4-29】将 studentgradeinfo 数据库的 grade 表中所有李静的选课信息删除。

SQL 语句如下：

```
DELETE FROM grade
WHERE StudentId=
(
    SELECT StudentId
    FROM student
    WHERE StudentName='李静'
);
```

执行结果如图 4-34 所示。

```
210   DELETE FROM grade
211   WHERE StudentId=
212 ⊟(
213     SELECT StudentId
214     FROM student
215     WHERE StudentName='李静'
216  └);
```

信息　概况　状态

```
[SQL]DELETE FROM grade
WHERE StudentId=
(
        SELECT StudentId
        FROM student
        WHERE StudentName='李静'
);
受影响的行: 1
时间: 0.005s
```

图 4-34　在 DELETE 语句中使用子查询

【本节强化】

1）查询 studentgradeinfo 数据库中的 student 表，输出和李静性别相同的学生姓名及出生日期。

SQL 语句如下：

```
USE studentgradeinfo;
SELECT StudentName,StudentBirthday
FROM Student
WHERE StudentSex =
(
        SELECT StudentSex
        FROM Student
        WHERE StudentName='李静'
);
```

2）查询 studentgradeinfo 数据库中的 student 表，输出和李静同班的学生姓名及出生日期。

SQL 语句如下：

```
USE studentgradeinfo;
SELECT StudentName,StudentBirthday
FROM Student
WHERE StudentClass IN
(
        SELECT StudentClass
        FROM Student
        WHERE StudentName='李静'
);
```

3）列出学号为 1001002 的学生的分数比学号为 1001001 的学生的最低分数高的课程编号和分数。

SQL 语句如下：

```
USE studentgradeinfo;
SELECT CourseId,Score
FROM Grade
WHERE StudentId='1001002' AND Score >ANY
(
        SELECT Score
        FROM Grade
        WHERE StudentId='1001001'
)
```

4）列出学号为 1001002 的学生的分数比学号为 1001001 的学生的最高分数还高的课程编号和分数。

SQL 语句如下：

```
USE studentgradeinfo;
SELECT CourseId,Score
FROM Grade
WHERE StudentId='1001002' AND Score >ALL
(
        SELECT Score
        FROM Grade
        WHERE StudentId='1001001'
)
```

4.5 联合查询（UNION）

联合查询也叫合并结果集，是指将多个 SELECT 语句查询的结果集通过 UNION 操作符进行合并操作，组合成一个结果集。具体语法格式如下：

```
SELECT 语句 1 UNION SELECT 语句 2 [...UNION SELECT 语句 n];
```

使用 UNION 时需要注意以下几点：

（1）所有 SELECT 语句中的字段个数必须相同。

（2）所有 SELECT 语句中对应的字段的数据类型必须相同或兼容。

（3）合并后的结果集中的字段名是第一个 SELECT 语句中各字段的字段名。如果要为返回的字段指定别名，则必须在第一个 SELECT 语句中指定。

（4）使用 UNION 运算符合并结果集时，每一个 SELECT 语句本身不能包含 ORDER BY 子句，只能在合并后的最后使用一个 ORDER BY 子句对整个结果集进行排序，且在该 ORDER BY 子句中必须使用第一个 SELECT 语句中的字段名。

【例 4-30】查询 studentgradeinfo 数据库，输出所有学生和老师的编号、姓名、性别、所在系部。

SQL 语句如下：

```
USE studentgradeinfo;
SELECT StudentId AS 编号,StudentName AS 姓名,StudentSex AS 性别,StudentDepa
rtment AS 所在系部
FROM student
UNION
SELECT TeacherId,TeacherName,TeacherSex,TeacherDepartment
FROM teacher;
```

执行结果如图 4-35 所示。

```
218  USE studentgradeinfo;
219  SELECT StudentId AS 编号,StudentName AS 姓名,StudentSex AS 性别,StudentDepartment AS 所在系部
220  FROM student
221  UNION
222  SELECT TeacherId,TeacherName,TeacherSex,TeacherDepartment
223  FROM teacher;
```

信息　结果1　概况　状态

编号	姓名	性别	所在系部
1001001	赵明亮	男	信息工程
1001002	钱多多	男	信息工程学院
1001003	孙晓梅	女	信息工程学院
1002001	李静	女	信息工程学院
1002002	王明伟	男	信息工程学院
1002003	李晓蕾	女	信息工程学院
1002004	王浩云	男	信息工程学院
1002005	魏金木	男	信息工程学院
2002001	韦谨言	男	工商管理学院
2002002	黄慧	女	工商管理学院
3001001	李运国	男	艺术学院
3001002	张轩宇	男	艺术学院
4001001	李强	男	机械工程学院
4001002	莫小荣	男	机械工程学院
5001001	李佳欣	女	交通工程学院
1	吴子明	男	信息工程
2	罗晓燕	女	信息工程
3	王建国	男	信息工程
4	李铭	男	信息工程
5	李咏浩	男	信息工程
6	冯名扬	男	信息工程
7	梁君	男	信息工程
8	石玉梅	女	艺术学院
9	朱永刚	男	信息工程

图 4-35　联合查询结果

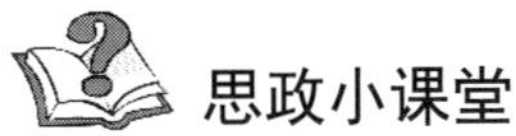

思政小课堂

通过对多表联接查询、子查询和联合查询的学习，我们可以看到，表与表之间不仅各司其职，还有紧密的联系，就像我们身处的学校和社会环境，人与人、人与事以及事物之间的联系是普遍存在的。为此，我们在做好自己本职工作的同时，也要建立良好的人际关系，认识到团队合作的重要性，培养团队的协作精神和团队意识，才能达到事半功倍的效果。对此，你有什么可以分享的关于团队和合作的小故事吗？

4.6　总结与训练

本章通过学习 SELECT 查询语句，让读者掌握数据库检索技术，包括完成简单的单表查询、带条件查询和统计查询，也包括复杂的多表联接查询和嵌套的子查询。大家可以通过不同的查询目标，灵活地进行条件筛选，进而查找到符合要求的数据记录。

实践任务一：在 studentgradeinfo 数据库中进行简单查询

1. 实践目的

（1）掌握 SELECT 语句的基本结构进行简单查询。

（2）掌握列别名的两种表示方式。
（3）学会用比较运算符、逻辑运算符等关键字过滤查询结果。
（4）掌握 ORDER BY 子句对查询结果进行排序。

2. 实践内容

（1）查询 student 表，输出在 2000 年 10 月出生的学生的信息。
（2）查询 student 表，输出名字中带有“静”字的学生的姓名和性别。
（3）查询 student 表，输出少数民族学生，即不是汉族的学生，并用“少数民族生”设置别名。
（4）查询 grade 表，并按分数由高到低、学号升序进行排序。

实践任务二：在 studentgradeinfo 数据库中进行多表统计查询和子查询

1. 实践目的

（1）掌握使用分组子句 GROUP BY 和 HAVING 进行查询。
（2）掌握多表联接查询。
（3）学会嵌套的子查询。
（4）学会使用 UNION 进行联合查询。

2. 实践内容

（1）输出详细的选课信息，包括课程编号、课程名称、课程学分、课程类型、选课的学生姓名、班级、授课教师姓名及其联系方式。
（2）输出各课程的名称、选课人数、任课教师、平均分。
（3）输出选课人数最多的课程名称、选课人数、任课教师、平均分。
（4）输出平均分最低的学生的学号、姓名、选课数量、最高分、最低分和平均分。
（5）输出无人选修的基础必修课程的信息。

第 5 章

索引的创建与管理

用户对数据库最频繁的操作是进行数据查询。一般情况下，数据库在进行查询操作时需要对整个表进行数据搜索。当表中的数据很多时，搜索数据就需要很长时间，这就造成了服务器资源的浪费。为了提高检索数据的能力，数据库引入了索引机制。

学习目标

- 了解索引的概念和作用。
- 掌握索引的创建。
- 熟悉索引的查看。
- 掌握索引的删除。

5.1 索引的概念

在很多数据库系统中，数据库读取的次数往往远多于数据库写入的次数，因此如何提高数据库读取数据的效率是数据库优化的主要工作之一。索引采用键值对的数据结构，可加快检索速度。索引的键由表或视图中一列或多列生成，值存储了键所对应数据的存储位置。这与我们使用的汉字字典有异曲同工之处。假设将数据库看作字典，那么索引的键可看作字典的拼音或偏旁部首，而值则对应该拼音或偏旁部首所在的第一个汉字的位置，借助拼音检索可以缩小目标汉字的查找范围，提高查找效率。

实际上，索引是一种以空间代价提升时间效率的方法，采用预先建立的键值结构，根据给定的查询条件，可以快速定位目标数据。

注意：索引一旦创建，将由 MySQL 自动管理和维护，索引的维护需要消耗计算资源和存储资源，如何设计索引，是提升数据库使用效率的关键。

使用索引的主要优点如下：

（1）快速存取数据。

（2）改善数据库性能，实施数据的唯一性和参照性完整。

（3）多表检索数据的过程快。

（4）进行数据检索时，利用索引可以减少排序和分组的时间。

使用索引的缺点如下：

（1）索引将在一定程度上占用磁盘空间。

（2）创建索引需要花费时间。

（3）延长了数据修改的时间，因为在数据修改的同时，还要更新索引。

结合索引的优缺点，可以总结出：对于小规模的表、频繁进行更新的表，以及在查询中很少用到的列等，建议不要创建索引。

5.2 索引的分类

索引可以根据索引特征、索引涉及列数、存储方式、索引与数据物理存储关系等多种角度进行分类。

5.2.1 根据索引特征进行分类

从索引的特征角度可以将索引分为普通索引、唯一索引、主键索引、全文索引和空间索引，下面进行具体说明。

1. 普通索引（INDEX）

普通索引是 MySQL 中的基本索引类型，在创建索引时不附加任何约束和限制条件，普通索引字段是否需要满足唯一性和非空要求由字段本身的完整性约束决定。一般情况下，只为那些最常出现的查询条件（WHERE）或排序条件（ORDER BY）中的数据列创建普通索引。

2. 唯一索引（UNIQUE）

唯一索引涉及的列值必须唯一，因此使用唯一索引比使用普通索引能够获得更快的查询速度。但是，如果索引所在的列中出现多个重复数据，则不能使用唯一索引。唯一索引允许所在列包含多个 NULL 值。

3. 主键索引（PRIMARY KEY）

建立数据表时依据主键自动建立的索引。该索引要求索引列值唯一且非空。主键索引是在主键创建时自动建立的，很少直接创建主键索引。同时，一个数据表只能有一个主键，因此，一个数据表只能有一个主键索引。但对于其他类型的索引，一个数据表可以根据业务需要建立多个其他类型的索引。

4. 全文索引（FULLTEXT）

全文索引的作用是在定义索引的列上支持值的全文查找，允许在这些索引列中插入重复值和空值。全文索引适用于字符串类型的字段，如 CHAR、VARCHAR 和 TEXT 类型。

注意：MySQL 5.6 版本后，MyISAM 和 InnoDB 存储引擎均支持全文索引。MySQL 5.6 版本前，只有 MyISAM 支持全文搜索。通常情况下，当查询数据量较大的字符串类型字段时，使用全文索引可提高查找速度。

5. 空间索引（SPATIAL）

空间索引是对空间数据类型的列建立的索引。如 GEOMETRY、POINT、POLYGON 等。目前，只有 MyISAM 支持空间索引且索引字段不能为空值。

5.2.2　根据索引涉及的列数进行分类

从索引涉及的列数角度可以将索引分为单列索引和复合索引。

1. 单列索引

针对某张表或视图上单列创建的索引。结合索引特征分类方法，用户可以创建一个单列的唯一索引，也可以创建一个单列的主键索引。

2. 复合索引

针对某张表或视图上多个列创建的索引。复合索引中列的出现顺序决定了索引的使用方式，只有查询条件中使用了复合索引的第一个字段，复合索引才会生效。需要注意的是，复合索引不能跨表建立。

5.2.3　根据索引的存储方式进行分类

从索引存储技术角度可以将索引分为 B-Tree 索引和 Hash 索引。

1. B-Tree 索引

B-Tree 索引是指使用了 B-Tree 数据结构的索引。B-Tree 是一种支持范围查询且查询时间复杂度较低的平衡多叉树结构。目前，多数商业数据库管理系统和开源数据库管理系统均采用 B-Tree 数据结构存储索引。

2. Hash 索引

Hash 索引是指使用了 Hash 结构的索引。对于单个值查询，Hash 索引比 B-Tree 查询效率要高，但是 Hash 索引不支持不等式范围查询。MySQL 中 MEMORY 存储引擎使用 Hash 结构存储索引。

5.2.4　根据索引与数据的物理存储关系进行分类

从索引与数据物理存储关系角度可将索引分为聚集型索引和非聚集型索引。

1. 聚集型索引

聚集型索引指明了数据在物理存储设备上存储的方式。通常使用主码作为聚集型索引。

2. 非聚集型索引

非聚集型索引是指在聚集型索引基础上，通过额外的列或列集合建立记录的索引。非聚集型索引通常使用主码外的其他常用查询列。例如，对教师姓名建立的普通索引可以看作非聚集型索引。

5.3　索引的创建

MySQL 创建索引的方式有以下几种：创建数据表的同时创建索引、在已有的数据表上创建索引、修改数据表的同时创建索引，下面将详细介绍每一种创建方式。

5.3.1　创建数据表的同时创建索引

SELECT 语句是数据库操作最基本的语句之一，同时也是 SQL 编程技术中最常用的语句。它功能强大，所以也有较多的子句，包含主要子句的基本语法格式如下：

```
CREATE TABLE 表名（字段名1 数据类型[完整性约束条件]，
                 …
{INDEX | KEY} [索引名] [索引类型] (字段列表)
| UNIQUE [INDEX | KEY] [索引名] [索引类型] (字段列表)
| PRIMARY KEY  [索引类型] (字段列表)
| {FULLTEXT | SPATIAL} [INDEX | KEY]  [索引名]  (字段列表)
                 …
 );
```

参数说明：

- {INDEX | KEY}：INDEX 和 KEY 为同义词，表示索引，二者选一即可。
- 索引名：可选参数，表示为创建的索引定义的名称。不使用该参数时，默认使用建立索引的字段表示，复合索引则使用第一个字段的名称作为索引名称。
- 索引类型：可选参数，某些存储引擎允许在创建索引时指定索引类型，使用语法是 USING {BTREE | HASH}，不同的存储引擎支持的索引类型也不同。
- UNIQUE：可选项，表示唯一性索引。
- FULLTEXT：表示全文索引。
- SPATIAL：表示空间索引。

【例 5-1】在 studentgradeinfo 数据库中创建教室表 classroom，包含自增主键 cid、教室编号 crno（非空字符串）、教室教学楼名称 cbn（非空字符串）。创建 classroom 表时，附加由教室编号（crno）和教室名称（cbn）构成的普通唯一索引 cn_cb_index。

SQL 语句如下：

```
CREATE TABLE classroom(
    cid INT AUTO_INCREMENT,
    crno VARCHAR(10)NOT NULL,
    cbn VARCHAR(10)NOT NULL,
    PRIMARY KEY(cid),
    UNIQUE INDEX cn_cb_index(crno, cbn)
);
```

执行结果如图 5-1 所示。

图 5-1　创建普通唯一索引

5.3.2　在已有的数据表上创建索引

若想在一个已经存在的数据表上创建索引，可以使用 CREATE INDEX 语句，具体语法格式如下：

```
CREATE [UNIQUE|FULLTEXT|SPATIAL] INDEX 索引名
[索引类型] ON 表名 (列名[(长度)][ASC|DESC],...);
```

参数说明：

- 在上述语法格式中，UNIQUE、FULLTEXT 和 SPATIAL 都是可选参数，分别用于表示唯一性索引、全文索引和空间索引，未选择任何索引类型表明创建普通索引。
- ASC|DESC：规定索引按升序（ASC）还是降序（DESC）排列，默认为 ASC。

【例 5-2】在 studentgradeinfo 数据库中，为学生表 student 的姓名字段(studentName）建立普通索引 s_name_index，索引针对 studentName 的前 6 个字节并以降序方式排列。

SQL 语句如下：

```
CREATE INDEX s_name_index
ON student(studentName(6)DESC);
```

执行结果如图 5-2 所示。

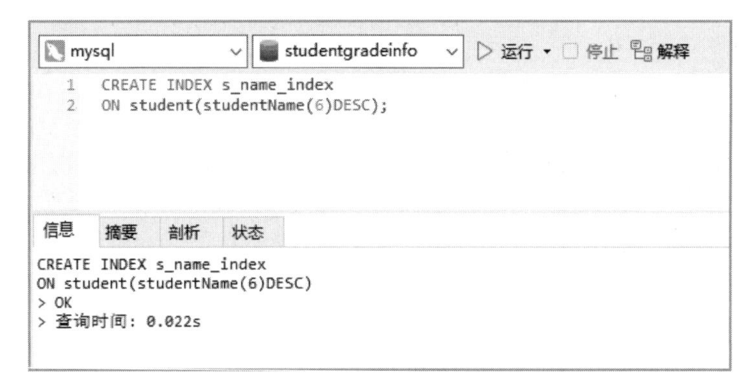

图 5-2　在已有数据表上创建普通索引

【例 5-3】在 studentgradeinfo 数据库中，为课程表 course 的课程名（courseName）和学分（Credit）字段建立复合唯一索引 c_cn_ct_index。

```
CREATE UNIQUE INDEX c_cn_ct_index
ON course(courseName,Credit);
```

执行结果如图 5-3 所示。

图 5-3　在已有数据表上创建复合唯一索引

5.3.3　修改数据表的同时创建索引

在已经存在的数据表中创建索引，除了可以使用 CREATE INDEX 语句外，还可以使用 ALTER TABLE 语句。使用 ALTER TABLE 语句在修改数据表的同时创建索引，其基本语法格式如下：

```
ALTER TABLE 数据表名
ADD {INDEX | KEY} 索引名 [索引类型] (字段列表)
| ADD UNIQUE [INDEX | KEY] [索引名] [索引类型] (字段列表)
| ADD PRIMARY KEY  [索引类型] (字段列表)
| ADD {FULLTEXT | SPATIAL} [INDEX | KEY]  [索引名]  (字段列表)
```

参数说明：

➢ 使用 ALTER TABLE 语句添加索引的参数含义与 CREATE INDEX 语句创建索引的参数含义相同。

➢　可以使用 ALTER TABLE 语句一次性创建多个索引，不同索引间使用逗号分隔。

【例 5-4】在 studentgradeinfo 数据库中，为教师表 teacher 中的教师姓名（TeacherName）添加索引 tn_index，索引长度为 6 且使用降序排列。

```
ALTER TABLE teacher
ADD INDEX tn_index(TeacherName(6) DESC);
```

执行结果如图 5-4 所示。

图 5-4　修改数据表的同时创建索引

5.4　索引的查看

用户查看数据表中已经创建的索引信息，可以通过 SHOW INDEX 语句和 Navicat 可视化界面查看索引。

（1）使用 SHOW INDEX 语句查看已有表的索引信息，具体语法格式如下：

```
SHOW {INDEXES|INDEX|KEYS} FROM 数据表名;
```

在上述语法格式中，使用 INDEXES、INDEX、KEYS 含义都一样，都可以查询出数据表中所有的索引信息。

【例 5-5】在 studentgradeinfo 数据库中查看学生表 student 的索引信息。

```
SHOW INDEX FROM student;
```

执行结果如图 5-5 所示。

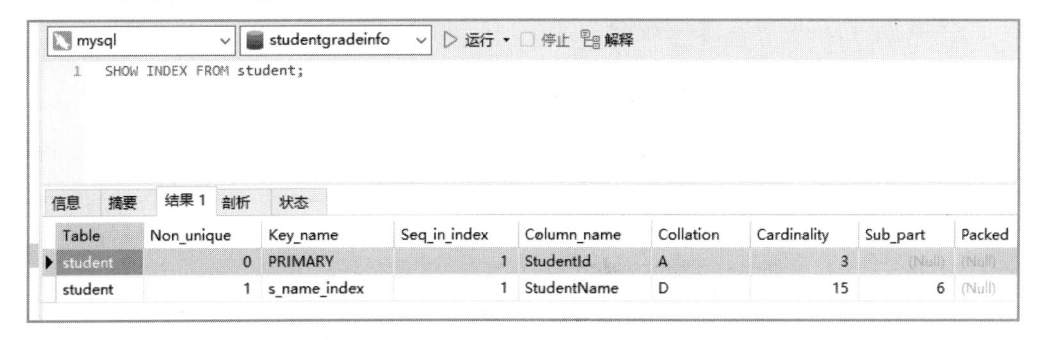

图 5-5　使用 SHOW INDEX 语句查看索引信息

在执行 SHOW INDEX 语句返回的内容中各参数的含义如下：

- Table：索引所在表。
- Non_unique：指明列值是否唯一，其中 0 表示唯一，1 表示不唯一。
- Key_name：索引名称。
- Seq_in_index：表示该列在索引中的位置，如果索引是单列，则值为 1，复合索引为每列在索引定义中的顺序。
- Column_name：索引涉及的列名称。
- Collation：索引排序方式，其中 A 表示升序，D 表示降序。
- Sub_part：索引的长度。
- Index_type：表示索引方法，包括 BTREE、FULLTEXT、HASH 等。

（2）使用 Navicat 图形化界面查看索引信息

打开指定数据库，选择要查看索引信息的数据表，以 studentgradeinfo 数据库为例，选择数据库中的 student 数据表，单击鼠标右键，在弹出的快捷菜单中选择“设计表”选项，打开设计页面，具体如图 5-6 所示。

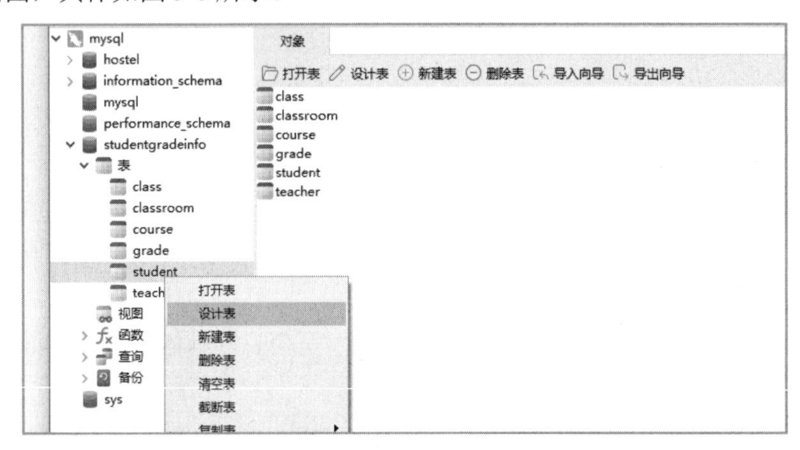

图 5-6　在 Navicat 中选择“设计表”选项

在设计页面中单击“索引”选项卡，即可快速查看表中的索引信息，具体如图 5-7 所示。如果表中没有索引信息，也可以打开此页面，根据需求创建索引。

图 5-7　在 Navicat 中快速查看索引信息

5.5　索引的删除

由于索引会占用一定的磁盘空间，所以为了避免影响数据库性能，应该及时删除不再使用的索引。在 MySQL 中，可以使用 ALTER TABLE 语句或 DROP INDEX 语句删除索引，当然在 Navicat 中也可以直接通过可视化界面删除索引。下面分别讲解这三种索引删除方式。

（1）使用 ALTER TABLE 语句删除索引，语法格式如下：

```
ALTER TABLE 表名
|DROP INDEX 索引名;
```

【例 5-6】删除 studentgradeinfo 数据库中课程表 course 上的索引 c_cn_ct_index。

```
ALTER TABLE course
DROP INDEX c_cn_ct_index;
```

执行结果如图 5-8 所示。

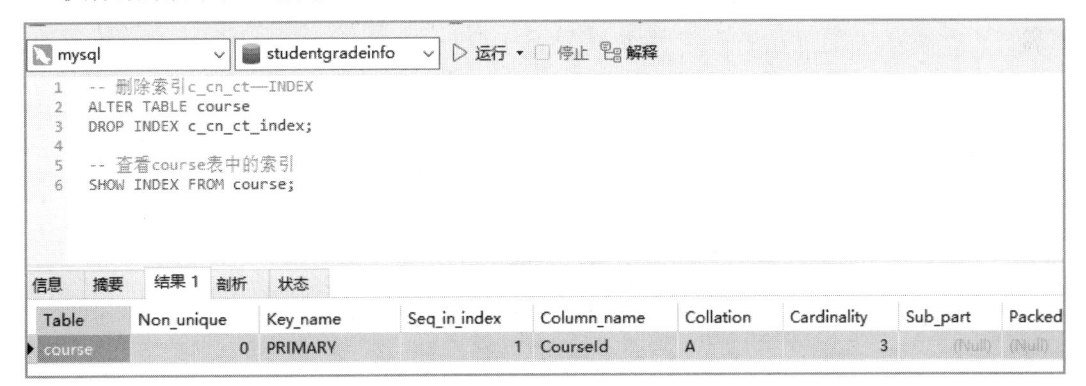

图 5-8　使用 ALTER TABLE 语句删除索引

（2）使用 DROP INDEX 语句删除索引，语法格式如下：

```
DROP INDEX 索引名 ON 数据表名;
```

【例 5-7】删除 studentgradeinfo 数据库中教师表 teacher 上的索引 tn_index。

```
DROP INDEX tn_index on teacher;
```

执行结果如图 5-9 所示。

（3）使用 Navicat 图形化界面删除索引很简单，只需要在查看索引的界面上选择要删除的索引，单击鼠标右键，在弹出的快捷菜单中选择“删除索引”即可。

【例 5-8】使用图形化界面删除 studentgradeinfo 数据库中学生表 student 上的索引 s_name_index。

选中学生表 student，单击鼠标右键，在弹出的快捷菜单中选择“设计表”，打开设计页面，单击“索引”选项卡，选中索引 s_name_index，单击鼠标右键，在弹出的快捷菜单中选择“删除索引”，如图 5-10 所示。

图 5-9　使用 DROP INDEX 语句删除索引

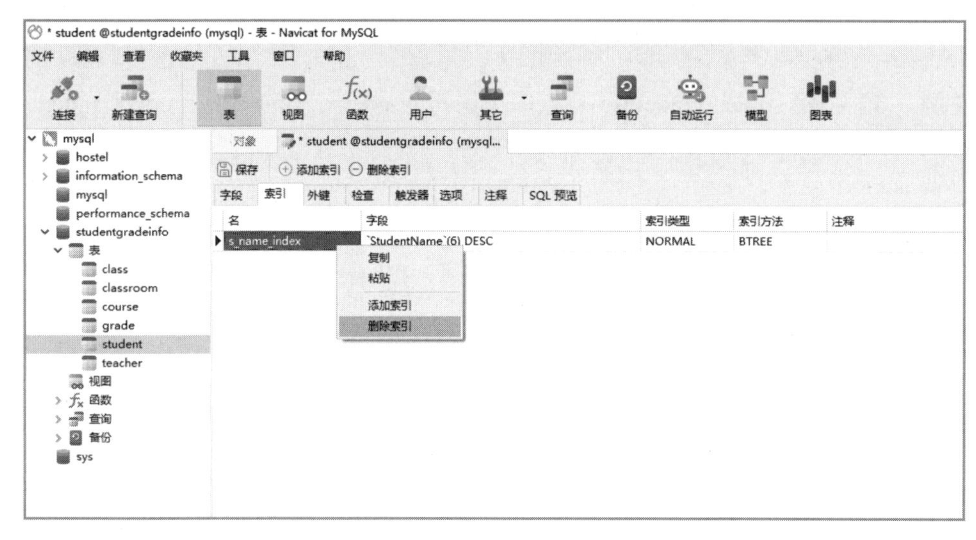

图 5-10　使用 Navicat 图形化界面删除索引

5.6　总结与训练

本章以学生成绩管理系统数据库为例介绍了索引的创建与索引的管理。索引是加快查询的重要工具，可以根据索引特征、索引涉及列数、存储方式、索引与数据物理存储关系等多种角度进行分类；可以在创建表的时候创建索引，也可以通过 CREATE INDEX 语句、ALTER TABLE 语句创建索引；通过 SHOW INDEX 语句查看索引信息；通过 DROP INDEX 与 ALTER TABLE 语句实现删除索引。

实践任务：创建与管理索引

1. 实践目的

（1）理解索引的功能及作用。

（2）掌握索引的创建与管理方法。

2. 实践内容

（1）请按要求为 studentgradeinfo 数据库中的表建立相关索引。

- 为 teacher 表中的 TeacherPhone 列创建普通索引 t_tp_index。
- 为 student 表中的 StudentName 和 StudentSex 列创建复合索引 s_sn_ss_index。
- 为 teacher 表中的 TeacherSchool 列的前 4 个字创建唯一性索引 t_ts_U_index。
- 为 teacher 表中的 TeacherId 列创建主键索引，为 TeacherPhone 列添加唯一索引 U_tc_index。
- 为 grade 表中的 CourseId 与 StudentId 列创建主键索引，为 score 与 TeacherId 列添加一个复合索引 g_st_C_index。

（2）显示 teacher 表的索引信息。

（3）删除 grade 表的索引信息。

第 6 章

视图的创建与管理

视图是 MySQL 数据库的一种数据对象，是为了确保数据表的安全性、灵活性和提高数据的隐蔽性，从一个或多个表中或其他视图中使用 SELECT 语句导出的虚表。视图是数据库的一种逻辑结构，用户可以像查询普通表一样查询视图，它能使用户从逻辑的视角看到一张或多张表中的数据。视图内其实没有存储任何数据，对视图中数据的操作实际上是对组成视图的基础表的操作。当对视图进行操作时，系统会根据视图的定义临时生成数据。

通过使用视图将基础表中的数据以各种不同的方式提供给用户，可以简化用户权限的管理，简化查询语句，分离应用程序与基础表，集中用户使用的数据，提供附加的安全层，隐藏数据的复杂性等。

学习目标

- 了解视图的概念和作用。
- 掌握创建视图的方法。
- 掌握对视图更新数据的操作。
- 掌握管理视图、删除视图的方法。

6.1　视图的基本概念

视图是在前一段创建表的基础上建立的一种数据库对象，是为了确保数据表的安全性、灵活性和提高数据的隐蔽性，从一个或多个表中使用 SELECT 查询语句导出来的虚拟表。其本质是：根据 SQL 查询语句获取动态的数据集，并为其命名，用户使用时只需使用其名称即可获取结果集，可以将该结果集当作表来使用。

视图就像一个窗口，通过这个窗口可以看到系统专门提供的数据，用户可以像查询普通表一样查询视图，它能使用户从逻辑的视角看到一张表或者多张表中的数据。视图可以使用户的操作更方便，而且可以保障数据库系统的安全性

视图可以包含一个基础表数据的一部分，也可以是多个基础表数据的联合；视图也可以由一个或者多个视图组成。视图是一个虚拟表，其内容由查询定义。同真实的表一样，视图包含一系列带有名称的列和行数据。但是，视图内其实没有存储任何数据，对视图中的数据操作实际上是对组成视图的基础表的操作。行和列数据来自定义视图的查询所引用

的表，并且在引用视图时动态生成，当对视图进行操作更新时，系统会根据视图的定义临时生成数据。

对其中所引用的基础表来说，视图的作用类似于筛选。定义视图的筛选可以来自当前或其他数据库的一个或多个表，或者其他视图。通过视图进行查询没有任何限制，通过视图进行数据修改时的限制也很少。

通常使用视图会用来做以下 3 种操作：

（1）筛选多个表中的只想要的部分数据记录。

（2）防止未经许可的用户访问敏感数据，只开放一些基础数据。

（3）将多个物理数据表抽象地集合成一个逻辑数据表。

视图只是存储在数据库中的 select 查询语句，使用视图主要出于两个原因：一个是安全原因，视图可以隐藏一些数据，如社会保险基金表，可以用视图只显示姓名、地址，而不显示社会保险号和工资等；另一个原因是可使复杂的查询易于理解和使用。因此，执行的大多数查询操作也可以在视图上进行。也就是说视图只是给查询起了一个名字，把它作为对象保存在数据库中。只要使用简单的 SELECT 语句即可查看视图中查询的结果。视图是定义在基础表（视图的数据源）之上的，对视图的一切操作最终会转换为对基础表的操作。

为什么要引入视图呢？这是由于视图具有如下优点：

（1）视图能够简化用户的操作。

视图使用户可以将注意力集中在自己关心的数据上，如果这些数据不是直接来自于基础表，则可以通过定义视图，使用户眼中的数据结构简单、清晰，并且可以简化用户的数据查询操作。例如，那些来源于若干表联接查询的视图，就将表与表之间的联接操作对用户隐藏了起来。换句话说，用户所做的只是对一个虚拟表的简单查询，而这个虚拟表是怎样得到的，用户无须了解。

（2）视图使用户能从多种角度看待同一数据。

视图机制使不同的用户能以不同的方式看待同一数据，当不同用户使用同一个数据库时，这种灵活性是非常重要的。

（3）视图使重构数据库具备逻辑独立性。

数据的逻辑独立性是指当数据库重构时，如增加新的表或对原表增加新的字段时，用户和用户程序不受影响。

（4）视图能够对机密数据提供安全保护。

有了视图机制，就可以在设计数据库应用系统时，根据不同用户定义不同的视图，使敏感保密数据不出现在不应看到这些数据的用户视图上，以保障数据的安全。

6.2 创 建 视 图

通过 select 查询语句创建视图，可以从一张表中查询数据创建，也可以从多张表关联之后查询数据来创建。根据用户想看到的数据项，从多张表中把数据找出来，组成一张视图虚拟表，这样在方便用户浏览目标数据的同时，也对其他数据进行了安全隐私保护。

6.2.1 创建视图语法格式

虽然视图可以被看成是一种虚拟表，但是其物理上是不存在的，即 MySQL 并没有专门的位置为视图存储数据，视图中包含了 SELECT 查询语句，因此视图的创建是基于 SELECT 语句和已经存在的表。

视图可以建立在一张表或者多张表上。创建视图的基本语法格式如下：

```
create  [or replace ]  view  view_name  [column_list]  as select_statement;
Create [or replace ] view 视图名称 as  sql 查询语句;
```

参数说明：

- create：表示创建视图的关键字。
- or replace：如果给定此语句，表示该语句可以替换已经创建的同名视图。
- view_name：表示要创建的视图名称。
- column_list：可选参数，表示字段名清单。指定视图中各字段的名称，默认情况下，与 SELECT 查询语句中查询的字段名称相同。
- select_statement：表示用于创建视图的查询语句。

6.2.2 视图的规则和限制

在创建视图前，应该知道视图创建和使用最常见的规则和限制：

（1）与表一样，视图必须唯一命名（不能给视图取与别的视图或表相同的名称）。

（2）对于可以创建的视图数目没有限制。

（3）创建视图，用户必须具有足够的访问权限。这些限制通常由数据库管理人员授予。

（4）视图可以嵌套，即可以利用从其他视图中检索数据的查询来构造一个视图。

（5）ORDER BY 子句可以用在视图中，但如果在该视图检索数据 SELECT 语句中也含有 ORDER BY 子句，那么该视图中的 ORDER BY 子句将被覆盖。

（6）视图不能索引，也不能有关联的触发器或默认值。

（7）视图可以和表一起使用。例如，编写一条联接表和视图的 SELECT 语句。

6.2.3 在单表上创建简单视图

简单视图是从单表中导出数据，不包含字符或者组合函数，数据来源于一个基础表，不包含统计函数、分组、排序等，可以直接进行数据更新操作。

【例 6-1】创建简单视图。首先创建班级表 class，包含班级编号、班级名称、班级教室地址，其次创建视图 view 包含班级 class 表中的班级编号、班级名称字段。

（1）打开 Navicat 客户端工具，进入 student 学生管理系统数据库中，打开命令工具，

创建一张 class 表，代码如下：

```
create table class (
  id int, #班级编号
  name varchar(64), #班级名称
  private varchar(64) #班级教室地址
);
```

代码在命令工具中的状态如图 6-1 所示。

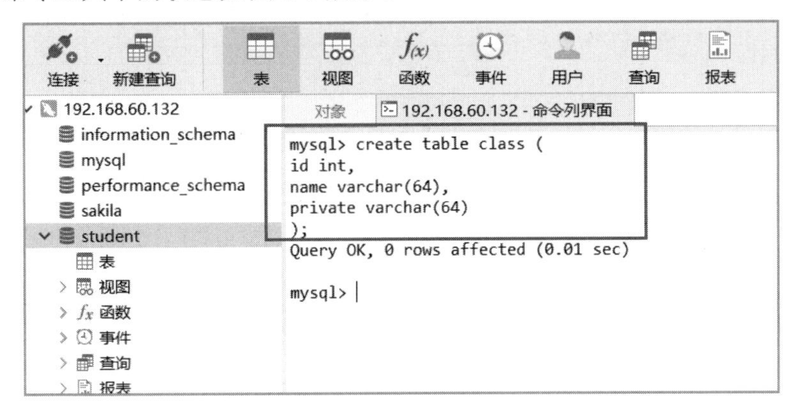

图 6-1　创建班级表 class

（2）下面向 class 表中插入以下 4 条数据：

```
Insert into class values(2201,'计算机 2201','3 教 101');
Insert into class values(2202,'计算机 2202','3 教 102');
Insert into class values(2203,'计算机 2203','3 教 103');
Insert into class values(2204,'计算机 2204','3 教 104');
```

代码在命令工具中的状态如图 6-2 所示。

```
mysql> Insert into class values(2201,'计算机2201','3教101');
Insert into class values(2202,'计算机2202','3教102');
Insert into class values(2203,'计算机2203','3教103');
Insert into class values(2204,'计算机2204','3教104');
Query OK, 1 row affected (0.00 sec)

Query OK, 1 row affected (0.00 sec)

Query OK, 1 row affected (0.00 sec)

Query OK, 1 row affected (0.00 sec)
```

图 6-2　插入数据

（3）创建视图 view_class，从 class 表中查询班级编号、班级名称字段。代码如下：

```
#引用 class 表创建视图 view_class create view view_class as select id,name from class;
```

使用 Navicat 客户端工具，选择“视图”，鼠标单击右键，在弹出的快捷菜单中选择“新建视图”，在打开的页面中选择视图关联表 class，勾选查询语句中包含的显示结果字段 id 和 name，创建视图界面如图 6-3 所示。

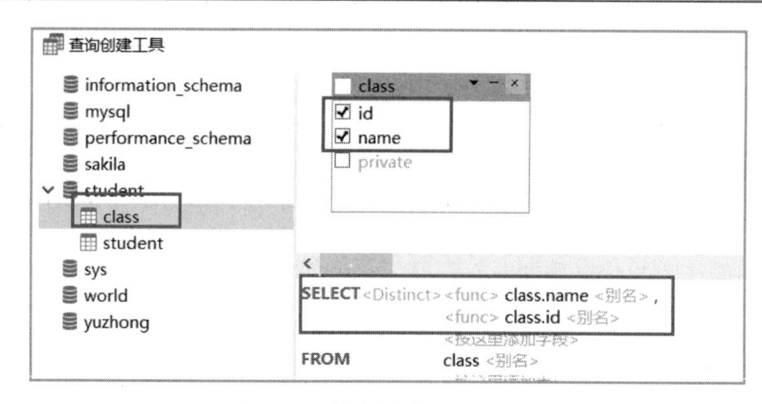

图 6-3　创建视图 view_class

6.2.4　查看简单视图结构

创建视图之后，使用 DESCRIBE 语句可以查看视图的结构字段信息，包括字段名、字段类型等。

查看视图结构语法格式如下：

```
Describe 视图名称;
```

或者简写为：

```
Desc 视图名称;
```

【例 6-2】打开命令工具，输入以下命令，查看 view_class 视图结构与原表 class 结构的对比。

```
mysql> desc view_class;        #查看视图 view_class
mysql> desc class;             #描述表 class
```

执行结果如图 6-4 所示。

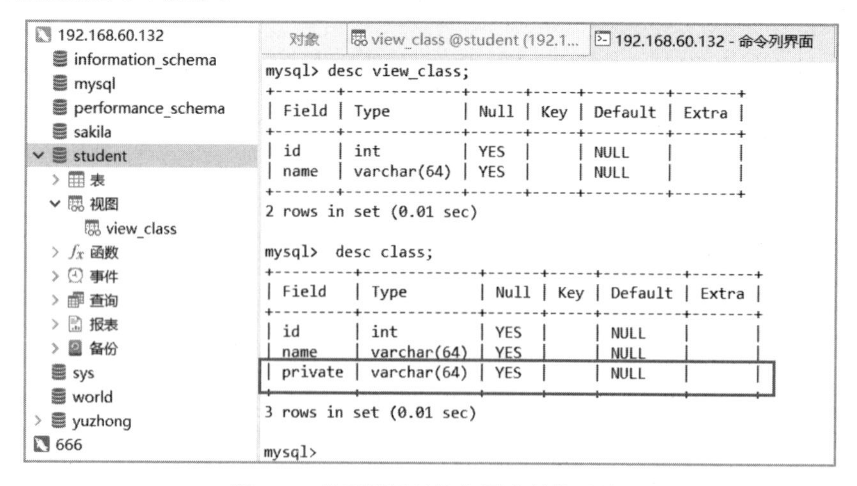

图 6-4　查看视图结构与原表结构对比

经过比较之后，发现定义视图 view_class 里并没有表 class 中的 private 字段。

视图是一张虚拟的表，可以通过查询视图来查看数据。查看视图数据命令与查看表数据命令一致，语法格式如下：

```
SELECT * FROM 视图名称;
```

【例 6-3】 打开命令工具，通过输入如下命令来查看视图 view_class 的数据，查询结果如图 6-5 所示。

```
select * from view_class;
```

通过 Navicat 客户端工具中找到视图名称，直接打开视图，即可查询视图数据，如图 6-6 所示。

```
mysql> select * from view_class;
+------+-------------+
| id   | name        |
+------+-------------+
| 2201 | 计算机2201 |
| 2202 | 计算机2202 |
| 2203 | 计算机2203 |
| 2204 | 计算机2204 |
+------+-------------+
4 rows in set (0.02 sec)
```

图 6-5　查询视图 view_class 数据

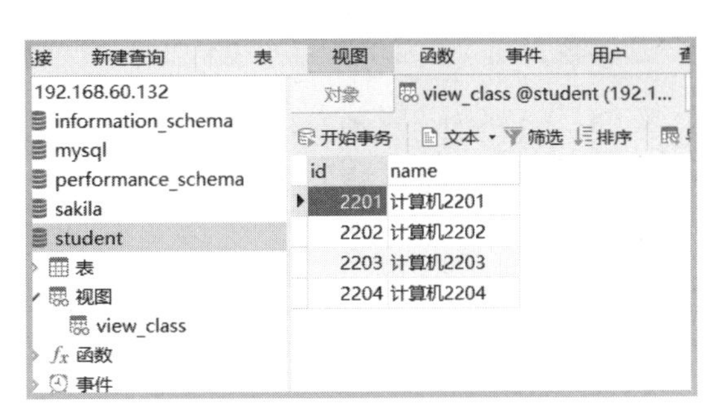

图 6-6　在 Navicat 客户端工具中查询视图数据

6.2.5　在多表上创建视图

复杂视图是从多个表中导出数据，与单表上创建视图不同的是，SELECT 子句是涉及多表的联合查询语句，可以包含联接、分组、表达式、统计函数等。

【例 6-4】 创建学生信息表 student，包含学号、学生姓名、班级编号；创建学生表和班级表关联的视图 view_class_student，其中包含学号、学生姓名、班级名称。

（1）创建学生信息表 student，SQL 代码如下：

```
create table student(
    stu_id int, #学号
    stu_name varchar(64), #学生姓名
    class_id int  #所在班级编号
);   #创建 student 学生信息表
```

（2）向学生信息表插入 4 条数据，SQL 代码如下：

```
insert into student values(20220101,'张晖',2201);
insert into student values(20220102,'黄晖',2202);
insert into student values(20220103,'李晖',2203);
insert into student values(20220103,'刘晖',2204);
```

执行结果如图 6-7 所示。

（3）创建视图 view_class_student，其中包含学生表 student 中的学号、学生姓名和班级表 class 中的班级名称。SQL 代码如下：

```
create view view_class_student as
```

```
select student.stu_id,              #学生学号
student.stu_name,                   #学生姓名
class.name                          #学生所在班级名称
from class inner join student on class.id=student.class_id;
```

执行结果如图 6-8 所示。

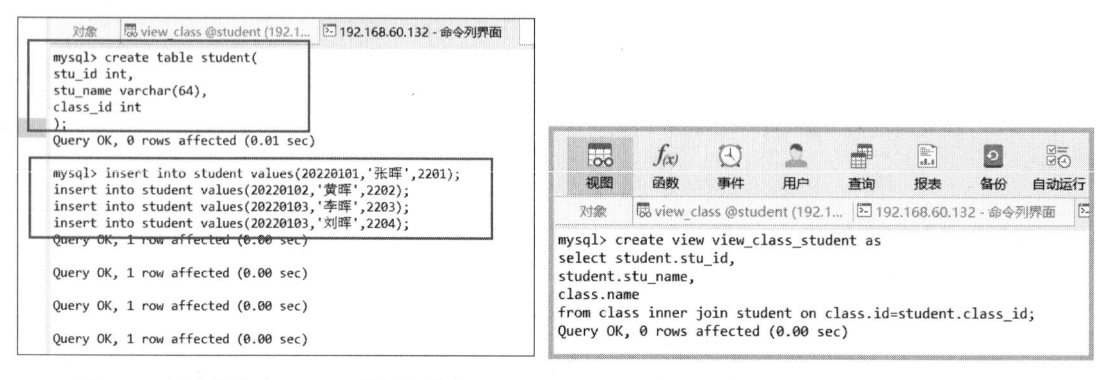

图 6-7　创建学生表 student 并插入数据　　　　图 6-8　创建 view_class_student 视图

使用 Navicat 图形界面工具，创建 view_class_student 视图，操作如图 6-9 所示。

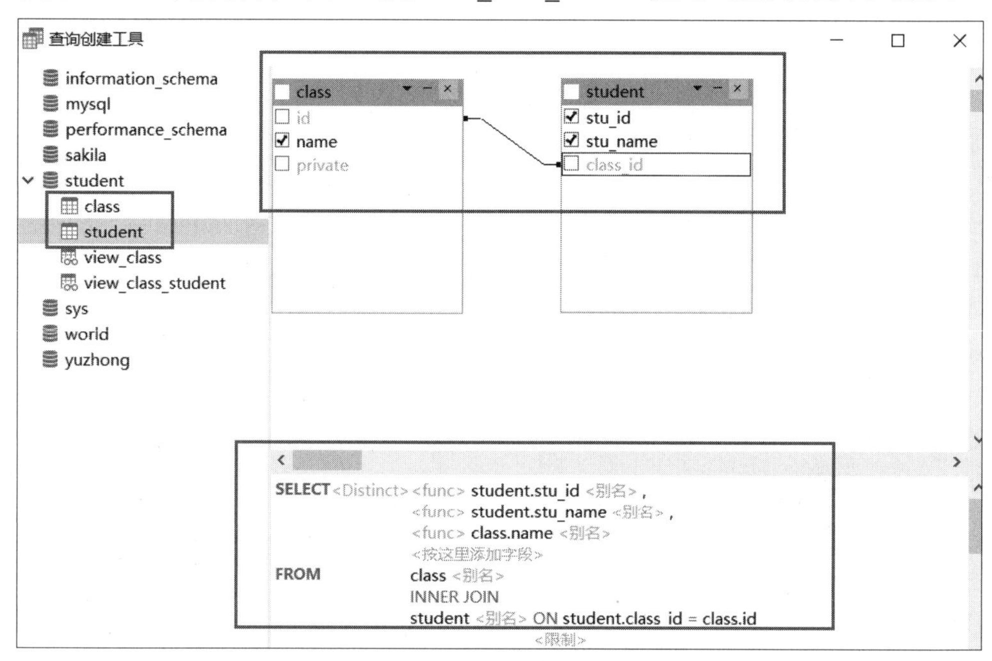

图 6-9　使用视图设计界面创建 view_class_student 视图

使用“desc view_class_student;”命令查看视图 view_class_student 字段结构，如图 6-10 所示。

使用“select *from view_class_student;”命令查询视图中的数据，如图 6-11 所示。

```
mysql> desc view_class_student;
+----------+-------------+------+-----+---------+-------+
| Field    | Type        | Null | Key | Default | Extra |
+----------+-------------+------+-----+---------+-------+
| stu_id   | int         | YES  |     | NULL    |       |
| stu_name | varchar(64) | YES  |     | NULL    |       |
| name     | varchar(64) | YES  |     | NULL    |       |
+----------+-------------+------+-----+---------+-------+
3 rows in set (0.01 sec)
```

图 6-10　查看视图 view_class_student 字段结构

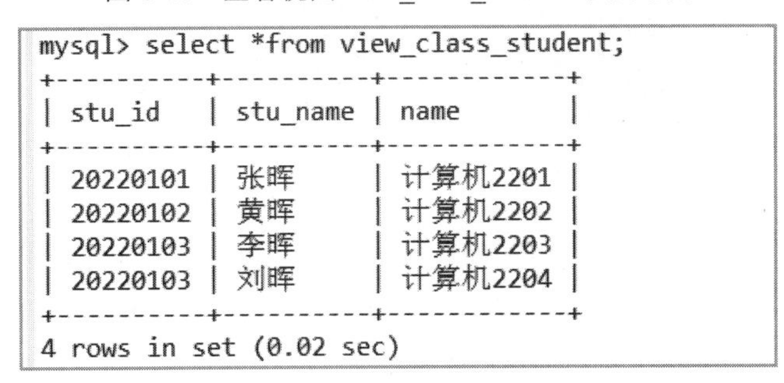

```
mysql> select *from view_class_student;
+----------+----------+-------------+
| stu_id   | stu_name | name        |
+----------+----------+-------------+
| 20220101 | 张晖     | 计算机2201  |
| 20220102 | 黄晖     | 计算机2202  |
| 20220103 | 李晖     | 计算机2203  |
| 20220103 | 刘晖     | 计算机2204  |
+----------+----------+-------------+
4 rows in set (0.02 sec)
```

图 6-11　查看视图 view_class_student 中的数据内容

6.3　查 看 视 图

视图创建后，像表一样，我们经常需要查看视图信息。在 MySQL 中，有许多查看视图的语句，如 DESCRIBE、SHOW TABLES、SHOW CREATE VIEW。如果要使用这些语句，首先用户要拥有 SHOW VIEW 的权限。本节将详细讲解查看视图的方法。

6.3.1　使用 DESCRIBE/DESC 语句查看视图基本信息

我们已经详细讲解过使用 DESCRIBE 语句来查看表的基本定义。因为视图也是一张表，只是这张表比较特殊，是一张虚拟的表，所以同样可以使用 DESCRIBE 语句来查看视图的基本定义。语法格式如下：

```
DESCRIBE|DESC viewname;
```

在上述语句中，参数 viewname 表示要查看视图的名称。

【例 6-5】使用 desc 语句查看 view_class_student 视图结构信息，执行结果如图 6-12 所示。

```
desc view_class_student;
```

```
mysql> desc view_class_student;
+----------+-------------+------+-----+---------+-------+
| Field    | Type        | Null | Key | Default | Extra |
+----------+-------------+------+-----+---------+-------+
| stu_id   | int         | YES  |     | NULL    |       |
| stu_name | varchar(64) | YES  |     | NULL    |       |
| name     | varchar(64) | YES  |     | NULL    |       |
+----------+-------------+------+-----+---------+-------+
3 rows in set (0.01 sec)
```

图 6-12　查看视图 view_class_student 结构信息

6.3.2　使用 SHOW TABLES 语句查看视图基本信息

从 MySQL5.1 版本开始，执行 SHOW TABLES 语句不仅会显示表的名字，同时也会显示视图的名字。

下面演示通过 SHOW TABLES 语句查看数据库中的视图和表的功能。

【例 6-6】 通过 SHOW TABLES 语句查看数据库中的视图和表。SQL 代码如下：

```
mysql> show tables;              #查看视图和表
```

执行结果如图 6-13 所示。

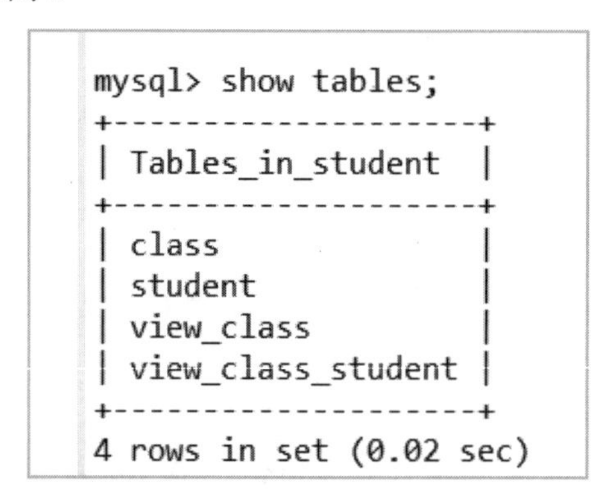

```
mysql> show tables;
+--------------------+
| Tables_in_student  |
+--------------------+
| class              |
| student            |
| view_class         |
| view_class_student |
+--------------------+
4 rows in set (0.02 sec)
```

图 6-13　查看数据库中包含的视图和表

6.3.3　使用 SHOW CREATE VIEW 语句查看视图创建信息

在 MySQL 中，使用 SHOW CREATE VIEW 语句不仅可以查看创建视图的定义语句，还可以查看视图的字符编码以及视图中的记录的行数。

【例 6-7】 使用 SHOW CREATE VIEW 语句查看 view_class。SQL 代码如下：

```
mysql> show create view view_class\G;          #查看创建视图的定义
```

执行结果如图 6-14 所示。

```
mysql> show create view view_class\G
*************************** 1. row ***************************
                View: view_class
         Create View: CREATE ALGORITHM=UNDEFINED DEFINER=`root`@`%` SQL SECURITY
 DEFINER VIEW `view_class` AS select `class`.`id` AS `id`,`class`.`name` AS `nam
e` from `class`
character_set_client: gbk
collation_connection: gbk_chinese_ci
1 row in set (0.00 sec)
```

图 6-14　查看创建视图或表时的定义信息。

6.4　更新视图数据

更新视图是指通过视图来插入（INSERT）、更新（UPDATE）和删除（DELETE）表中的数据。因为视图实质是一个虚拟表，其中没有数据。当通过视图更新数据时，其实是在更新基本表中的数据，如果对视图增加或删除记录，实际上是对其基本表增加或删除记录。

视图更新主要有 UPDATE、INSERT 和 DELETE 3 种方法。

（1）在 MySQL 中，可以使用 UPDATE 语句对视图中原有的数据进行更新。

（2）在 MySQL 中，可以使用 INSERT 语句在视图的基本表中插入一条记录。

（3）在 MySQL 中，可以使用 DELETE 语句删除视图对应的基本表中的部分记录。

注意： 尽管更新视图有多种方式，但并非所有情况下都能执行视图的更新操作。当视图中存在以下情况时，视图的更新操作将不能被执行。

- 视图中不包含基本表中被定义为非空的列。
- 在定义视图的 SELECT 语句后的字段列表中使用了数学表达式。
- 在定义视图的 SELECT 语句后的字段列表中使用了聚合函数。
- 在定义视图的 SELECT 语句中使用了 DISTINCT、UNION、LIMIT、GROUP BY 或 HAVING 子句。
- 包含子查询的视图。

6.4.1　向视图中插入数据

【例 6-8】向视图 view_class 中插入一行数据，包含班级编号和班级名称，查看视图和基础表 class 数据情况。SQL 代码如下：

```
mysql> insert into view_class values(2206,'网络 2206');  #对视图插入数据
mysql> select*from class;                                 #查看 class 表的数据
mysql> select*from view_class;                            #查看视图里的数据
```

执行结果如图 6-15 所示。

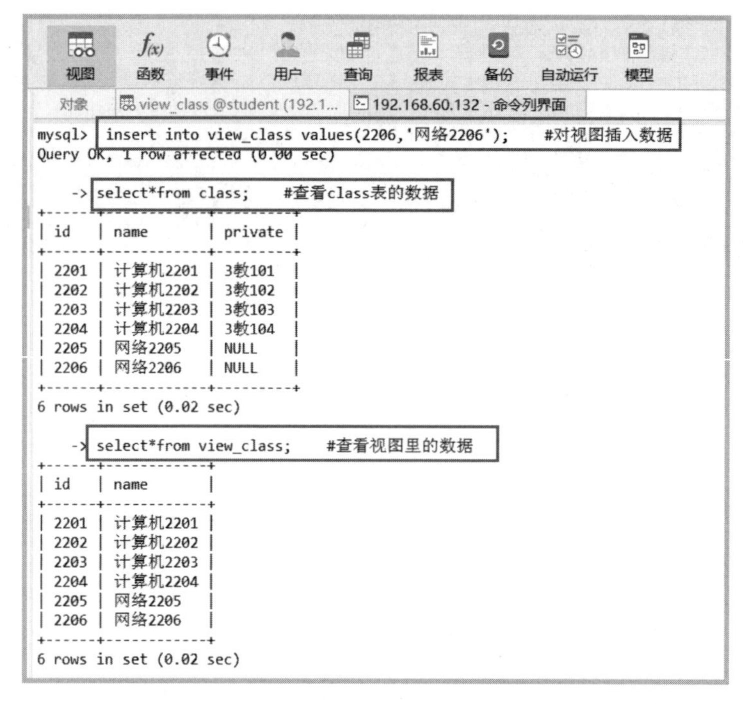

图 6-15　视图插入数据后查看原表数据

经过证实，当向视图中插入数据之后，原始基础表中的数据也会随之进行变更。

6.4.2　通过视图更新数据

【例 6-9】更新视图数据。SQL 代码如下：

```
mysql> update view_class set name='网络 2207' where name='网络 2205';
                                              #更新视图里的数据
mysql> select*from view_class;                #查看视图里的数据
```

执行结果如图 6-16 所示。

图 6-16　修改视图数据后查看原表数据

经过证实，当视图中的数据更新之后，原始基础表中的数据也会随之进行变更。

6.4.3　通过视图删除数据

【例 6-10】删除视图数据。SQL 代码如下：

```
mysql> delete from view_class where id=2205;        #删除视图里的数据
mysql> select * from view_class;                    #查看视图里的数据
```

执行结果如图 6-17 所示。

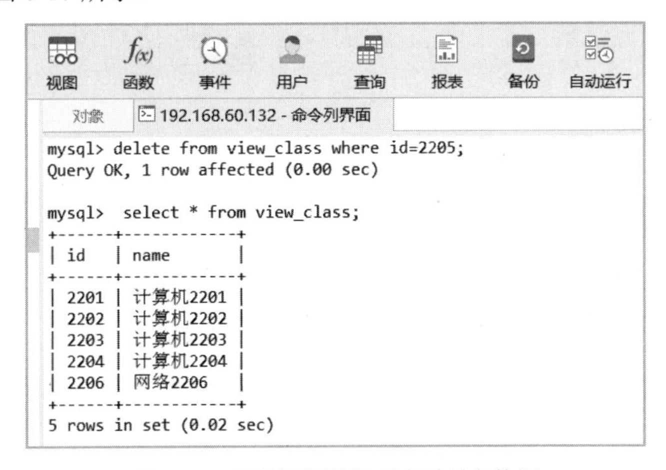

图 6-17　删除视图数据后查看原表数据

经过证实，当删除视图中的数据之后，原始基础表中的数据也会随之被删除。

6.5　管 理 视 图

已经创建好的视图，由于用户需求的变更，可以对视图进行修改更新操作，通过更改视图中的查询语句便可形成一个新的视图。对于不需要的视图，可以将其删除，删除视图只是将视图的定义删除，不会影响原始表中的数据。

6.5.1　修改视图

修改视图是指修改数据库中存在的视图，当基本表的某些字段发生变化的时候，可以通过修改视图来保持与基本表的一致性，ALTER 语句可以用来修改视图。

使用 ALTER 语句修改视图。语法格式如下：

```
ALTER VIEW view_name [column_list] AS SELECT_statement;
```

此语法中的所有关键字和参数的含义，除了 ALTER 外，其他都和创建视图是一样的。

【例 6-11】修改 view_class 视图，增加班级教室地址 private 字段。SQL 代码如下：

```
mysql> alter view view_class as
select id,                          #班级编号
name,                               #班级名称
private                             #新增字段班级教室地址
from class;                         #为 view_class 视图增加 private 字段
mysql> desc view_class;             #描述视图
```

执行结果如图 6-18 所示。

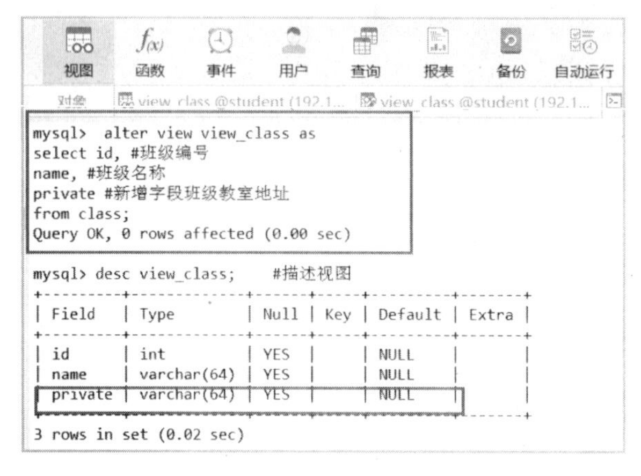

图 6-18 修改视图数据后查看原表数据

6.5.2 删除视图

删除视图是指删除数据库中已经存在的视图。在删除视图时，只会删除视图的定义，不会删除数据。

在 MySQL 中，可以使用 DROP VIEW 语句来删除视图，但是操作用户必须拥有 DROP 权限。删除视图的语法格式如下：

```
DROP VIEW viewname[viewname];
```

在上述语句中，参数 viewname 表示所要删除视图的名称，可同时指定删除多个视图。

【例 6-12】删除 view_class 视图和 view_class_student 视图，SQL 代码如下：

```
mysql> drop view view_class,view_class_student;     #删除视图
```

执行结果如图 6-19 所示。

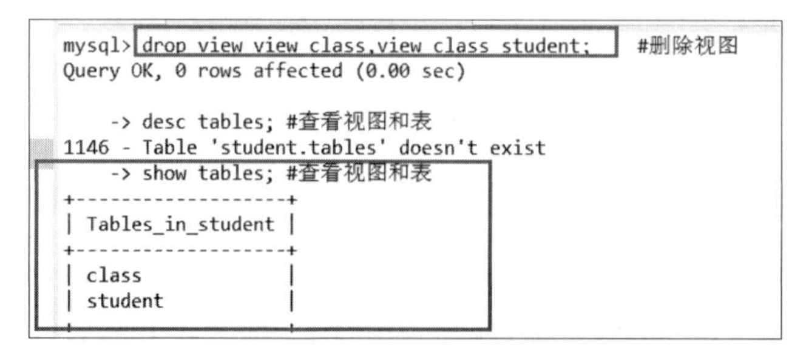

图 6-19 删除视图后查看视图已经不存在

执行 drop 命令删除之后，之前创建的两个视图就成功被删除了。

6.6　总结与训练

本章以学生管理系统为例，介绍了如何在学生信息表上创建视图。视图是从一个或者多个表中导出来的虚拟表，其结构和数据依赖于基础表。视图可以简化查询语句，提高查询数据效率，并保障数据库的安全性。通过视图还可以更新原基础表中的数据。

实践任务：创建视图和管理视图

1. 实践目的

（1）熟练掌握视图创建的方法。
（2）熟练掌握通过视图更新数据的方法。
（3）熟练掌握视图修改和删除的方法。

2. 实践内容

在“学生信息管理系统”数据库中创建视图并维护使用。

（1）基于学生表，定义视图 view_stu，包含学号、姓名、班级、身份证号、手机号。

（2）基于学生表和成绩表，定义视图 view_stu_grade，包含学生表中的学号、姓名、班级和成绩表中的科目名称、成绩。两个表之间通过学号进行关联。

（3）向视图 view_stu 中插入一行数据，查看原学生表中数据的变化。

（4）删除视图 view_stu 中的一行数据，查看原学生表中数据的变化。

（5）修改视图 view_stu，增加一个学生宿舍号字段。

（6）删除视图 view_stu，使用 desc 查看视图是否删除成功。

第 7 章

触　发　器

MySQL 从 5.0.2 版本开始支持触发器的功能。触发器（TRIGGER）是与表操作相关的特殊类型的存储过程，包含一系列的控制流 SQL 语句，是在满足一定条件下能自动触发执行的数据库对象。如向表中插入记录、更新记录或者删除记录时，被系统自动地触发并执行。

学习目标

- 了解 MySQL 中触发器的应用场景与作用。
- 掌握使用 MySQL 创建、查看和删除触发器的方法。

7.1　触发器的概念

触发器是关系数据库系统提供的一个重要的数据库对象，也是一种特殊类型的存储过程。其特殊性在于它并不需要由用户直接调用，当数据表发生特定事件（如 INSERT、UPDATE、DELETE 操作）时，会自动执行触发器中定义的程序语句。使用触发器可以实施复杂的完整性约束，防止对表、视图及它们所包含的数据进行不正确的、未经授权的或不一致的操作。它的主要作用是实现主键和外键所不能保证的复杂的参照完整性，或实现约束和默认值所不能保证的复杂的数据完整性。例如，插入数据前强制检验或转换数据操作，或是在触发器中代码执行发生错误后，撤销已经执行成功的操作等，以保障数据的安全。

触发器可分为 BEFORE 和 AFTER 两类。BEFORE 触发器在 INSERT/UPDATE/DELETE 操作之前执行，通常用于一些数据的校验，如校验数据的类型与格式等。而 AFTER 触发器则在 INSERT/UPDATE/DELETE 操作之后执行，常用于数据的统计工作。如求数据的平均值、统计行数等。触发器的分类与执行过程如图 7-1 所示。

触发器具有以下优点：

（1）触发器自动执行。当触发器相关联的数据表中的数据被修改时，触发器中定义的语句会自动执行。

（2）触发器对数据进行安全校验，以保障数据安全。

（3）通过和触发器相关联的表可以实现表数据的级联更改，在一定程度上保证了数据的完整性。

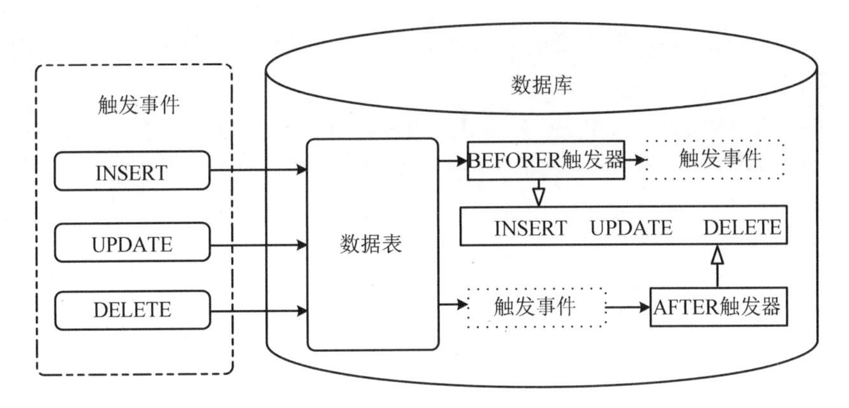

图 7-1　触发器的分类与执行过程

7.2　创建触发器

MySQL 使用 CREATE TRIGGER 语句创建触发器，语法格式如下：

```
CREATE  TRIGGER 触发器名 {BEFORE|AFTER} {INSERT|UPDATE|DELETE}
ON 表名 FOR EACH ROW
BEGIN
    trigger_body;
END;
```

参数说明：

- 触发器名：触发器在当前数据库中必须具有唯一的名称。
- {BEFORE|AFTER}：触发器触发的顺序，表示触发器是在激活它的语句之前或之后触发。如果想要在激活触发器的语句执行之后执行，通常使用 AFTER 选项；如果想要验证新数据是否满足使用的限制，则使用 BEFORE 选项。
- {INSERT|UPDATE|DELETE}：指激活触发程序的事件类型。其中：
  - INSERT：将新数据插入表时激活触发器。例如，使用 INSERT、LOAD DATA 和 REPLACE 语句。
  - UPDATE：当更改数据时激活触发器。例如，使用 UPDATE 语句。
  - DELETE：从表中删除数据时激活触发器。例如，使用 DELETE 和 REPLACE 语句。
- 表名：与触发器相关的表名，在该表上发生触发事件才会激活触发器。同一个表不能拥有两个具有相同触发时刻和事件的触发器。
- FOR EACH ROW：行级触发说明，表示对于受触发事件影响的每一行，都要激活触发器的动作。例如，使用 INSERT 向一个表中添加多行数据，触发器会对每一行执行相应的触发器动作。目前 MySQL 只支持行级触发器，不支持语句级触发器。例如，不支持 CREATE TABLE 等语句。

➢ trigger_body：触发器激活时将要执行的语句。触发程序中可以使用 NEW 和 OLD 分别表示新纪录和旧记录。

每个表都支持 INSERT、UPDATE、DELETE 事件的 BEFORE 和 AFTER 触发器，一般情况下，每个表的操作事件只允许有一个触发器，因此每个表最多可设置 6 个触发器，单一的触发器不能与多个事件或多个表关联。

注意：触发器不能返回任何结果到客户端，也不能调用将数据返回客户端的存储过程。因此，请不要在触发器定义中包含 SELECT 语句。

下面先来看一个简单的例子，了解触发器的使用。

【例 7-1】在学生表 student 上创建一个触发器 insert_student_trigger，每次插入数据后，都设置一个变量 str 的值为“学生信息已添加”。代码如下：

```
CREATE TRIGGER insert_student_trigger AFTER INSERT
ON student FOR EACH ROW
BEGIN
        SET @str='学生信息已添加';
END;
```

注意：当触发器的内容只有一条语句时，BEGIN...END 复合语句结构可以省略。

执行效果如图 7-2 所示。

图 7-2　创建触发器 insert_student_trigger

为验证触发器的效果，向 student 表中插入数据并查看 str 的值，如果能够访问到触发器中设置的 str 的值，说明插入数据时触发器已自动执行。

插入数据：

```
INSERT INTO student VALUES('6001002', '钱三一', '男', '软件 2001', '信息工程学院', '汉族', '党员', '2001-08-25');
```

查看 str 的值：

```
SELECT @str;
```

执行结果如图 7-3 所示。

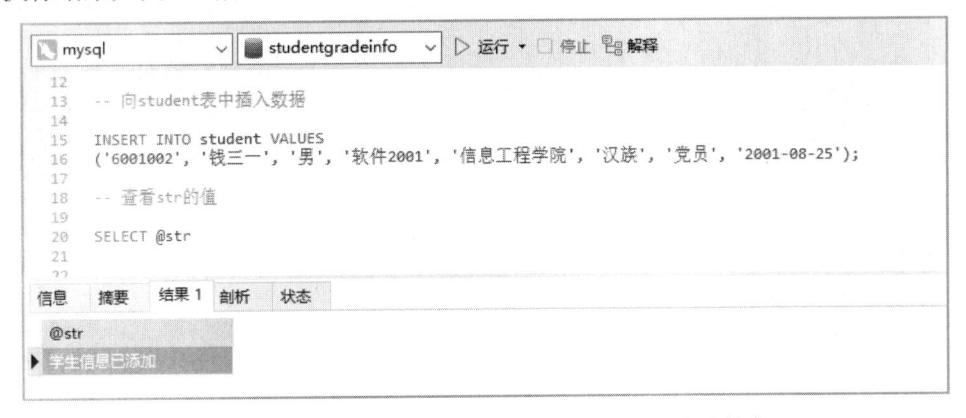

图 7-3　验证触发器 insert_student_trigger 是否自动触发

在触发程序执行的过程中，MySQL 可以分别使用 NEW 和 OLD 关键字创建与原表属性完全一样的两个临时表，即 NEW 表和 OLD 表。其中，NEW 表用于存放数据修改过程中将要更新的数据，OLD 表则用于存放数据修改过程中的原有数据。OLD 表中的记录是只读的，只能引用，不能修改。而 NEW 表可以在触发器中使用 SET 关键字赋值。

如要访问表中的列，具体语法为“NEW.列名”或“OLD.列名”。

向表中插入新记录时，在触发程序中可以使用 NEW 关键字访问新记录，因为在 INSERT 触发程序中没有涉及表中旧的记录，所以 INSERT 操作不支持 OLD 关键字。

从表中删除旧记录时，在触发程序中可以利用 OLD 关键字访问旧记录，在 DELETE 触发程序中没有涉及表中新的记录，所以 DELETE 操作不支持 NEW 关键字。

修改表的某条记录时，可以使用 NEW 关键字访问修改后的新记录，使用 OLD 关键字访问修改前的旧记录。UPDATE 操作相当于先删除旧记录，然后插入新记录，所以 UPDATE 操作同时支持 NEW 和 OLD 关键字。

【例 7-2】在成绩表 grade 上创建一个触发器 insert_grade_trigger，当向 grade 表中插入学生的成绩为 null 时，将成绩设置为 0；如果不为 null，就按照设定的值进行插入。SQL 代码如下：

```
CREATE TRIGGER insert_grade_trigger
BEFORE INSERT
ON grade
FOR EACH ROW
BEGIN
    IF NEW.Score IS NULL THEN
        SET NEW.Score=0;
    END IF;
END;
```

执行结果如图 7-4 所示。

```
mysql  studentgradeinfo  运行 · 停止 解释
1   -- 创建触发器insert_grade_trigger
2
3   CREATE TRIGGER insert_grade_trigger
4   BEFORE INSERT
5   ON grade
6   FOR EACH ROW
7   BEGIN
8     IF NEW.Score IS NULL THEN
9       SET NEW.Score=0;
10    END IF;
11  END;
12
信息  摘要  剖析  状态
-- 创建触发器insert_grade_trigger

CREATE TRIGGER insert_grade_trigger
BEFORE INSERT
ON grade
FOR EACH ROW
BEGIN
        IF NEW.Score IS NULL THEN
                SET NEW.Score=0;
        END IF;
END
> Affected rows: 0
> 查询时间: 0.004s
```

图 7-4　创建触发器 insert_grade_trigger

在 grade 表中插入成绩为空的数据，并将数据查询出来，验证触发器的功能。SQL 语句如下：

```
INSERT INTO grade VALUES ('4001', '1001001', NULL, '7');
SELECT * FROM grade WHERE CourseId='4001'AND StudentId='1001001';
```

执行结果如图 7-5 所示。

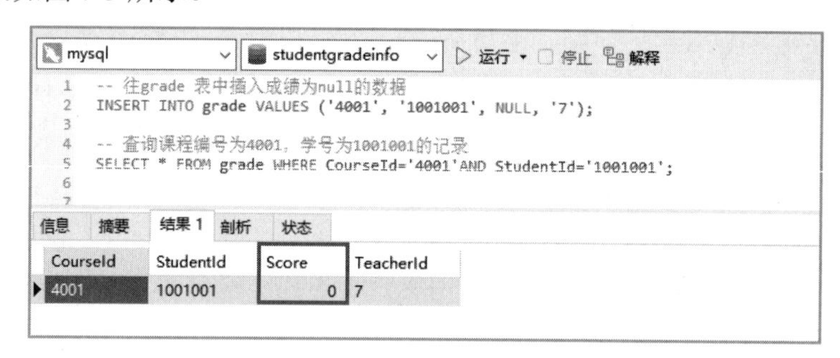

图 7-5　验证 insert_grade_trigger 是否被激活

通过查询结果可知，当插入成绩为空时，触发器 insert_grade_trigger 被激活，将成绩自动设置为 0。

【例 7-3】创建一个触发器 update_t_trigger，当修改教师表 teacher 中教师的手机号时，把修改时间和修改前后老师的部分信息添加到 update_t_log 表中，以作为修改记录。

（1）创建表 update_t_log，SQL 代码如下：

```
CREATE TABLE update_t_log(
    tId CHAR(20) NOT NULL,              --教师编号
    tName CHAR(20) NOT NULL,            --教师姓名
    oldtPhone CHAR(11) NOT NULL,        --更新前的号码
    newtPhone CHAR(11) NOT NULL,        --更新后的号码
```

```
    udate DATETIME(0) NOT NULL       --更新的时间
);
```

执行结果如图 7-6 所示。

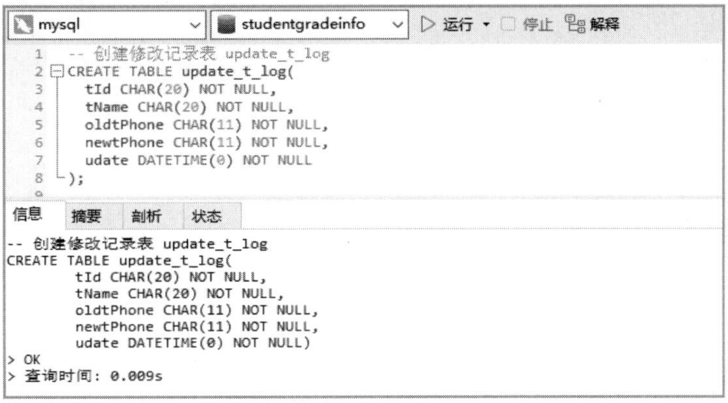

```
mysql | studentgradeinfo | 运行 · 停止 解释
1  -- 创建修改记录表 update_t_log
2  CREATE TABLE update_t_log(
3    tId CHAR(20) NOT NULL,
4    tName CHAR(20) NOT NULL,
5    oldtPhone CHAR(11) NOT NULL,
6    newtPhone CHAR(11) NOT NULL,
7    udate DATETIME(0) NOT NULL
8  );
信息 摘要 剖析 状态
-- 创建修改记录表 update_t_log
CREATE TABLE update_t_log(
        tId CHAR(20) NOT NULL,
        tName CHAR(20) NOT NULL,
        oldtPhone CHAR(11) NOT NULL,
        newtPhone CHAR(11) NOT NULL,
        udate DATETIME(0) NOT NULL)
> OK
> 查询时间: 0.009s
```

图 7-6　创建表 update_t_log

（2）创建触发器 update_t_trigger，SQL 代码如下：

```
CREATE TRIGGER update_t_trigger
AFTER UPDATE
ON teacher
FOR EACH ROW
BEGIN
    INSERT INTO update_t_log VALUES(
    OLD.TeacherId,OLD.TeacherName,OLD.TeacherPhone,NEW.TeacherPhone,NO
W());
END;
```

执行结果如图 7-7 所示。

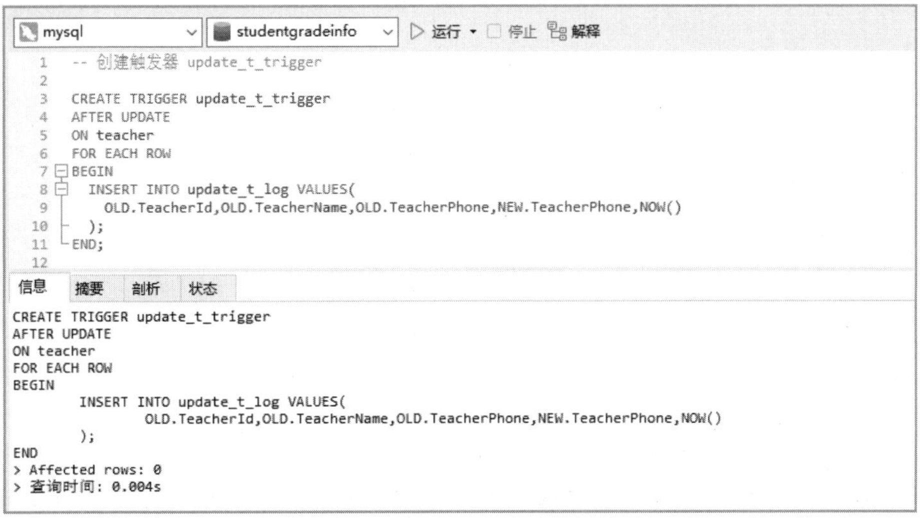

```
mysql | studentgradeinfo | 运行 · 停止 解释
1   -- 创建触发器 update_t_trigger
2
3   CREATE TRIGGER update_t_trigger
4   AFTER UPDATE
5   ON teacher
6   FOR EACH ROW
7   BEGIN
8     INSERT INTO update_t_log VALUES(
9       OLD.TeacherId,OLD.TeacherName,OLD.TeacherPhone,NEW.TeacherPhone,NOW()
10    );
11  END;
12
信息 摘要 剖析 状态
CREATE TRIGGER update_t_trigger
AFTER UPDATE
ON teacher
FOR EACH ROW
BEGIN
        INSERT INTO update_t_log VALUES(
                OLD.TeacherId,OLD.TeacherName,OLD.TeacherPhone,NEW.TeacherPhone,NOW()
        );
END
> Affected rows: 0
> 查询时间: 0.004s
```

图 7-7　创建触发器 update_t_trigger

（3）验证触发器 update_t_trigger 的功能，SQL 代码如下：

```
UPDATE teacher SET TeacherPhone='18177062321' WHERE TeacherId='2';
SELECT * FROM update_t_log WHERE tId='2';
```

执行结果如图 7-8 所示。

图 7-8　验证触发器 update_t_trigger 的功能

【例 7-4】创建一个触发器 delete_s_trigger，当删除 student 表中某个学生的记录时，同时删除 grade 表中相应的所有课程的成绩。

（1）创建触发器 delete_s_trigger，SQL 代码如下：

```
CREATE TRIGGER delete_s_trigger
BEFORE DELETE
ON student
FOR EACH ROW
BEGIN
    DELETE FROM grade WHERE grade.StudentId=OLD.StudentId;
END;
```

执行结果如图 7-9 所示。

图 7-9　创建触发器 delete_s_trigger

（2）验证触发器 delete_s_trigger 的功能，SQL 代码如下：

```
DELETE FROM student WHERE student.StudentId='1001001';
SELECT * FROM student WHERE StudentId='1001001' ;
SELECT * FROM grade WHERE  StudentId='1001001';
```

执行结果如图 7-10 所示。

图 7-10　验证 delete_s_trigger 的功能

通过执行结果可以看出，grade 表中学号为 1001001 的记录全部被删除，因此触发器已被激活。

7.3　查看触发器

对数据库中已存在的触发器的定义、状态和语法等信息进行查看，用户可以通过 SHOW TRIGGERS 语句和查看 INFORMATION_SCHEMA 数据库下的 TRIGGERS 表两种方法。

7.3.1　通过 SHOW TRIGGERS 语句查看触发器

在 MySQL 中，用户可以通过 SHOW TRIGGERS 语句查看触发器的详细信息，包括触发器名称、激活事件、操作对象表、执行的操作等。其语法格式如下：

```
SHOW TRIGGERS ;
```

【例 7-5】查看 studentgradeinfo 数据库下的触发器。SQL 代码如下：

```
SHOW TRIGGERS ;
```

执行结果如图 7-11 所示。

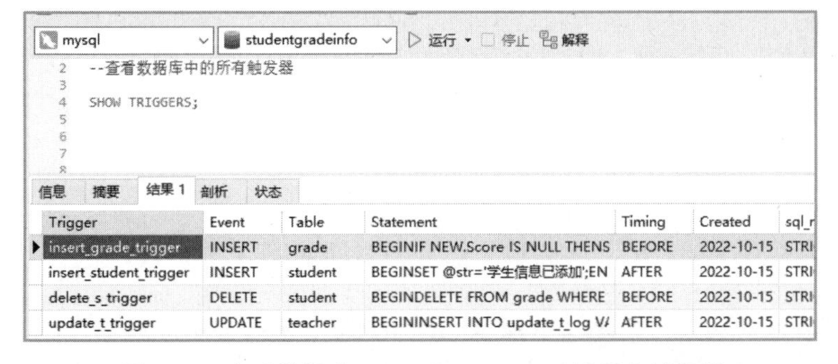

图 7-11　查看数据库 studentgradeinfo 下的所有触发器

7.3.2 通过 TRIGGERS 表查看触发器

在 MySQL 中，所有触发器的定义都存储在 INFORMATION_SCHEMA 数据库下的 TRIGGERS 表中，用户可以通过 SELECT 语句查看所有触发器和特定触发器的信息。

查看所有触发器信息的语法格式如下：

```
SELECT * FROM INFORMATION_SCHEMA.TRIGGERS;
```

查看特定触发器信息的语法格式如下：

```
SELECT * FROM INFORMATION_SCHEMA.TRIGGERS
WHERE 条件;
```

【例 7-6】 使用 SELECT 语句查看 insert_student_trigger 触发器的信息。SQL 代码如下：

```
SELECT * FROM information_schema.TRIGGERS
WHERE trigger_name='insert_student_trigger';
```

执行结果如图 7-12 所示。

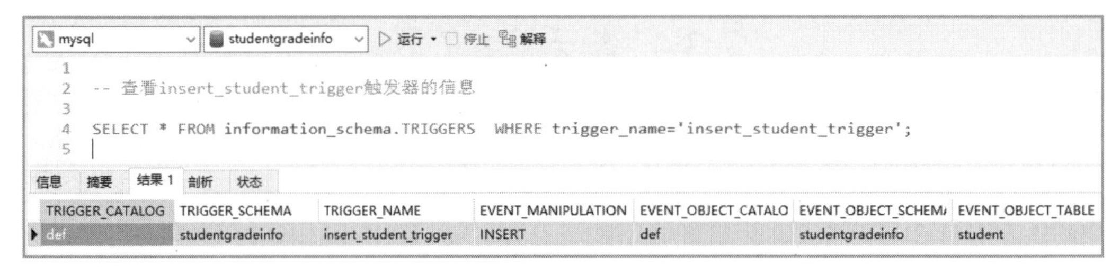

图 7-12 查看触发器 insert_student_trigger 的信息

7.4 删除触发器

在 MySQL 中，当不再使用触发器时，建议将触发器删除，以避免影响数据操作。MySQL 使用 DROP TRIGGER 语句删除已经定义的触发器。其基本语法格式如下：

```
DROP TRIGGER [IF EXISTS][schema_name.] 触发器名
```

参数说明：

- IF EXISTS：可选项，避免在没有触发器的情况下执行删除触发器的操作。
- schema_name：可选项，指定触发器所在的数据库名称，若没有指定，则为当前默认的数据库。

注意： 删除一个表的同时会自动删除该表上的所有触发器。另外，触发器不能更新或覆盖，如果要修改一个触发器，必须先删除它，再重新创建。

【例 7-7】 删除名称为 insert_grade_trigger 的触发器。SQL 代码如下：

```
DROP TRIGGER insert_grade_trigger;
```

在 Navicat 中执行删除触发器操作，并通过 SHOW TRIGGERS 命令查看 insert_grade_trigger 触发器的删除情况。执行结果如图 7-13 所示。

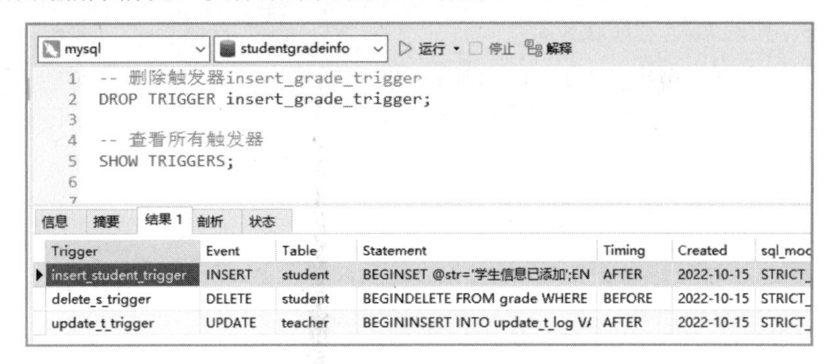

图 7-13　删除触发器 insert_grade_trigger

思政小课堂

在数据库中引入触发器机制，通过使用触发器定义业务规则，防止一些不符合业务规则的数据造成错误，是保证数据完整性的一种特殊方法。在现实生活中，我们也要时刻给自己树立“触发器”的规则红线。例如，不无故旷课、遵循疫情防控措施等。同时每个班级和宿舍也可以建立相应的制度，规范和保障每个人的权利和义务。

7.5　总结与训练

本章以学生成绩管理系统数据库为例介绍了 MySQL 数据库的触发器，包括触发器的定义、作用、创建、查看与删除等内容。触发器是与表操作相关的特殊类型的存储过程，它不需要调用，当有操作影响到触发器保护的数据时，触发器中的程序会被执行来保护表中的数据，实现数据库中数据的完整性。在创建触发器时，用户需要明确触发器的结构，确定是 BEFORE 触发器还是 AFTER 触发器，以及确定表操作是 INSERT、UPDATE 还是 DELETE。

实践任务：创建与管理触发器

1. 实践目的

（1）理解触发器的作用。
（2）掌握触发器的创建、查看、删除的方法。

2. 实践内容

1）按要求在 studentgradeinfo 数据库创建触发器

（1）创建触发器 update_g_trigger，当修改 grade 表中的成绩时，如果成绩高于 90 分，则成绩设置为 90 分；如果修改后的成绩低于 60 分，则成绩设置为 60 分。

（2）创建触发器 delete_t_trigger，当删除教师表 teacher 中教师信息时，同时将 grade 表中与该教师有关的数据全部删除。

（3）创建触发器 insert_c_trigger，当向 course 中插入某门课程的学分高于 4 分时，就把学分设置为 4，如果学分低于 0，则将学分设置为 1。

2）查看触发器 delete_t_trigger 的信息

3）删除触发器 insert_c_trigger

第 8 章 事　务

事务在 MySQL 中相当于一个工作单元，使用事务可以确保同时发生的行为不发生冲突，并且能维护数据的完整性，确保数据的有效性。

学习目标

- 了解事务的基本概念。
- 掌握事务处理的过程。
- 理解事务的隔离级别。

8.1 事务概述

所谓的事务，是指由用户定义的一系列数据库更新操作，这些操作要么都执行，要么都不执行，是一个不可分割的逻辑工作单元。这里的更新操作主要是指对数据库内容产生修改作用的操作，如 INSERT、DELETE、UPDATE 等操作。

8.1.1 为什么要引入事务

事务是实现数据库中数据一致性的重要技术。例如，在银行转账业务的处理过程中，客户 A 要给客户 B 转账。当转账进行到一半时，发生断电等异常事故，导致客户 A 的钱已转出，客户 B 的钱还没有转入，这样就会导致数据库中数据的不一致，给客户带来损失。在转账业务处理中引入事务机制，就可以在意外发生时撤销整个转账业务，恢复数据库到数据处理之前的状态，从而确保数据的一致性。

8.1.2 MySQL 事务处理机制

MySQL 具有事务处理功能，但是并不是所有的存储引擎都支持事务，如 InnoDB 和 BDB 存储引擎支持，而 MyISAM 和 MEMORY 存储引擎不支持。

8.2 事务的特性

事务是由有限的数据库操作序列组成的，但并不是任意的数据库操作序列都能成为事务，事务必须具有ACID特性，即原子性（Atomicity）、一致性（Consistency）、隔离性（Isolation）和持久性（Durability）。

1. 原子性

原子性，是指事务是一个不可分割的逻辑工作单元，事务处理的操作要么全部执行，要么全部不执行。

保证原子性是数据系统本身的职责，由数据库管理系统的事务管理子系统实现。

2. 一致性

事务的作用是使数据库从一个一致状态转变到另一个一致状态。

所谓数据库的一致状态，是指数据库中的数据满足完整性约束。例如，在银行业务中，“从账号 A 转移资金额 R 到账号 B”是一个典型的事务。这个事务包括两个操作，从账号 A 中减去资金额 R 和在账号 B 中增加资金额 R。如果只执行其中的一个操作，则数据库处于不一致状态，账务会出现问题。也就是说，两个操作要么全做，要么全不做，否则就不能成为事务。如果事务全部正确执行，数据库的变化将生效，从而处于有效状态；如果事务执行失败，系统将会回滚，从而将数据库恢复到事务执行前的有效状态。

3. 隔离性

当多个事务并发执行，应像各个事务独立执行一样，一个事务的执行不能被其他事务干扰，即一个事务内部的操作及使用的数据对并发的其他事务是隔离的。并发控制就是为了保证事务间的隔离性。

隔离性是由数据库管理系统的并发控制子系统实现的。

4. 持久性

一个事务一旦提交，它对数据库中数据的改变就应该具有持久性。如果提交一个事务以后计算机“瘫痪”，或数据库因故障而受到破坏，那么重新启动计算机后，数据库管理系统也应该能够恢复，该事务执行的结果将依然存在。

8.3 事 务 处 理

一个事务可以是一组 SQL 语句、一条 SQL 语句或者整个程序，一个应用程序可以包括多个事务。

1. 开始事务

START TRANSACTION 语句标识一个用户自定义事务的开始，其语法格式如下：

```
START TRANSACTION;
```

2. 提交事务

启动事务之后，就开始执行事务内的 SQL 语句，当 SQL 语句执行完毕后，必须提交事务，才能使事务中的所有操作永久生效，保证对数据的修改已成功地写进数据库，其语法格式如下：

```
COMMIT;
```

【例 8-1】在 student 表中插入两条记录，SQL 语句如下：

```
START TRANSACTION;
INSERT INTO student
values ('2002001','韦谨言','男','商务 2002','工商管理学院','汉族','群众','2001-05-16');
INSERT INTO student
values ('2002002','黄慧','女','商务 2002','工商管理学院','汉族','群众','2001-07-07');
```

执行结果如图 8-1 所示。

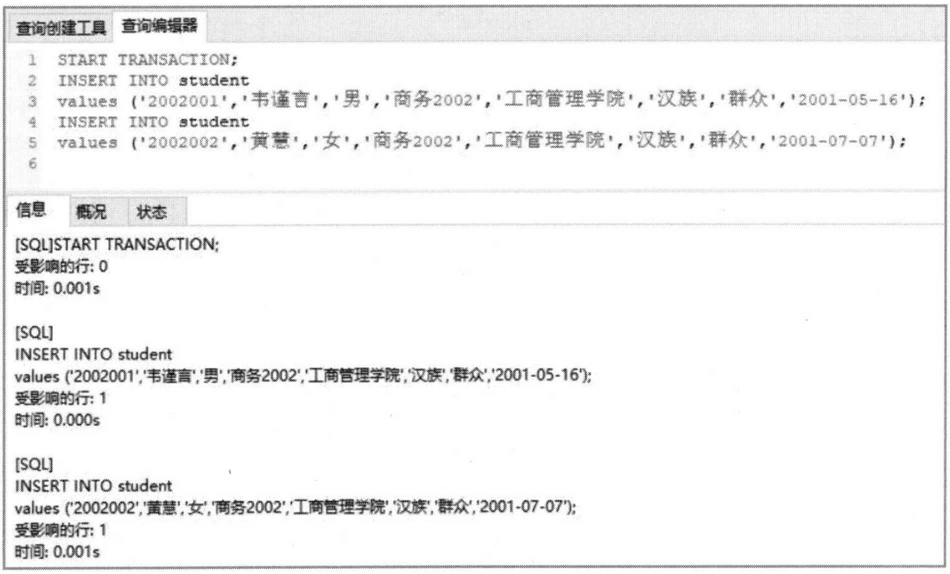

```
查询创建工具　查询编辑器
1 START TRANSACTION;
2 INSERT INTO student
3 values ('2002001','韦谨言','男','商务2002','工商管理学院','汉族','群众','2001-05-16');
4 INSERT INTO student
5 values ('2002002','黄慧','女','商务2002','工商管理学院','汉族','群众','2001-07-07');
6

信息　概况　状态
[SQL]START TRANSACTION;
受影响的行: 0
时间: 0.001s

[SQL]
INSERT INTO student
values ('2002001','韦谨言','男','商务2002','工商管理学院','汉族','群众','2001-05-16');
受影响的行: 1
时间: 0.000s

[SQL]
INSERT INTO student
values ('2002002','黄慧','女','商务2002','工商管理学院','汉族','群众','2001-07-07');
受影响的行: 1
时间: 0.001s
```

图 8-1　启动事务插入记录

以上 SQL 语句执行之后用 select 语句查询 student 表，结果如图 8-2 所示。

从图 8-2 显示的查询结果来看，似乎已经完成了事务的处理，但是退出数据库重新登录后，再次对 student 表进行查询，结果如图 8-3 所示。

查询创建工具 查询编辑器

```
1 select * from student
```

信息 结果1 概况 状态

StudentId	StudentName	StudentSex	StudentClass	StudentDepartment	StudentNation	StudentPolitics	StudentBirthday
1001002	钱多多	男	计算机2001	信息工程学院	汉族	党员	2001-08-25 00:00:00
1001003	孙晓梅	女	计算机2001	信息工程学院	壮族	团员	2001-12-25 00:00:00
1002001	李静	女	网络2002	信息工程学院	汉族	团员	2000-01-20 00:00:00
1002002	王明伟	男	网络2002	信息工程学院	壮族	党员	2001-03-18 00:00:00
1002003	李晓蓉	女	网络2002	信息工程学院	苗族	党员	2000-10-22 00:00:00
1002004	王浩云	男	网络2002	信息工程学院	苗族	群众	2001-09-21 00:00:00
1002005	魏金木	男	网络2002	信息工程学院	汉族	群众	2002-08-28 00:00:00
2002001	韦谨言	男	商务2002	工商管理学院	汉族	群众	2001-05-16 00:00:00
2002002	黄慧	女	商务2002	工商管理学院	汉族	群众	2001-07-07 00:00:00

图 8-2　启动事务插入记录后的查询结果

查询创建工具 查询编辑器

```
1 select * from student
```

信息 结果1 概况 状态

StudentId	StudentName	StudentSex	StudentClass	StudentDepartment	StudentNation	StudentPolitics	StudentBirthday
1001002	钱多多	男	计算机2001	信息工程学院	汉族	党员	2001-08-25 00:00:00
1001003	孙晓梅	女	计算机2001	信息工程学院	壮族	团员	2001-12-25 00:00:00
1002001	李静	女	网络2002	信息工程学院	汉族	团员	2000-01-20 00:00:00
1002002	王明伟	男	网络2002	信息工程学院	壮族	党员	2001-03-18 00:00:00
1002003	李晓蓉	女	网络2002	信息工程学院	苗族	党员	2000-10-22 00:00:00
1002004	王浩云	男	网络2002	信息工程学院	苗族	群众	2001-09-21 00:00:00
1002005	魏金木	男	网络2002	信息工程学院	汉族	群众	2002-08-28 00:00:00

图 8-3　查询 student 表的记录

从图 8-3 显示的查询结果可以看出，事务中的记录插入操作最终并未完成，这是因为事务未经提交就已经退出数据库了，由于采用的是手动提交模式，事务中的操作被自动取消了。为了能够把两条记录永久写入数据库中，需要在事务处理结束后加入 COMMIT 语句来完成整个事务的提交。SQL 代码如下：

```
START TRANSACTION;
INSERT INTO student
values ('2002001','韦谨言','男','商务 2002','工商管理学院','汉族','群众','2001-
05-16');
INSERT INTO student
values ('2002002','黄慧','女','商务 2002','工商管理学院','汉族','群众','2001-
07-07');
COMMIT;
```

执行结果如图 8-4 所示。

执行完毕后，退出数据库后重新登录，使用 select 语句查询 student 表中的记录，查询结果如图 8-5 所示。

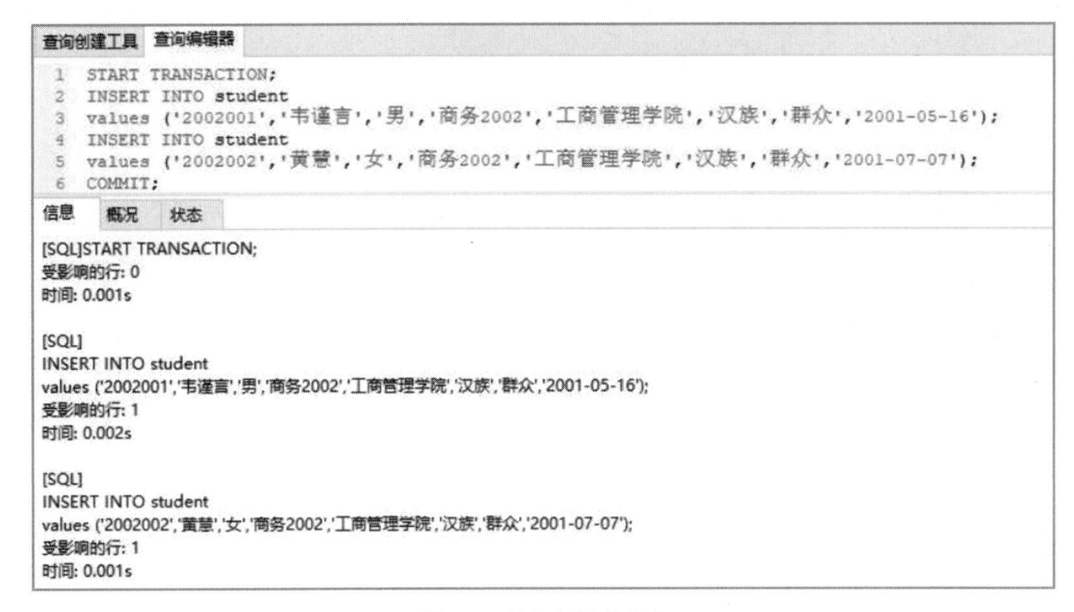

```
查询创建工具　查询编辑器
1 START TRANSACTION;
2 INSERT INTO student
3 values ('2002001','韦谨言','男','商务2002','工商管理学院','汉族','群众','2001-05-16');
4 INSERT INTO student
5 values ('2002002','黄慧','女','商务2002','工商管理学院','汉族','群众','2001-07-07');
6 COMMIT;
信息　概况　状态
[SQL]START TRANSACTION;
受影响的行: 0
时间: 0.001s

[SQL]
INSERT INTO student
values ('2002001','韦谨言','男','商务2002','工商管理学院','汉族','群众','2001-05-16');
受影响的行: 1
时间: 0.002s

[SQL]
INSERT INTO student
values ('2002002','黄慧','女','商务2002','工商管理学院','汉族','群众','2001-07-07');
受影响的行: 1
时间: 0.001s
```

图 8-4　插入记录并提交

查询创建工具　查询编辑器

```
1 select * from student
```

信息　结果1　概况　状态

StudentId	StudentName	StudentSex	StudentClass	StudentDepartment	StudentNation	StudentPolitics	StudentBirthday
1001002	钱多多	男	计算机2001	信息工程学院	汉族	党员	2001-08-25 00:00:00
1001003	孙晓梅	女	计算机2001	信息工程学院	壮族	团员	2001-12-25 00:00:00
1002001	李静	女	网络2002	信息工程学院	汉族	团员	2000-01-20 00:00:00
1002002	王明伟	男	网络2002	信息工程学院	壮族	党员	2001-03-18 00:00:00
1002003	李晓蓉	女	网络2002	信息工程学院	苗族	党员	2000-10-22 00:00:00
1002004	王浩云	男	网络2002	信息工程学院	苗族	群众	2001-09-21 00:00:00
1002005	魏金木	男	网络2002	信息工程学院	汉族	群众	2002-08-28 00:00:00
2002001	韦谨言	男	商务2002	工商管理学院	汉族	群众	2001-05-16 00:00:00
2002002	黄慧	女	商务2002	工商管理学院	汉族	群众	2001-07-07 00:00:00

图 8-5　事务提交后查询 student 表的记录

现在，两条记录已永久地插入 student 表中。

3. 回滚事务

当事务在执行过程中遇到错误时，事务中的所有操作都要被取消，返回到事务执行前的状态，这就是回滚事务。其语法格式如下：

```
ROLLBACK;
```

【例 8-2】在 student 表中插入两条记录，先不提交。具体语句如下：

```
START TRANSACTION;
INSERT INTO student
values ('2002001','韦谨言','男','商务 2002','工商管理学院','汉族','群众','2001-
05-16');
INSERT INTO student
values ('2002002','黄慧','女','商务 2002','工商管理学院','汉族','群众','2001-
```

```
07-07');
```

执行结果如图 8-6 所示。

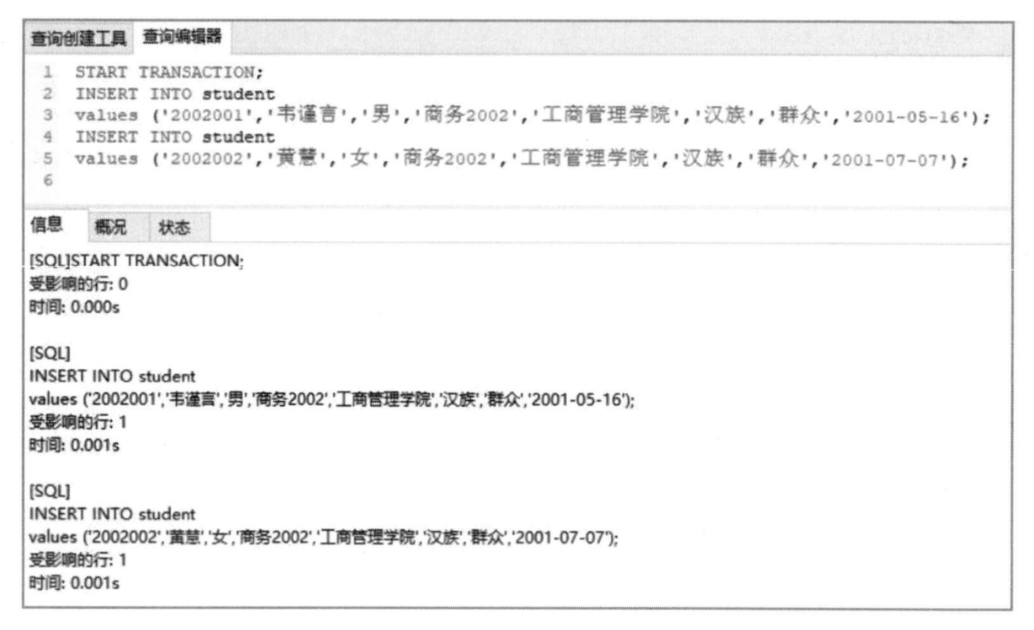

图 8-6 启动事务插入记录

执行以上 SQL 语句之后用 select 语句查询 student 表，结果如图 8-7 所示。

查询创建工具　查询编辑器

```
1 select * from student
2
```

信息　结果1　概况　状态

StudentId	StudentName	StudentSex	StudentClass	StudentDepartment	StudentNation	StudentPolitics	StudentBirthday
1001002	钱多多	男	计算机2001	信息工程学院	汉族	党员	2001-08-25 00:00:00
1001003	孙晓梅	女	计算机2001	信息工程学院	壮族	团员	2001-12-25 00:00:00
1002001	李静	女	网络2002	信息工程学院	汉族	团员	2000-01-20 00:00:00
1002002	王明伟	男	网络2002	信息工程学院	壮族	党员	2001-03-18 00:00:00
1002003	李晓蕾	女	网络2002	信息工程学院	苗族	党员	2000-10-22 00:00:00
1002004	王浩云	男	网络2002	信息工程学院	苗族	群众	2001-09-21 00:00:00
1002005	魏金木	男	网络2002	信息工程学院	汉族	群众	2002-08-28 00:00:00
2002001	韦谨言	男	商务2002	工商管理学院	汉族	群众	2001-05-16 00:00:00
2002002	黄慧	女	商务2002	工商管理学院	汉族	群众	2001-07-07 00:00:00

图 8-7 查询 student 表的记录

如果事务处理过程中出现了问题，在事务没有提交的情况下，可以进行事务的回滚。SQL 语句如下：

```
ROLLBACK;
```

ROLLBACK 语句执行完毕后，再次使用 select 语句查询 Student 表，结果如图 8-8 所示。

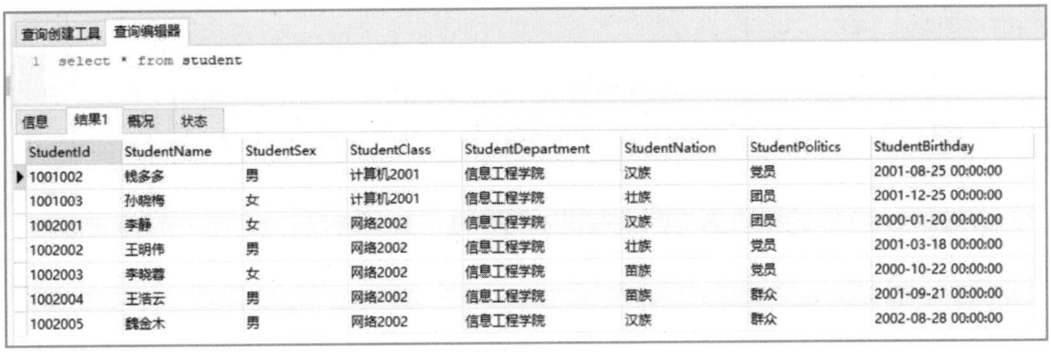

查询创建工具　查询编辑器

```
1  select * from student
```

信息　结果1　概况　状态

StudentId	StudentName	StudentSex	StudentClass	StudentDepartment	StudentNation	StudentPolitics	StudentBirthday
1001002	钱多多	男	计算机2001	信息工程学院	汉族	党员	2001-08-25 00:00:00
1001003	孙晓梅	女	计算机2001	信息工程学院	壮族	团员	2001-12-25 00:00:00
1002001	李静	女	网络2002	信息工程学院	汉族	团员	2000-01-20 00:00:00
1002002	王明伟	男	网络2002	信息工程学院	壮族	党员	2001-03-18 00:00:00
1002003	李晓蓉	女	网络2002	信息工程学院	苗族	党员	2000-10-22 00:00:00
1002004	王浩云	男	网络2002	信息工程学院	苗族	群众	2001-09-21 00:00:00
1002005	魏金木	男	网络2002	信息工程学院	汉族	群众	2002-08-28 00:00:00

图 8-8　执行 ROLLBACK 后查询 student 表的记录

从图 8-8 的查询结果可以看出，插入操作已经被取消，数据库恢复到了事务处理之前的状态。

8.4　事务并发时出现的问题

小明一边听课一边聊天。首先，人只有一个大脑（CPU），但是在同一时刻他却在执行两件事情，其实内部就是靠他的大脑在不断地切换执行。之所以老师不允许小明一边听课一边聊天，就是怕人脑切换不过来，从而导致学习效率的降低，并发和这个例子是差不多的意思。但在这里，计算机 CPU 的运行效率要比人脑快多了，所以出错的概率也相对来说小很多。下面介绍几个事务并发时可能会出现的问题。

1. 脏读

脏读就是一个事务读取了另一个事务没有提交的数据。即第一个事务正在访问数据，并且对数据进行了修改，当这些修改还没有提交时，第二个事务访问和使用了这些数据。如果第一个事务回滚，那么第二个事务访问和使用的数据就是错误的脏数据。

例如：财务处给李老师发工资，3000 元已记入李老师账户，但该事务还未提交，正好这个时候李老师去查询工资，发现 3000 元已到账。而此时财务处发现李老师工资算多了 500 元，于是回滚了事务，修改了金额后将事务提交。最后李老师实际到账的只有 2500 元。

2. 不可重复读

不可重复读是指在一个事务内，对同一数据进行了两次相同查询，但返回结果不同。这是由于在一个事务两次读取数据之间，有第二个事务对数据进行了修改，造成两次读取数据的结果不同。

例如：小明需要提取 1000 元现金，系统读到卡内余额有 2000 元，此时小明妈妈正好往卡里存 2000 元生活费，并且在小明提交事务前把 2000 元存进了账户，当小明提取现金后，系统提示余额为 3000 元。

3. 幻读

幻读是指在同一事务中，两次按相同条件查询到的记录不一样。造成幻读的原因是事务处理没有结束时，其他事务对同一数据集合进行增加或者删除了记录。

8.5 事务隔离级别

为了避免出现以上的各种并发问题，MySQL 数据库系统提供了 4 种事务隔离级别，用来隔离并发运行各个事务，每个级别的隔离程度不同，通过选择不同的隔离级别来平衡“隔离”与“并发”的矛盾，能够有效地防止脏读、不可重复读以及幻读等情况发生。

MySQL 中的 4 种事务隔离级别（由低到高）如下：

1. 未提交读

未提交读（read uncommitted）级别允许脏读，但不允许丢失更新。如果一个事务已经开始写数据，另外一个事务则不允许同时进行写操作，但允许其他事务读此行数据。该隔离级别可以通过“排他写锁”实现。

2. 已提交读

已提交读（read committed）级别允许不可重复读，但不允许脏读，该级别下的事务只能读取其他事务已经提交的数据。

3. 可重复读

可重复读（repeatable read）是 MySQL 的默认事务隔离级别，禁止不可重复读和脏读，这种隔离级别容易出现幻读的问题。它确保同一事务的多个实例并发读取数据时，读到的数据是相同的，读取数据的事务将会被禁止写事务（但允许读事务），写事务则禁止任何其他事务。

4. 序列化

序列化（serialization）级别是 MySQL 最高的事务隔离级别。它要求事务序列化执行，即事务只能一个接着一个地被执行，但不能并发执行。仅通过“行级锁定”是无法实现事务序列化的，必须通过其他机制保证新插入的数据不会被刚执行查询操作的事务访问，它通过对事务进行强制性的排序，使事务之间不会相互冲突，从而解决幻读问题。但是这种隔离级别容易出现超时现象和锁竞争。表 8-1 列出了 4 种隔离级别的比较。

表 8-1 4 种隔离级别的比较

隔离级别	读数据一致性	是否脏读	是否不可重复读	是否幻读
未提交读	最低级别，只能保证不读取物理上损坏的数据	是	是	是
已提交读	语句级	否	是	是

续表

隔离级别	读数据一致性	是否脏读	是否不可重复读	是否幻读
可重复读	事务级	否	否	是
序列化	最高级别，事务级	否	否	否

8.6 总结与训练

本章主要讲解了事务在 MySQL 中的应用，包括开始事务、提交事务和事务回滚。理解了事务的概念，所谓的事务是指由用户定义的一系列数据库的更新操作，这些操作要么都执行，要么都不执行，是一个不可分割的逻辑工作单元。

实践任务：事务的基本操作

1. 实践目的

（1）理解事务的概念以及事务的结构。

（2）掌握事务的使用方法。

2. 实践内容

（1）使用事务把 studentgradeinfo 数据库的 student 表中学号为 1001001 的学生的班级信息修改为“网络 2001”。执行完毕后，查看 student 表中该学号的记录。

（2）使用事务向 class 表中插入 3 个班的数据，内容自定。执行完毕后，分析该事务。

（3）思考事务的特点是什么？

第 9 章

事　　件

本章主要学习 MySQL 中的过程式数据库对象——事件，重点介绍创建、修改和删除事件的 SQL 语法，并通过实际的案例进行讲解。

学习目标

- 掌握创建事件的方法。
- 掌握修改事件属性的方法。
- 掌握查看事件的方法。
- 掌握删除事件的方法。

9.1　事件调度器

事件（event）是 MySQL 在相应的时刻调用的过程式数据库对象。一个事件可调用一次，也可周期性的启动，它是由一个特定的线程来管理的，也就是所谓的“事件调度器”。只有 MySQL 5.1 以上的版本才支持 MySQL 事件。

事件和触发器类似，都是在某些事情发生的时候启动。当数据库上启动一条语句的时候，触发器就启动了，而事件是根据调度事件来启动的。由于与触发器相似，所以事件也称为临时性触发器（temporal trigger）。

事件取代了原先只能由操作系统的计划任务来执行的工作，而且 MySQL 的事件调度器可以精确到每秒执行一个任务，而操作系统的计划任务（如 Linux 下的 CRON 或 Windows 下的任务计划）只能精确到每分钟执行一次。

使用调度器功能前，需要开启 MySQL 中的 EVENT_SCHEDULER。可以通过如下多种方式查看是否开启：

（1）通过命令行执行如下命令来查看当前是否开启事件调度器，执行结果如图 9-1 所示。

```
mysql> SHOW VARIABLES LIKE 'EVENT_SCHEDULER';
```

（2）通过 Navicat 工具中的“查询编辑器”查看 EVENT_SCHEDULER 是否开启，如图 9-2 所示。

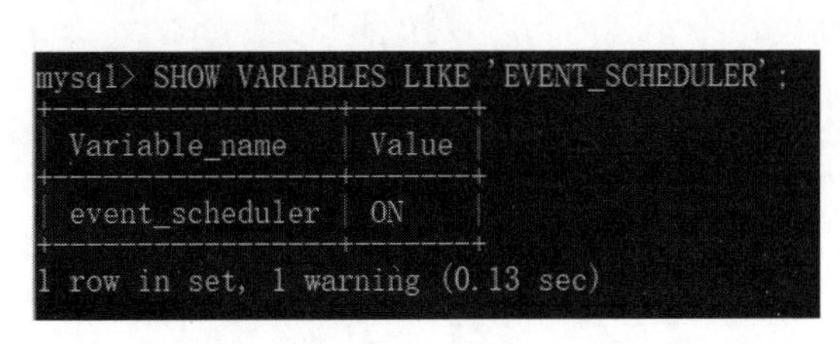

图 9-1　用命令查看 VARIABLES

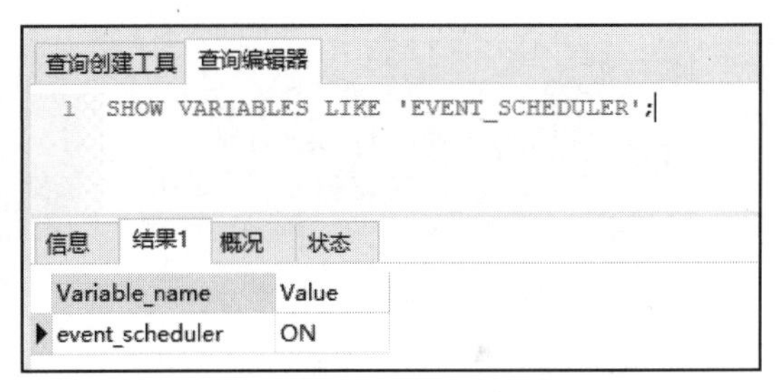

图 9-2　用工具查看 VARIABLES

（3）通过命令行执行如下命令来查看系统 EVENT_SCHEDULER 变量，执行结果如图 9-3 所示。

```
mysql> SELECT @@EVENT_SCHEDULER;
```

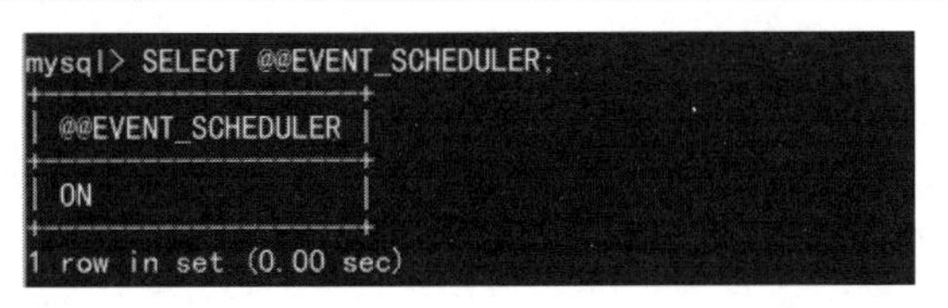

图 9-3　用命令查看 EVENT_SCHEDULER 变量

（4）通过 Navicat 工具中的“查询编辑器”查看 EVENT_SCHEDULER 变量，如图 9-4 所示。

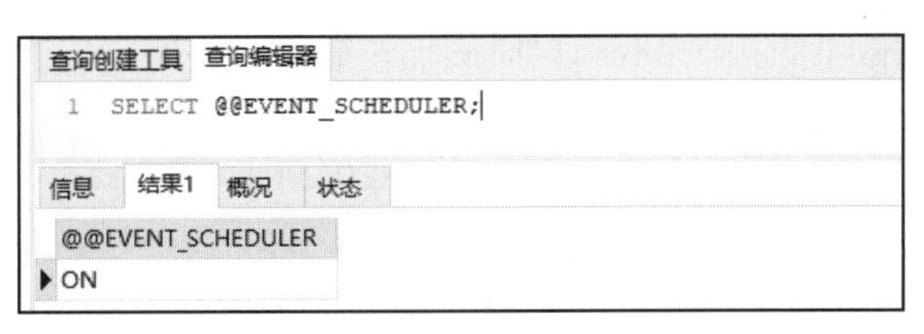

图 9-4　用工具查看 EVENT_SCHEDULER 变量

如果没有 EVENT_SCHEDULER 被开启，在命令行可以通过两种方法开启。

（1）执行如下两命令语句之一开启：

```
mysql> SET GLOBAL EVENT_SCHEDULER=1;
mysql> SET GLOBAL EVENT_SCHEDULER=TRUE;
```

这种方法也可以通过 Navicat 工具中的“查询编辑器”进行设置。

（2）修改配置文件 my.ini，在该文件中加上“EVENT_SCHEDULER=1”或“SET GLOBAL EVENT_SCHEDULER=ON”。

9.2　创建事件

创建事件可以通过 CREATE EVENT 语句来完成，其语法格式如下：

```
CREATE EVENT
```

```
    [IF NOT EXISTS]
    event_name
    ON SCHEDULE schedule
    [ENABLE | DISABLE | DISABLE ON SLAVE]
    DO event_body;
```

其中，schedule 的语法格式为：

```
AT timestamp [+ INTERVAL interval] ...
| EVERY interval
[STARTS timestamp [+ INTERVAL interval] ...]
[ENDS timestamp [+ INTERVAL interval] ...]
```

interval 的语法格式为：

```
quantity {YEAR | QUARTER | MONTH | DAY | HOUR | MINUTE |
    WEEK | SECOND | YEAR_MONTH | DAY_HOUR |
    DAY_MINUTE |DAY_SECOND | HOUR_MINUTE |
    HOUR_SECOND | MINUTE_SECOND}
```

参数说明：

（1）event_name：指定事件名，前面可以添加关键字[IF NOT EXISTS]来修饰。

（2）schedule：时间调度，用于指定事件何时发生或者每隔多久发生一次，分别对应下面两个子句：

- AT 子句：用于指定事件在某个时刻发生。
  - timestamp：表示一个具体的时间点，后面可以加上一个时间间隔，表示在这个时间间隔后事件发生。
  - interval：表示这个时间间隔由一个数值和单位构成。
  - quantity：表示间隔时间的数值。
- EVERY 子句：表示事件在指定时间区间内每间隔多长时间发生一次。其中，STARTS 子句用于指定开始时间，ENDS 子句用于指定结束时间。

（3）[ENABLE | DISABLE | DISABLE ON SLAVE]：可选项，表示事件是一种属性。

- ENABLE：表示事件是活动的，意味着调试器检查事件运作是否必须调用。
- DISABLE：表示事件是关闭的，意味着事件的声明存储到目录中，但是调度器不会检查它是否应该调用。
- DISABLE ON SLAVE：此选项是从库自动设置的，主库只需设置 ENABLE 或者 DISABLE。如果不指定这三个选项中的任何一个，则在一个事件创建之后，它立即变为活动的。

（4）event_body：DO 子句中的 event_body 部分用于指定事件启动时所要求执行的代码。如果包含多条语句，可以使用 BEGIN...END 复合结构。

【例 9-1】重新创建一个新的数据表 newstu，以此新的数据表为例讲解事件。将 student 数据表中的 4 个字段 studentname，studentsex，studentclass，studentdepartment 作为新表的字段。创建一个事件，用于每隔 5 秒向表 newstu 插入一条数据，该事件开始于 5 秒后并在 2022-10-7 日 23:00:00 结束。

（1）首先在命令行中创建数据表 newstu，如图 9-5 所示。

```
mysql> create table newstu select studentname,studentsex,studentclass,studentdepartment from student;
Query OK, 15 rows affected (1.24 sec)
Records: 15  Duplicates: 0  Warnings: 0
```

图 9-5　在命令行中创建新表

查看数据表 newstu 中的数据，如图 9-6 所示。

```
mysql> select * from newstu;
+-------------+------------+--------------+-------------------+
| studentname | studentsex | studentclass | studentdepartment |
+-------------+------------+--------------+-------------------+
| 赵明亮      | 男         | 计算机2001   | 信息工程          |
| 钱多多      | 男         | 计算机2001   | 信息工程学院      |
| 孙晓梅      | 女         | 计算机2001   | 信息工程学院      |
| 李静        | 女         | 网络2002     | 信息工程学院      |
| 王明伟      | 男         | 网络2002     | 信息工程学院      |
| 李晓蓉      | 女         | 网络2002     | 信息工程学院      |
| 王浩云      | 男         | 网络2002     | 信息工程学院      |
| 魏金木      | 男         | 网络2002     | 信息工程学院      |
| 韦谨言      | 男         | 商务2002     | 工商管理学院      |
| 黄慧        | 女         | 商务2002     | 工商管理学院      |
| 李运国      | 男         | 动漫2001     | 艺术学院          |
| 张轩宇      | 男         | 动漫2001     | 艺术学院          |
| 李强        | 男         | 机械2001     | 机械工程学院      |
| 莫小荣      | 男         | 机械2001     | 机械工程学院      |
| 李佳欣      | 女         | 汽修2001     | 交通工程学院      |
+-------------+------------+--------------+-------------------+
15 rows in set (0.00 sec)
```

图 9-6　查看表数据

（2）创建事件 event_insert，SQL 代码如下：

```
DELIMITER $$
CREATE EVENT IF NOT EXISTS  event_insert
ON SCHEDULE EVERY 5 SECOND
STARTS CURDATE()+INTERVAL 5 SECOND
ENDS '2022-10-7 23:00:00'
DO
BEGIN
INSERT INTO newstu
values('jgw','L','china','computer');
END  $$
```

在命令行中创建事件，如图 9-7 所示。

```
mysql> DELIMITER $$
mysql> CREATE EVENT IF NOT EXISTS event_insert
    -> ON SCHEDULE EVERY 5 SECOND
    -> STARTS CURDATE()+INTERVAL 5 SECOND
    -> ENDS '2022-10-7 23:00:00'
    ->  DO
    ->  BEGIN
    ->  INSERT INTO st
    ->  values('jgw','L','china','computer');
    -> END
    -> $$
Query OK, 0 rows affected (0.21 sec)
```

图 9-7　新建事件

间隔几秒后查看数据表 newstu 中的数据，其在不断地添加数据，直到 2022-10-7

23:00:00 后，将不再添加数据，如图 9-8 所示。

```
mysql> select * from newstu;
+--------------+------------+--------------+-------------------+
| studentname  | studentsex | studentclass | studentdepartment |
+--------------+------------+--------------+-------------------+
| 赵明亮       | 男         | 计算机2001   | 信息工程          |
| 钱多多       | 男         | 计算机2001   | 信息工程学院      |
| 孙晓梅       | 女         | 计算机2001   | 信息工程学院      |
| 李静         | 女         | 网络2002     | 信息工程学院      |
| 王明伟       | 男         | 网络2002     | 信息工程学院      |
| 李晓蓉       | 女         | 网络2002     | 信息工程学院      |
| 王浩云       | 男         | 网络2002     | 信息工程学院      |
| 魏金木       | 男         | 网络2002     | 信息工程学院      |
| 韦谨言       | 男         | 商务2002     | 工商管理学院      |
| 黄慧         | 女         | 商务2002     | 工商管理学院      |
| 李运国       | 男         | 动漫2001     | 艺术学院          |
| 张轩宇       | 男         | 动漫2001     | 艺术学院          |
| 李强         | 男         | 机械2001     | 机械工程学院      |
| 莫小荣       | 男         | 机械2001     | 机械工程学院      |
| 李佳欣       | 女         | 汽修2001     | 交通工程学院      |
| jgw          | L          | china        | computer          |
| jgw          | L          | china        | computer          |
| jgw          | L          | china        | computer          |
| jgw          | L          | china        | computer          |
+--------------+------------+--------------+-------------------+
19 rows in set (0.00 sec)
```

图 9-8　在命令行查看数据

创建事件，也可以通过 Navicat 工具进行设置，也能达到同样的效果。

（1）首先创建好数据表 newstu，查看数据表 newstu 的内容，如图 9-9 所示。

对象　newstu @studentgradeinfo ...

开始事务　备注　筛选　排序　导入　导出

studentname	studentsex	studentclass	studentdepartment
赵明亮	男	计算机2001	信息工程
钱多多	男	计算机2001	信息工程学院
孙晓梅	女	计算机2001	信息工程学院
李静	女	网络2002	信息工程学院
王明伟	男	网络2002	信息工程学院
李晓蓉	女	网络2002	信息工程学院
王浩云	男	网络2002	信息工程学院
魏金木	男	网络2002	信息工程学院
韦谨言	男	商务2002	工商管理学院
黄慧	女	商务2002	工商管理学院
李运国	男	动漫2001	艺术学院
张轩宇	男	动漫2001	艺术学院
李强	男	机械2001	机械工程学院
莫小荣	男	机械2001	机械工程学院
李佳欣	女	汽修2001	交通工程学院

图 9-9　newstu 表中原始数据

（2）在 Navicat 工具中，单击“事件”，选择“新建”，在“计划”选项卡中选择“EVERY”项，输入开始时间和结束时间（实际操作时，请根据实际的时间自行修改开始时间与结束时间，开始时间在当前系统时间之后，结束时间在开始时间之后），然后单击“保存”按钮，输入事件名 event_insert，如图 9-10 所示。

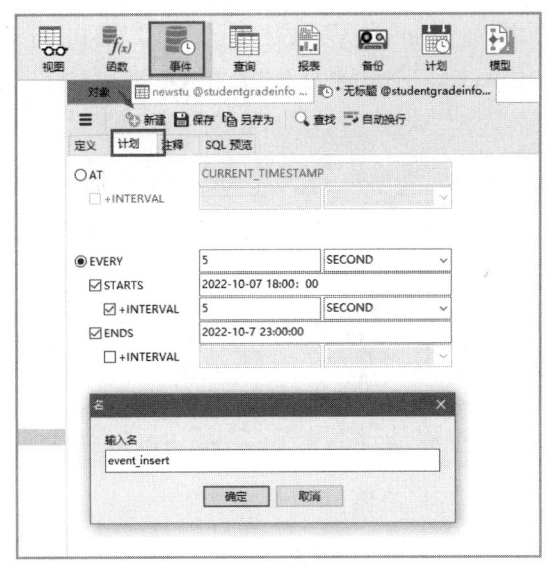

图 9-10 在“计划”选项卡中输入的数据

（3）在“定义”选项卡中输入需要执行的操作命令代码，如图 9-11 所示。

```
INSERT INTO newstu values('jgw','L','china','computer')
```

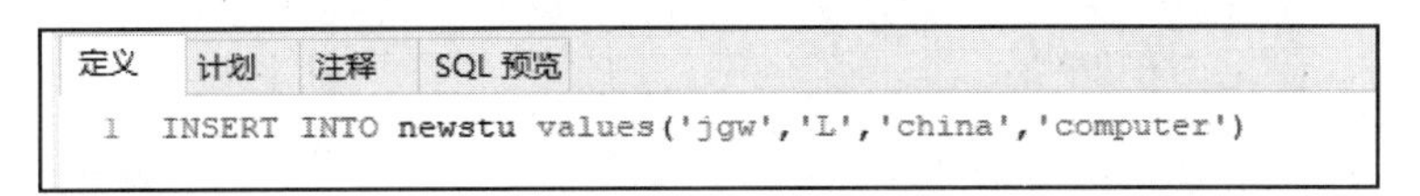

图 9-11 在“定义”选项卡中输入的命令

在 Navicat 工具中打开 newstu 数据表，可见表中已经插入很多条数据，如果没有到结束时间，它会一直间隔 5 秒加一条记录，直至结束时间，如图 9-12 所示。

studentname	studentsex	studentclass	studentdepartment
赵明亮	男	计算机2001	信息工程
钱多多	男	计算机2001	信息工程学院
孙晓梅	女	计算机2001	信息工程学院
李静	女	网络2002	信息工程学院
王明伟	男	网络2002	信息工程学院
李晓蕾	女	网络2002	信息工程学院
王浩云	男	网络2002	信息工程学院
魏金木	男	网络2002	信息工程学院
韦谨言	男	商务2002	工商管理学院
黄慧	女	商务2002	工商管理学院
李运国	男	动漫2001	艺术学院
张轩宇	男	动漫2001	艺术学院
李强	男	机械2001	机械工程学院
莫小荣	男	机械2001	机械工程学院
李佳欣	女	汽修2001	交通工程学院
jgw	L	china	computer
jgw	L	china	computer
jgw	L	china	computer
jgw	L	china	computer
jgw	L	china	computer
jgw	L	china	computer
jgw	L	china	computer
jgw	L	china	computer

图 9-12 定时插入数据

【例 9-2】创建一个事件 event_up，要求在 2022-10-7 17:30:00 分将表 newstu 中姓名为“李佳欣”记录中的 studentsex 字段设置为“男”。SQL 代码如下：

```
DELIMITER $$
CREATE EVENT IF NOT EXISTS  event_up
ON SCHEDULE AT TIMESTAMP '2022-10-7 17:30:00'
DO UPDATE  newstu SET studentsex="男"  WHERE studentname="李佳欣";
```

在命令行中创建事件，如图 9-13 所示。

```
mysql> DELIMITER $$
mysql> CREATE EVENT IF NOT EXISTS  event_up
    -> ON SCHEDULE AT TIMESTAMP '2022-10-7 17:30:00'
    -> DO UPDATE  newstu SET studentsex="男"  WHERE studentname="李佳欣";
    -> $$
Query OK, 0 rows affected (0.47 sec)
```

图 9-13　创建事件

到达指定的时间后，在命令行查看数据，显示结果发生了变化，已经将李佳欣的性别由“女”更新成了“男”，如图 9-14 所示。

```
mysql> select * from newstu;
+-------------+------------+--------------+-------------------+
| studentname | studentsex | studentclass | studentdepartment |
+-------------+------------+--------------+-------------------+
| 赵明亮      | 男         | 计算机2001   | 信息工程          |
| 钱多多      | 男         | 计算机2001   | 信息工程学院      |
| 孙晓梅      | 女         | 计算机2001   | 信息工程学院      |
| 李静        | 女         | 网络2002     | 信息工程学院      |
| 王明伟      | 男         | 网络2002     | 信息工程学院      |
| 李晓蓉      | 女         | 网络2002     | 信息工程学院      |
| 王浩云      | 男         | 网络2002     | 信息工程学院      |
| 魏金木      | 男         | 网络2002     | 信息工程学院      |
| 韦谨言      | 男         | 商务2002     | 工商管理学院      |
| 黄慧        | 女         | 商务2002     | 工商管理学院      |
| 李运国      | 男         | 动漫2001     | 艺术学院          |
| 张轩宇      | 男         | 动漫2001     | 艺术学院          |
| 李强        | 男         | 机械2001     | 机械工程学院      |
| 莫小荣      | 男         | 机械2001     | 机械工程学院      |
| 李佳欣      | 男         | 汽修2001     | 交通工程学院      |
+-------------+------------+--------------+-------------------+
15 rows in set (0.00 sec)
```

图 9-14　在命令行查看数据

在 Navicat 中设置事件的操作方法也很简单，选择数据库下的“事件”，单击“新建”，在“定义”选项卡中输入需要执行的代码，如图 9-15 所示。

图 9-15　在 Navicat 中设置事件执行代码

在“计划”选项卡中，单击 AT 选项，输入指定的开始执行时间 2022-10-7 17:30:00（实际操作时，请根据实际的时间自行修改开始时间），并保存事件名为 event_up，如图 9-16 所示。

图 9-16　在 Navicat 中设置事件执行时间

下面几个案例操作相对比较简单，以命令行的方式进行操作讲解，请大家在 Navicat 工具中设置并完成测试。

【例 9-3】创建一个事件 event_tr，要求 5 天后每天定时清空 studentgradeinfo 数据库中的数据表 newstu。SQL 代码如下：

```
CREATE EVENT event_tr
ON SCHEDULE EVERY 1 DAY
STARTS CURRENT_TIMESTAMP + INTERVAL 5 DAY
DO TRUNCATE TABLE studentgradeinfo.newstu;
```

9.3　修改事件与查看事件状态

事件创建之后，可以通过 ALTER EVENT 语句修改其定义和相关属性。其语法格式如下：

```
ALTER EVENT event_name
    [ON SCHEDULE schedule]
    [RENAME TO new_event_name]
    [[ENABLE | DISABLE | DISABLE ON SLAVE]]
    [DO event_body]
```

ALTER EVENT 语句与 CREATE EVENT 语句使用的语法相似，这里不再重复讲解。用户可以使用一条 ALTER EVENT 语句让一个事件关闭或再次让其活动。

注意：一个事件最后一次被调用后，它是无法被修改的，因为此时它已不存在了。

【例 9-4】查看正在运行的事件状态，可以通过 SHOW EVENTS 语句来实现，如图 9-17 所示。

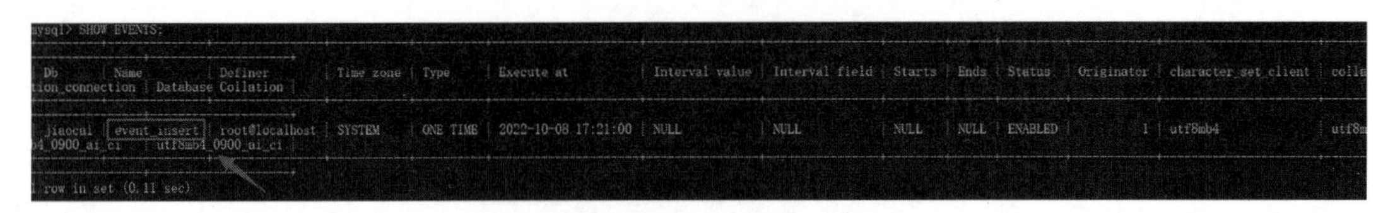

图 9-17　查看事件状态

【例 9-5】临时关闭一个事件 event_insert，可以通过下面的代码实现，如图 9-18 所示。

```
mysql> ALTER EVENT event_insert DISABLE;
```

```
mysql> ALTER EVENT event_insert DISABLE;
Query OK, 0 rows affected (0.25 sec)
```

图 9-18　关闭事件

【例 9-6】再次开启临时关闭的事件 event_insert，可以通过下面的代码实现，如图 9-19 所示。

```
mysql> ALTER EVENT event_insert ENABLE;
```

```
mysql> ALTER EVENT event_insert ENABLE;
Query OK, 0 rows affected (0.47 sec)
```

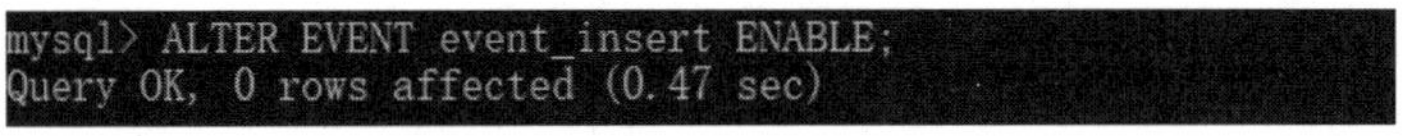

图 9-19　重启事件

【例 9-7】修改事件 event_insert 的名字，可以通过下面的代码实现，如图 9-20 所示。

```
mysql> ALTER EVENT event_insert RENAME TO e_insert;
```

```
mysql> ALTER EVENT event_insert RENAME TO e_insert;
Query OK, 0 rows affected (0.52 sec)
```

图 9-20　修改事件

9.4　删除事件

使用 DROP EVENT 语句删除已经创建的事件，其语法格式如下：

```
DROP EVENT [IF EXISTS] event_name
```

【例 9-8】删除事件 event_insert，可以通过下面的代码实现，如图 9-21 所示。

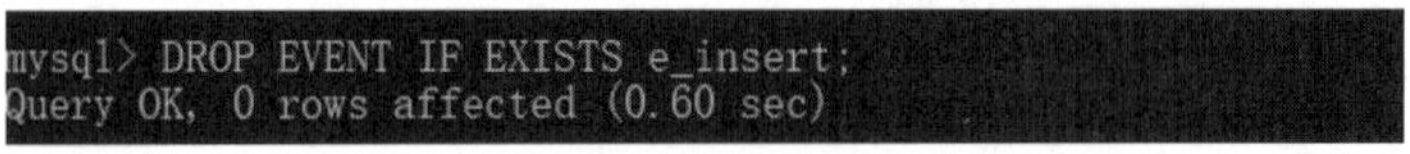

```
mysql> DROP EVENT IF EXISTS e_insert;
Query OK, 0 rows affected (0.60 sec)
```

图 9-21　删除事件

9.5　总结与训练

本章主要讲解了事件在 MySQL 数据库中的应用，从事件的创建、修改、删除，查看

等方面进行了讲解。本节内容也同时出现在全国计算机等级考试二级 MySQL 的考试大纲中。

实践任务：事件的基本操作

1. 实践目的

（1）掌握事件的创建方法。
（2）掌握事件的修改方法。
（3）掌握事件的删除方法。
（4）掌握事件的查看方法。

2. 实践内容

（1）请自己尝试在数据库中创建一个事件，用于每周将表 grade 中的 Score 字段的值自动增加 10 分，该事件开始于下周并且在 2023 年 3 月 10 日结束（结束时间自定）。
（2）临时关闭第（1）题中创建的事件。
（3）再次开启第（2）题中临时关闭的事件。
（4）简述什么是事件。

第10章 存储过程与存储函数

存储过程与存储函数是 MySQL 支持的过程式数据库对象，能够将复杂的 SQL 逻辑封装在一起，应用程序无须关注存储过程和存储函数内部复杂的 SQL 逻辑，只需要简单地调用存储过程和存储函数即可。使用存储过程和存储函数可以提高数据库的处理速度，提高数据库编程的灵活性。

学习目标

- 了解什么是存储过程与存储函数。
- 了解存储程序的类型。
- 理解存储过程与存储函数的作用。
- 掌握存储过程与存储函数的创建和管理。

10.1 存储过程

存储过程是存储在数据库目录中的一段声明式 SQL 语句，它可以被触发器、其他存储过程及应用调用，调用自身的存储过程称为递归存储过程。MySQL 的存储过程有利有弊，在开发过程中，要根据自己的业务需求决定是否使用存储过程。

10.1.1 什么是存储过程

在大型数据库系统中，存储过程是一组为了完成特定功能的 SQL 语句集。一个存储过程是一个可编程的函数，它在数据库中创建并保存，一般由 SQL 语句和一些特殊的控制结构组成。使用存储过程不仅可以提高数据库的访问效率，同时也可以提高数据库使用的安全性。

MySQL 5.0 版本以前并不支持存储过程，这使 MySQL 在应用上大打折扣。MySQL 从 5.0 版本开始支持存储过程，既提高了数据库的处理速度，同时也提高了数据库编程的灵活性。

10.1.2 存储程序的类型

存放在 MySQL 服务器端，供重复使用的对象叫作存储程序。存储程序分为以下 4 种：

1. 存储过程（stored procedure）

存储过程不直接返回一个计算结果，但可以用来完成一般的运算或是生成一个结果集并传递回客户端。一条 SQL 语句如果比作一行 java 代码，存储过程就相当于一个 java 方法，可以包含许多 SQL 语句，能进行更复杂的操作。

2. 存储函数（stored function）

存储函数返回一个计算结果，该结果可以用在表达式里。就相当于自定义 MySQL 函数一样，它的作用和 MySQL 函数类似，只不过需要用户自己去定义。

3. 触发器（trigger）

触发器与数据表相关联，当那个数据表被 INSERT、DELETE 或 UPDATE 语句修改时，触发器将自动执行。如果表关联了触发器，当表数据有修改操作时，触发器将自动执行，至于做什么是自定义的。

4. 事件（event）

事件根据时间表在预定时刻自动执行。例如，可以自己设定一个开始时间，然后让它每隔指定的时间段重复做某些事情。

10.1.3 存储过程的作用

MySQL 存储过程具有以下 5 个作用：

（1）存储过程的使用，提高了程序设计的灵活性。存储过程可以使用流程控制语句组织程序结构，方便实现结构较复杂的程序的编写，使设计过程具有很强的灵活性。

（2）存储过程把一组功能代码作为单位组件。一旦被创建，存储过程作为一个整体，可以被其他程序多次反复调用。

（3）MySQL 存储过程是按需编译的。在编译存储过程之后，MySQL 将其放入缓存中。MySQL 为每个连接维护自己的存储过程高速缓存。如果应用程序在单个连接中多次使用存储过程，则使用编译版本，否则存储过程的工作方式类似于查询。

（4）存储过程有助于减少应用程序和数据库服务器之间的流量。因为应用程序不必发送多个冗长的 SQL 语句，只发送存储过程中的名称和参数即可。

（5）存储的程序是安全的。数据库管理员可以向访问数据库中存储过程的应用程序授予适当的权限，但不向基础数据库表提供任何权限。

10.1.4 创建存储过程

1. 利用 CREATE PROCEDURE 语句创建存储过程

在 MySQL 中，创建存储过程的语法格式如下：

```
CREATE PROCEDURE sp_name([proc_parameter[,…]])
[characteristic…]
routine_body
```

参数说明：

- CREATE PROCEDURE：创建存储过程的关键字。
- sp_name：存储过程的名称。建立这个名称时，要避免和 MySQL 内置函数的名称相同。
- proc_parameter：存储过程的参数列表。格式如下：

```
[IN|OUT|INOUT]param_name type
```

  - IN 表示输入参数。
  - OUT 表示输出参数。
  - INOUT 表示既可以输入参数也可以输出参数。
  - Param_name 表示参数名称。
  - type 表示参数的类型。

参数的命名要避免和数据表的字段名相同。

- characteristic：存储过程的特性。格式如下：

```
LANGUAGE SQL|[NOT] DETERMINISTIC|{CONTAINS SQL|NO SQL|READS SQL DATA|MO
DIFIES SQL DATA}|SQL SECURITY{DEFINER|INVOKER}|COMMENT 'string'
```

  - LANGUAGE SQL：说明 routine_body 部分是由 SQL 语句组成的，当前系统支持的语言为 SQL。SQL 是 LANGUAGE 特性的唯一值。
  - [NOT] DETERMINISTIC：指明存储过程执行的结果是否正确。默认为 NOT DETERMINISTIC。
  - {CONTAINS SQL|NO SQL|READS SQL DATA|MODIFIES SQL DATA}：CONTAINS SQL 表示存储程序不包含读或写数据的语句；NO SQL 表示存储程序不包含 SQL 语句；READS SQL DATA 表示存储程序包含读数据的语句；MODIFIES SQL DATA 表示存储程序包含写数据的语句。
  - SQL SECURITY{DEFINER|INVOKER}：指明谁有权限来执行该存储过程。DEFINER 表示只有定义者才能执行。INVOKER 表示拥有权限的调用者可以执行存储程序。
  - COMMENT 'string'：注释信息，可以用来描述存储过程或函数。

- routine_body：表示存储过程的程序体，以 BEGIN 表示 SQL 代码的开始，以 END 表示 SQL 代码的结束。如果存储过程的程序体中仅有一条 SQL 语句，可以

省略 BEGIN 和 END 标志。

【例 10-1】创建一个存储过程 proc_stud，从数据库 studentgradeinfo 的 student 表中检索出所有民族为“汉族”的学生的学号、姓名、性别等相关信息。如图 10-1 所示。SQL 代码如下：

```
--打开 studentgradeinfo 数据库
USE studentgradeinfo;
--创建存储过程
CREATE PROCEDURE proc_stud()
BEGIN
   SELECT StudentId, StudentName,StudentSex,StudentClass,StudentDepartmen
t,
   StudentNation,StudentPolitics,StudentBirthday FROM student
   WHERE StudentNation LIKE '%汉族%' ORDER BY StudentId;
END;
CALL proc_stud();
```

执行存储过程 proc_stud，返回所有民族是“汉族”的学生信息，执行结果如图 10-1 所示。

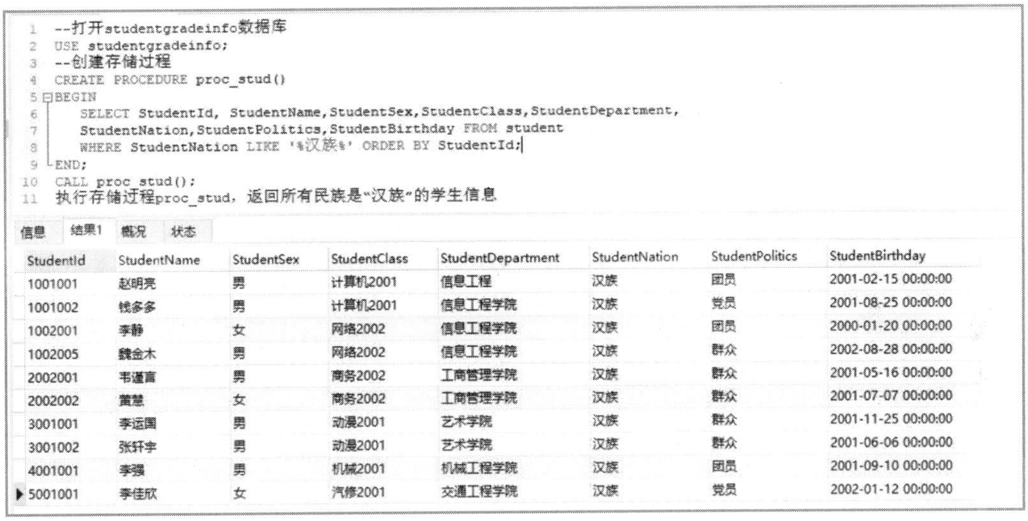

```
1  --打开studentgradeinfo数据库
2  USE studentgradeinfo;
3  --创建存储过程
4  CREATE PROCEDURE proc_stud()
5  BEGIN
6     SELECT StudentId, StudentName,StudentSex,StudentClass,StudentDepartment,
7     StudentNation,StudentPolitics,StudentBirthday FROM student
8     WHERE StudentNation LIKE '%汉族%' ORDER BY StudentId;
9  END;
10 CALL proc_stud();
11 执行存储过程proc_stud，返回所有民族是“汉族”的学生信息
```

信息　结果1　概况　状态

StudentId	StudentName	StudentSex	StudentClass	StudentDepartment	StudentNation	StudentPolitics	StudentBirthday
1001001	赵明亮	男	计算机2001	信息工程	汉族	团员	2001-02-15 00:00:00
1001002	钱多多	男	计算机2001	信息工程学院	汉族	党员	2001-08-25 00:00:00
1002001	李静	女	网络2002	信息工程学院	汉族	团员	2000-01-20 00:00:00
1002005	魏金木	男	网络2002	信息工程学院	汉族	群众	2002-08-28 00:00:00
2002001	韦谨言	男	商务2002	工商管理学院	汉族	群众	2001-05-16 00:00:00
2002002	黄慧	女	商务2002	工商管理学院	汉族	群众	2001-07-07 00:00:00
3001001	李运国	男	动漫2001	艺术学院	汉族	群众	2001-11-25 00:00:00
3001002	张轩宇	男	动漫2001	艺术学院	汉族	群众	2001-06-06 00:00:00
4001001	李强	男	机械2001	机械工程学院	汉族	团员	2001-09-10 00:00:00
5001001	李佳欣	女	汽修2001	交通工程学院	汉族	党员	2002-01-12 00:00:00

图 10-1　执行存储过程 proc_stud

2. 利用 Navicat 创建存储过程

利用 Navicat 创建存储过程更简单、方便，操作步骤如下：

（1）在 Navicat 中连接 MySQL 服务器。

（2）分以下两种方法创建存储过程。

方法 1：在 localhost_3306→studentgradeinfo 下，单击“新建函数”按钮，如图 10-2 所示。

方法 2：用鼠标右击 studentgradeinfo 下的“函数”，在弹出的快捷菜单中选择“新建函数”命令。

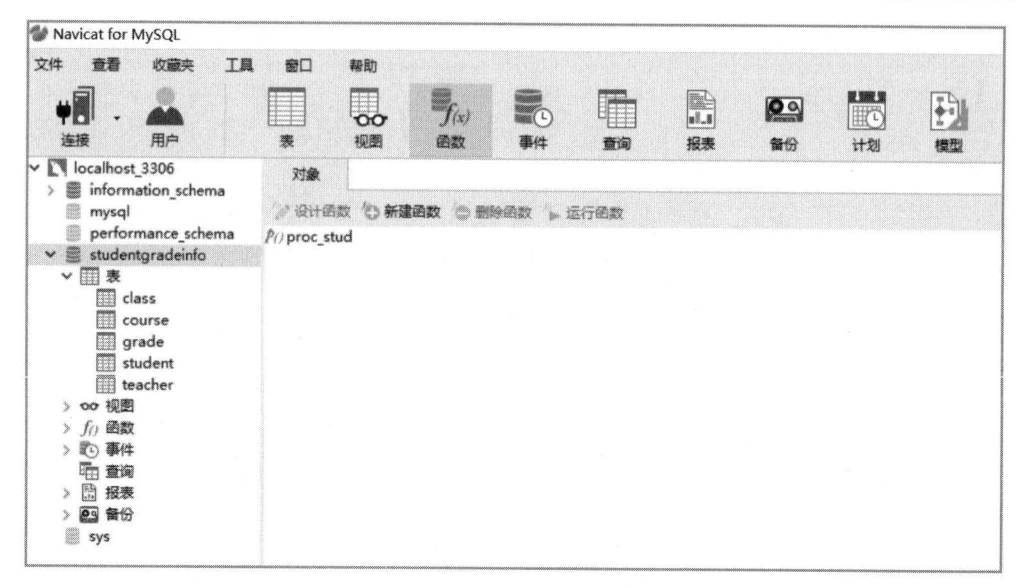

图 10-2　新建函数

（3）打开“函数向导”窗口，选择要创建的例程类型，选择“过程”，单击“下一步”按钮，如图 10-3 所示。

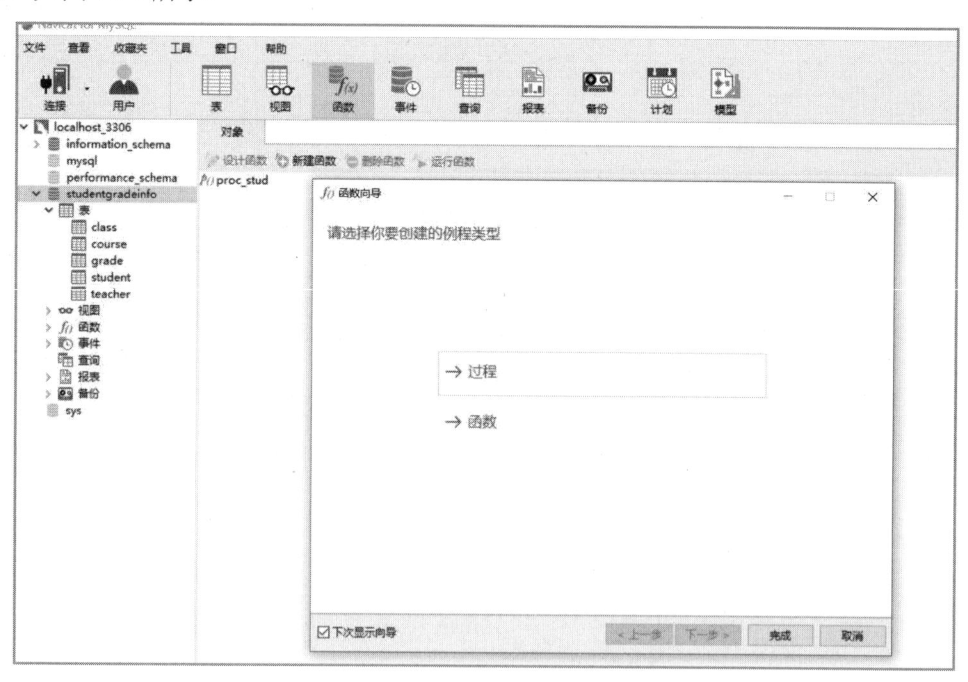

图 10-3　选择例程类型

（4）进入参数设置界面，其中“模式”表示参数的类型（IN、OUT、INOUT），“名”表示参数的名称，“类型”表示该参数的数据类型。如果参数不止一个，可以单击左下方的“＋”按钮添加；如果要删除参数，可以单击左下方的“－”按钮。“↑”按钮和“↓”按钮可以使光标在各个参数之间转移，如图 10-4 所示。

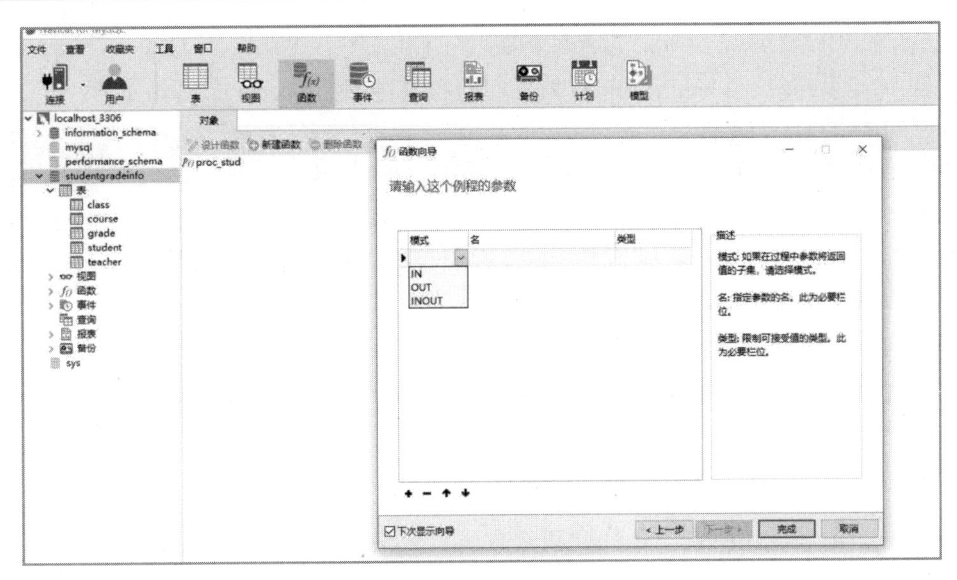

图 10-4　设置参数

（5）参数设置完成后，单击“完成”按钮，进入下一步操作。此时用户就可以在 BEGIN 和 END 之间输入 SQL 语句了。输入完成后，单击窗口上方的“保存”按钮，如图 10-5 所示。

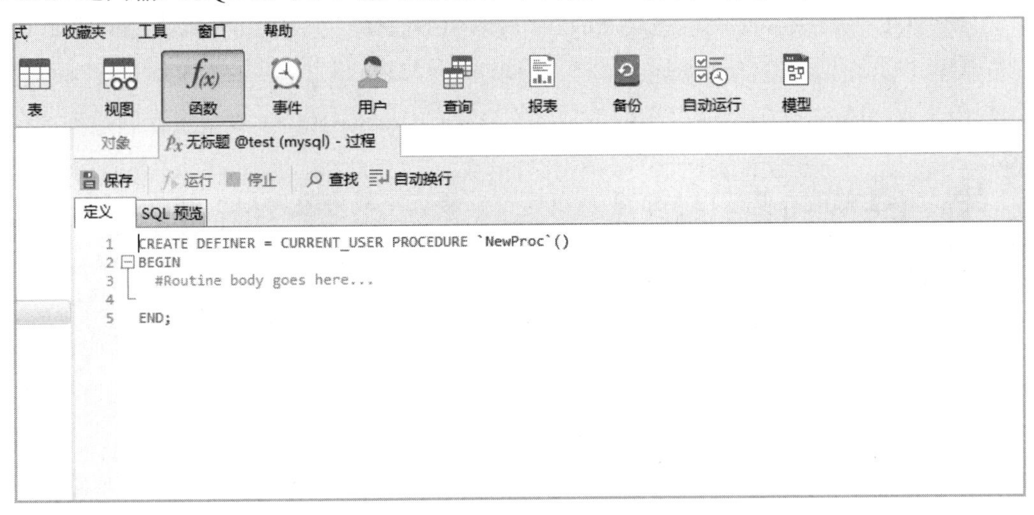

图 10-5　输入 SQL 语句

10.1.5　管理存储过程

1. 查看存储过程

存储过程和函数的信息存储在 information_schema 数据库下的 Routines 表中。可以通过查询该表的记录来查询存储过程的信息。其基本语法格式如下：

```
select name from mysql.proc where db='数据库名';
select routine_name from information_schema.Routines
```

```
where routine_ schema = '数据库名';
```

【例 10-2】查看 studentgradeinfo 数据库内存储过程信息。SQL 语句如下：

```
USE studentgradeinfo;
select * from mysql.proc where db='studentgradeinfo';
```

在 MySQL 中，存储过程创建以后，用户也可以使用 show status 语句或 show create 语句来查看存储过程的名称和详细信息，以及存储过程的定义信息。其基本语法格式如下：

显示数据库内存储过程的名称和详细信息：

```
SHOW PROCEDURE status [LIKE 'pattern'];
```

PROCEDURE 表示查询存储函数；LIKE ‘pattern’ 用来匹配存储过程的名称。

查看存储过程的定义语句等信息：

```
SHOW CREATE PROCEDURE 数据库.存储过程名
```

【例 10-3】查看存储过程 p_student 的定义。SQL 语句如下：

```
USE studentgradeinfo;
SHOW CREATE PROCEDURE p_student\G ;
```

2. 修改存储过程

在 MySQL 中修改存储过程通过 ALTER PROCEDURE 完成。其基本语法格式如下：

```
ALTER PROCEDURE proc_name [characteristic... ]
```

参数 proc_name 表示存储过程或函数的名称；Characteristic 参数指定存储过程或函数的特性。

【例 10-4】修改存储过程 p_student 的定义，将读写权限改为 MODIFIES SQL DATA，并指明调用者可以执行。SQL 语句如下：

```
ALTER PROCEDURE p_student
  MODIFIES SQL DATA
  SQL SECURITY INVOKER;
```

3. 删除存储过程

在 MySQL 中删除存储过程，可以通过 DROP PROCEDURE 语句完成。其基本语法格式如下：

```
DROP PROCEDURE[IF EXISTS] proc_name;
```

其中，关键字 DROP PROCEDURE 用来实现删除存储过程；参数 proc_name 表示所要删除的存储过程名称。执行删除时如果存储过程不存在，使用 IF EXISTS 语句即可防止发生错误。

【例 10-5】删除 studentgradeinfo 数据库中的存储过程 proc_stud。SQL 语句如下：

```
USE studentgradeinfo;
DROP PROCEDURE proc_stud
```

10.2 存 储 函 数

在 MySQL 中，存在一种与存储过程十分相似的过程式数据库对象——存储函数。它与存储过程一样，都是由 SQL 语句和过程式语句组成的代码片段，并且可以被应用程序和其他 SQL 语句调用。

10.2.1 MySQL 常用函数

（1）字符串函数及功能，如表 10-1 所示。

表 10-1　字符串函数及功能

函 数 名 称	功 能 描 述
ASCII（char）	返回字符的 ASCII 码值
CONCAT(s1,s2...，sn)	将字符串 s1,s2...，sn 连接成一个字符串
LOWER(str)	将字符串转为小写字符
UPPER(str)	将字符串转为大写字符
LEFT(str, x)	返回字符串中最左边的 x 个字符
RIGHT(str, x)	返回字符串中最右边的 x 个字符
LENGTH(s)	返回字符串中的字符数
LTRIM(str)	从字符串中去掉开头的空格
RTRIM(str)	从字符串中去掉尾部的空格
TRIM(str)	去除字符串首部和尾部的所有空格
POSITION(substr,str)	返回子串 substr 在字符串 str 中第一次出现的位置
REVERSE(str)	返回颠倒字符串 str 后的结果
SRTCMP(s1,s2)	比较字符串 s1 和 s2 的大小，s1 比 s2 小时返回-1，s1 比 s2 大则返回 1，s1 等于 s2 时返回 0

（2）数学函数及功能，如表 10-2 所示。

表 10-2　数学函数及功能

函 数 名 称	功 能 描 述
ABS(x)	返回 x 的绝对值
BIN(x)	返回 x 的二进制值
CEILING(x)	返回大于等于 x 的最小整数值
EXP(x)	返回自然对数 e 的 x 次方
FLOOP(x)	返回小于等于 x 的最大整数值
LN(x)	返回 x 的自然对数
LOG(x,y)	返回 x 以 y 为底的对数
MOD(x,y)	返回 x / y 的余数

续表

函数名称	功能描述
PI()	返回圆周率的值
RAND( )	返回 0 到 1 的随机数
ROUND(x,y)	返回 x 四舍五入 y 位小数的值
SIGN(x)	返回 x 的符号。其中-1 代表负数，1 代表正数，0 代表 0
SQRT(x)	返回 x 的平方根

（3）日期和时间函数及功能，如表 10-3 所示。

表 10-3　日期和时间函数及功能

函数名称	功能描述
CURDATE()、CURTIME()	获取当前的系统日期或系统时间
NOW()	返回当前日期和时间值，格式为 YYYY-MM-DD HH:MM:SS
YEAR(date)	返回 date 对应的年份，范围是 1000～9999
MONTH(date)	返回 date 对应的月份，范围是 1～12
DAY(date)	返回 date 对应的天，范围是 1～31
WEEK (date)	返回 date 对应的周数，范围是 0～53
WEEKDAY(date)	返回 date 对应的工作日索引，0 表示周一，6 表示周日
DAYNAME(date)	返回 date 对应的工作日的英文名称，如 Sunday、Monday 等

10.2.2　存储过程与存储函数的联系与区别

存储过程和存储函数是事先经过编译并存储在数据库中的一段 SQL 语句的集合，调用存储过程和存储函数可以简化应用开发人员的很多工作，减少数据在数据库和应用服务器之间的传输，能够提高数据处理的效率。

存储过程和存储函数有如下相同点：

（1）存储过程和存储函数都是可重复执行操作的数据库的 SQL 语句的集合。

（2）存储过程和存储函数都是一次编译后缓存起来，下次使用就直接调用已经编译好的 sql 语句，减少网络交互，提高了数据处理的效率。

存储过程和存储函数有如下不同点：

（1）标识符不同，存储函数的标识符是 function，存储过程是 procedure。

（2）存储函数由于本身就要返回处理的结果，所以不需要输出参数，而存储过程则需要用输出参数返回处理结果。

（3）存储函数不需要使用 CALL 语句进行调用，而存储过程必须使用 CALL 语句进行调用。

（4）存储函数必须使用 RETURN 语句返回结果，存储过程不需要使用 RETURN 语句返回结果。

10.2.3　创建存储函数

1. 利用 CREATE FUNCTION 语句创建存储函数

在 MySQL 中创建存储函数的语法格式如下：

```
CREATE FUNCTION func_name ([func_parameter [,...]])
RETURNS type
[characteristic[,...]
Routine_body
```

参数说明：

- ➢ CREATE FUNCTION：创建存储函数的关键字。
- ➢ func_name：存储函数的名称。
- ➢ func_parameter：存储函数的参数列表，形式如 [IN| OUT| INOUT]param_name type。
- ➢ RETURNS type：指定返回值的数据类型。
- ➢ characteristic：可选项，指定存储函数的特性。
- ➢ Routine_body：SQL 代码内容。

2. 利用 Navicat 创建存储函数

利用 Navicat 创建存储函数与创建存储过程的方法相似，操作步骤如下：

（1）在 Navicat 中连接 MySQL 服务器。

（2）通过以下两种方法创建存储函数。

方法 1：在 localhost_3306→studentgradeinfo 下，单击窗格上方的“新建函数”按钮，如图 10-6 所示。

方法 2：用鼠标右击 studentgradeinfo 下的“函数”，在弹出的快捷菜单中选择“新建函数”命令。

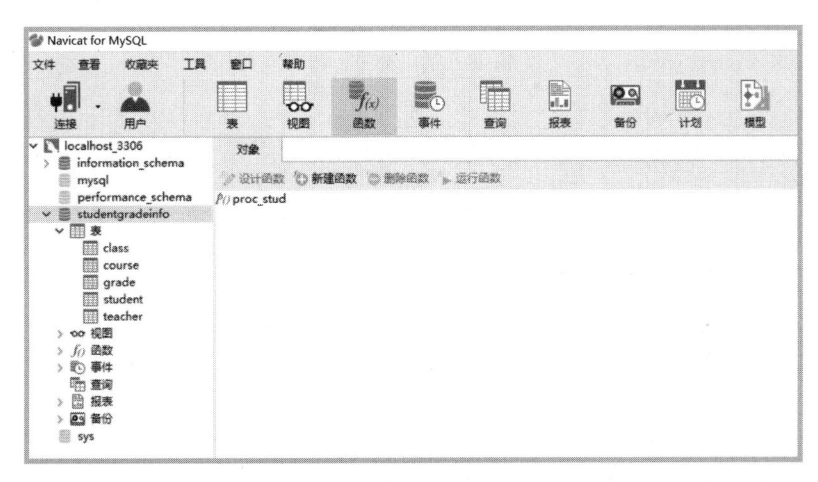

图 10-6　新建函数

（3）打开“函数向导”窗口，选择要创建的例程类型，选择“函数”，单击“下一步”按钮，如图 10-7 所示。

图 10-7　选择例程类型

（4）进入参数设置界面，其中“名”表示参数的名称，“类型”表示该参数的数据类型。各按钮的功能与创建存储过程相同，如图 10-8 所示。

图 10-8　设置参数

（5）参数设置完后，单击“下一步”按钮，进入返回值设置界面，可以设置返回值类型、长度以及字符集等信息，如图 10-9 所示。

（6）设置完成后，单击“完成”按钮，进入定义窗口，输入存储函数代码。输入完成后，单击“保存”按钮，即可创建存储函数，如图 10-10 所示。

图 10-9 设置返回类型的属性

注意：在函数体开头处加上 READS SQL DATA 声明。

图 10-10 输入 SQL 语句

10.2.4 管理存储函数

1. 查看存储函数

和存储过程相同，存储函数被创建之后，也可以使用同样的方法进行查看。其语法格式如下：

```
select name from mysql.proc where db='数据库名';
select routine_name from information_schema.Routines where routine_ schema
 = '数据库名';
```

MySQL 存储了存储过程和存储函数的状态信息，用户也可以使用 show status 语句或 show create 语句来查看存储函数的名称、存储函数的详细信息以及存储函数的定义信息。其语法格式如下：

显示数据库内所有存储函数的名称和存储函数的详细信息：

```
SHOW FUNCTION status [LIKE 'pattern'];
```

FUNCTION 表示查询存储函数；LIKE ‘pattern’ 用来匹配存储函数的名称。

查看指定存储函数的定义信息：

```
SHOW CREATE FUNCTION 数据库.存储函数名
```

2. 删除存储函数

在 MySQL 中删除存储函数，可以通过 DROP FUNCTION 语句来完成。其语法格式如下：

```
DROP FUNCTION[IF EXISTS] fn_name;
```

关键字 DROP FUNCTION 用来表示实现删除存储函数；参数 fn_name 表示所要删除的存储函数名称。

思政小课堂

不仅程序需要进行不同的选择，我们的人生也需要面对一个又一个的选择。例如，高中选文科还是理科，大学选哪所学校，专业该怎么选，未来是选择继续深造还是就业。每一次的选择都影响着我们的一生，在面临选择时，我们要以正确的价值观、人生观和世界观作为基石，从而做出适合自己的选择。不管如何选择，我们都要更好地去学习和生活，把自己的小我融入祖国的大我中，紧跟时代的脚步，将中国梦与我们个人的梦想紧密结合在一起，更好地实现自己的人生价值，早日实现中国梦！

10.3 总结与训练

本章主要介绍存储过程与存储函数，以 studentgradeinfo 数据库为例，从存储过程和存储函数的创建、查看、修改、删除等方面进行了学习。

实践任务：存储过程与函数的基本操作

1. 实践目的

（1）理解存储过程与存储函数的异同。

（2）掌握存储过程的创建、查看、修改、删除方法。

（3）掌握存储函数的创建、查看、删除方法。

2. 实践内容

（1）在 studentgradeinfo 数据库中创建一个名为 proc_teacher 的存储过程，该存储过程输出 teacher 表中所有 TercherDepartment 字段为“信息工程”的记录。

（2）查看 studentgradeinfo 数据库内存储过程的名称和详细信息。

（3）创建一个名为 func_name 的存储函数，返回“信息工程”的教师名单。

（4）查询名为 func_name 的存储函数的状态。

（5）简述存储过程与存储函数的异同。

第 11 章

访问控制与安全管理

为确保数据库在运维和管理过程中不会遭受数据意外丢失、恶意篡改或者数据泄漏等安全性问题，确保数据在用户规定的权限范围内被合理使用，管理员需要对访问数据库的用户的权限进行控制，以达到数据库安全性管理的目的。

学习目标

- 了解 MySQL 权限系统。
- 学习使用 SQL 语句进行账户管理。
- 学习使用 SQL 语句进行权限管理。

11.1 MySQL 用户账号管理

以上我们分别对用户的创建、修改和删除进行了详细的讲解，但在实际的开发过程当中，每个账户管理数据库的权限应该加以限制，否则在数据管理过程当中，若发生超越权限的操作则可能导致数据库中的数据丢失或泄漏。接下来我们将对 MySQL 中的权限管理进行系统性学习。

11.1.1 权限查验

MySQL 提供的默认数据库包括 mysql.user、mysql.db、mysql.tables_priv、mysql.columns_priv 和 mysql.procs_priv 等表，这些表构成了 MySQL 的权限分层结构。其中，mysql.user 表记录了用户的全局权限；mysql.db 表记录了用户对某一数据库的使用权限；mysql.tables_priv、mysql.columns_priv 和 mysql.procs_priv 表记录了用户对某张表、某些字段及存储过程的使用权限。

权限查验过程如图 11-1 所示，具体说明如下：

（1）用户通过指令进行登录操作，MySQL 会根据用户提供的用户名、密码和访问数据库的主机信息（如访问主机的 IP 地址）等，到 mysql.user 表中进行验证，若用户提供信息与 mysql.user 表中信息匹配，则通过身份验证。在成功登录后，MySQL 接着查看 mysql.user 表中用户名所在行是否存在与操作相匹配的全局权限，若有则允许用户执行操作并结束查验；若无则表明用户不具有全局权限，会接着查找别的表是否具有数据库级别和表或字段级别的权限。

（2）MySQL 在查验完用户在全局层面的权限后会接着进入 mysql.db 表中查找用户是否具有与之操作相匹配的数据库层级权限，若有则允许操作，若无则继续查验用户是否具有表或字段级别的权限。

（3）查验完全局与数据库层级权限后，MySQL 最后会进行表或字段级权限查验。MySQL 访问 mysql.tables_priv 和 mysql.columns_priv 表查验用户名所在行是否存在与用户操作相匹配的表或字段级权限，若有则允许操作，若无则表明用户不具备操作表或字段的权限，拒绝用户操作。

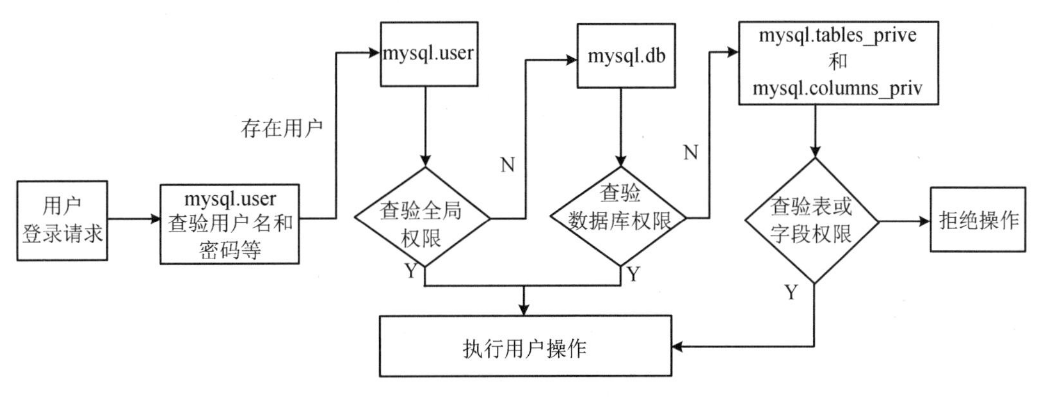

图 11-1　MySQL 权限查验过程

11.1.2　添加用户

在安装 MySQL 时，需要建立 root 用户作为数据库服务器的管理员，具有全部权限。使用 root 用户可以创建不同权限的普通用户。普通用户为实际开发数据库系统时使用的账号。为了确保数据库系统的安全性，应避免直接使用 root 账号，而应根据业务需要，创建普通用户并授予相关权限。

使用 CREAT USER 语句可以创建普通用户，语法格式如下：

```
CREATE USER IF  NOT EXISTS '用户名'@'主机名或 IP 地址'
IDENTIFIED  BY '用户口令';
```

参数说明：

- IF NOT EXISTS 为可选参数，表示如果用户不存在，则创建用户，否则不执行语句。
- 使用 CREATE USER 语句可一次性创建多个用户，不同用户的配置信息使用逗号分隔。
- 创建用户时，可指定用户访问数据库时允许的主机信息，如主机名或 IP 地址，如果允许所有主机登录 MySQL，则可以使用%表示所有主机。若不指定主机名或 IP 地址，则系统默认填充%。

➢ “用户口令”则是所创建用户的登录密码。

【例 11-1】创建一个成绩管理系统的管理员 scoreAdmin，只允许其在 MySQL 所在服务器上登录，密码为 admin123。

```
CREATE USER IF NOT EXISTS 'scoreAdmin'@'localhost' IDENTIFIED BY 'admin123';
```

新建用户会以数据记录形式添加到 mysql.user 表中，使用以下 SQL 语句可以查看该用户的默认配置信息。

```
USE mysql;
SELECT * FROM mysql.'user';
```

执行上述 SELECT 语句后，结果显示如图 11-2 所示。

```
1  USE mysql;
2  SELECT * FROM mysql.`user`;
```

Host	User	Select_priv	Insert_priv	Update_priv	Delete_priv	Create_priv	Drop_priv	Reload_priv	Shutdown_priv	Process_priv	File_p
localhost	root	Y	Y	Y	Y	Y	Y	Y	Y	Y	Y
localhost	mysql.session	N	N	N	N	N	N	N	N	N	N
localhost	mysql.sys	N	N	N	N	N	N	N	N	N	N
localhost	scoreAdmin	N	N	N	N	N	N	N	N	N	N

图 11-2　从 mysql.user 表中查看新建用户配置信息

【例 11-2】同时创建两个成绩管理系统管理员用户，其中 scoreAdmin1 管理员允许在任何机器访问服务器，其密码为 admin123；scoreAdmin2 管理员只允许在机器的 IP 地址为 192.168.1.1 时才能登录服务器，其密码为 admin456。SQL 代码如下：

```
CREATE USER 'scoreAdmin1'@ '%' IDENTIFIED BY 'admin123',
'scoreAdmin2' @ '192.168.1.1' IDENTIFIED BY 'admin456';
```

通过执行 SELECT 语句，能查看到两个账号已被存储进表 mysql.user 中。

11.1.3　修改用户信息

1. 重命名用户

使用 RENAME USER 语句可以重命名用户，其语法格式如下：

```
RENAME USER '原用户名' TO '新用户名'@'主机名或 ip 地址';
```

参数说明：

➢ 可以使用 RENAME USER 语句一次性为多个已有用户进行重命名，不同用户名使用逗号分隔。

➢ 使用 RENAME USER 语句实际上是操作 mysql.user 表，因此用户需要具有 mysql 数据库的 UPDATE 权限或服务器级别的 CREATE USER 权限。

➢ 使用‘用户名’@‘主机名或 IP 地址’的方式重命名用户，不仅可以修改用户名，还能修改用户允许访问服务器的主机信息。

【例 11-3】将已有用户 scoreAdmin 重命名为 scoreAdmin3，将主机信息从 localhost 修改为 192.168.1.%。

```
RENAME USER 'scoreAdmin' TO 'scoreAdmin3'@'192.168.1.%';
```

2. 修改用户口令

账户密码作为登录数据库的关键参数，其安全性也是非常重要的。在实际的生产环境中，密码要不定期修改，以避免黑客或其他无权限人员入侵的风险。修改账户密码的方式有 4 种，包括使用 mysqladmin 命令、SET 语句、ALTER 语句和修改 mysql.user 系统表。

（1）通过 mysqladmin 命令修改。

root 用户作为数据库系统的最高权限者，其账户信息的安全性是非常重要的。在 MySQL 中可以使用 mysqladmin 命令在命令行中指定新密码（如图 11-3 所示），mysqladmin 命令的语法格式如下：

```
mysqladmin -u 用户名 -p 当前密码 password 新密码
```

```
C:\        >mysqladmin -uroot -proot password 123456
mysqladmin: [Warning] Using a password on the command line interface can be insecure.
Warning: Since password will be sent to server in plain text, use ssl connection to ensure password safety.
```

图 11-3　使用 mysqladmin 成功修改密码

从图 11-3 可以看出，root 是用户名，也是密码，123456 是新密码。在修改成功后会弹出一个警告。

（2）通过 SET 命令修改密码。

root 用户或普通用户在已经登录 MySQL 系统的情况下，都可以使用 SET 语句修改自己的密码。root 用户通过如下代码修改普通用户密码：

```
SET PASSWORD FOR '用户名'@'主机名或 ip 地址'= PASSWORD（'新密码'）;
```

注意：只有具有相应权限的用户才可以修改其他用户的密码，如果 root 用户具有最高权限，则可以修改所有用户的密码。另外，用户在登录数据库的情况下，也可以用此命令修改自己的密码，语法格式如下。

```
SET PASSWORD=PASSWORD（'新密码'）;
```

【例 11-4】将主机地址为 localhost、用户名为 scoreAdmin 的用户口令修改为 123456。SQL 代码如下：

```
SET PASSWORD FOR 'scoreAdmin' @ 'localhost' = PASSWORD('123456');
```

（3）使用 ALTER 语句修改密码。

在 MySQL 中也可以使用 ALTER 语句修改用户密码，语法格式如下：

```
ALTER USER '用户名'@ '主机名称或 ip 地址'IDENTIFIED BY '新密码';
```

【例 11-5】将主机地址为 localhost、用户名为 scoreAdmin 的用户口令修改为 123456。SQL 代码如下：

```
ALTER USER 'scoreAdmin'@ 'localhost' IDENTIFIED BY '123456';
```

（4）使用 UPDATE 语句修改密码。

使用 UPDATE 语句修改系统表 mysql.user 中记录的 Authentication_string 字段可以更新

用户密码，该操作要求用户具有 mysql.user 表的 UPDATE 权限。

【例 11-6】将主机地址为 localhost、用户名为 scoreAdmin 的用户口令修改为 123456。SQL 代码如下：

```
UPDATE mysql.'user'
SET authentication_string=SHA('123456')
WHERE USER = 'scoreAdmin' AND HOST='localhost';
```

使用 UPDATE 语句理论上可以修改 mysql.user 表中用户的身份验证信息、数据库访问资源控制信息及服务器级别授权信息等，但通常不这么做，而是使用 ALTER 语句以更为安全的方式修改用户信息。

11.1.4 删除用户

当不需要某一用户时，可以删除用户信息，以提高系统安全性。在 MySQL 中，可以通过使用 DROP USER 语句和 DELETE 语句修改系统表 mysql.user 来删除用户。

1. 使用 DROP USER 语句删除用户

使用 DROP USER 语句删除用户的语法格式如下：

```
DROP USER '用户名'@ '主机名称或 ip 地址';
```

DROP USER 语句将对 mysql.user 表进行操作，因此使用 DROP USER 语句需要具有全局的 CREATE USER 权限或者 mysql 系统数据库的 DELETE 权限。

【例 11-7】删除主机信息为 localhost、用户名为 scoreAdmin 的用户。

```
DROP USER 'scoreAdmin'@'localhost';
```

2. 使用 DELETE 语句删除用户

使用 DELETE 语句删除系统表 mysql.user 中的记录，可以实现用户删除操作。该操作要求用户具有 mysql.user 表的 DELETE 权限。

【例 11-8】删除主机信息为 localhost、用户名为 scoreAdmin 的用户。

```
DELETE FROM mysql.user
WHERE User='scoreAdmin'AND Host='localhost';
```

11.2 MySQL 账户权限管理

在本节中，我们将系统地学习如何授予、查看与回收账户权限。在日常开发过程中，只有将权限分配管理好，才能保证数据库中的数据能够被妥善的处理而不会发生安全事故。

11.2.1　MySQL 常见权限

在 MySQL 中，用户可以使用 SHOW PREVILGES 语句查看当前数据库支持的权限名称（PRIVILEGE）、权限使用的环境（CONTEXT）及权限的注释信息（COMMENT）。

MySQL 常见权限归纳如下：

- 管理权限：与 MySQL 服务器管理相关的权限，包括创建用户（CREATE USER）、查看所有数据库名称（SHOW DATABASE）、关闭数据库服务器（SHUT DOWN）、再授权（GRANT）等 CONTEXT 标注为 Server Admin 的权限。管理权限属于全局权限，不能授权给特定数据库或者表等对象。
- 数据库权限：操作数据库及数据库中所有对象的权限，包括创建数据库（CREATE）、创建存储过程（CREATE ROUTINE）、创建临时表（CREATE TEMPORARY TABLES）、删除数据表（DROP）、再授权（GRANT）等 CONTEXT 标注为 Database 的权限。
- 数据库对象权限：操作数据表、视图、索引等数据库中特定对象的权限，包括修改数据表（ALTER）、创建数据表或索引（CREATE）、插入数据（INSERT）、删除数据（DELETE）、查询数据（SELECT）、创建视图（CREATE VIEW）、再授权（GRANT）等 CONTEXT 标注为 Tables 的权限。
- 函数或存储过程权限：操作函数和存储过程的权限，包括修改函数和存储过程（ALTER ROUNTINE）、执行函数和存储过程（EXECUTE）等 CONTEXT 标注为 Functions 和 Procedures 的权限。

在上述权限中，有些权限是复用的，如 CREATE 权限，针对不同授权对象时，可表达授权或回收不同对象的创建权限。在 MySQL 中，ALL[PRIVILEGE]代表了全部权限。

11.2.2　权限授予

新建用户没有任何使用权限，需要被授权后，才可以操作数据库中的对象。在 MySQL 中，对已有用户进行授权可通过 GRANT 语句实现。

使用 GRANT 语句授权的语法格式如下：

```
GRANT <privileges> ON <数据库.表> TO <username @ hostname >
[IDENTIFIED BY]['password'][WITH GRANT OPTION];
```

参数说明：

- privileges：表示权限类型，如创建权限 CREATE 等。
- 数据库.表：表示指定数据库中的某张表。另外，还可以使用*表示不指定。如<数据库名.*>表示指定数据库中所有的事物；<数据库名.存储过程>表示指定数据库中的存储过程；<*.*>表示所有数据库中的所有事物。
- username：表示用户名。
- hostname：表示客户端来源 IP 地址或主机名。

➢ IDENTIFIED BY：可选项，表示为用户设置密码。
➢ password：表示用户的新密码，一般与 IDENTIFIED BY 参数搭配使用。
➢ WITH GRANT OPTION：可选项，表示跟随的权限选项。此项有 4 种不同的取值，分别为 MAX_QUERIES_PER_HOUR count（设置每小时可以执行 count 次查询）、MAX_UPDATES_PER_HOUR count（设置每小时可以执行 count 次更新）、MAX_CONNECTIONS_PREHOUR count（设置每小时可以建立 count 个连接）和 MAX_USER_CONNECTIONS count（设置单个用户可以同时建立 count 个连接）。

【例 11-9】使用 GRANT 语句创建新用户，用户名为 scoreAdmin4，密码为 admin123，用户对所有数据库有 INSERT 和 SELECT 的权限，代码如下：

```
GRANT INSERT,SELECT ON *.* TO scoreAdmin4 @  IDENTIFIED BY 'admin123';
```

执行结果如图 11-4 所示。

```
mysql> grant insert,select on *.* to scoreAdmin4 @  identified by 'admin123';
Query OK, 0 rows affected, 1 warning (0.01 sec)
```

图 11-4　使用 GRANT 语句创建新用户

从图 11-4 的执行结果可以看出，新用户 scoreAdmin4 创建成功。使用 SELECT 语句查看 scoreAdmin4 的用户权限，如图 11-5 所示。

```
mysql> select host,user,insert_priv,select_priv from mysql.user where user='scoreAdmin4';
+------+-------------+-------------+-------------+
| host | user        | insert_priv | select_priv |
+------+-------------+-------------+-------------+
|      | scoreAdmin4 | Y           | Y           |
+------+-------------+-------------+-------------+
1 row in set (0.00 sec)
```

图 11-5　使用 SELECT 语句查看用户权限

11.2.3　查看权限

前面已经介绍了如何对用户授予权限，在实际的应用场景中，用 SELECT 语句查询权限信息比较烦琐。因此，MySQL 提供了 SHOW GRANTS 语句代替 SELECT 语句，其语法格式如下：

```
SHOW GRANTS FOR '用户名'@ '主机名称或地址';
```

【例 11-10】使用 SHOW GRANTS 语句查看用户 scoreAdmin4 的权限，如图 11-6 所示。

```
mysql> show grants for 'scoreAdmin4'@'';
+---------------------------------------------+
| Grants for scoreAdmin4@                     |
+---------------------------------------------+
| GRANT SELECT, INSERT ON *.* TO 'scoreAdmin4'@'' |
+---------------------------------------------+
1 row in set (0.00 sec)
```

图 11-6　使用 SHOW GRANTS 语句查看权限

从图 11-6 执行结果可以看出，用户 scoreAdmin4 具有 INSERT 和 SELECT 的权限。可以发现，使用 SHOW GRANTS 语句查询用户权限是简单便捷的。

11.2.4　收回权限

数据库管理员在管理用户时，可能出于安全性考虑会收回一些授予过的权限，MySQL 提供了 REVOKE 语句用于收回权限，语法格式如下：

```
REVOKE <privileges> on <数据库.表>from<'username'@'hostname'>;
```

参数说明：

- privileges：表示权限类型，如创建权限 CREATE 等。
- 数据库.表：表示指定数据库中的某张表。另外，还可以使用*表示不指定。如<数据库名.*>表示指定数据库中所有的事物；<数据库名.存储过程>表示指定数据库中的存储过程；<*.*>表示所有数据库中的所有事物。
- username：表示用户名。
- hostname：表示客户端来源 IP 地址或主机名。

【例 11-11】使用 REVOKE 语句收回用户 scoreAdmin4 的 INSERT 权限，如图 11-7 所示。

```
mysql> revoke insert on *.* from 'scoreAdmin4'@'';
Query OK, 0 rows affected (0.00 sec)
```

图 11-7　收回用户权限

从图 11-7 可以看出，以上执行结果证明权限回收成功，此时可以使用 SHOW GRANTS 语句查看权限，如图 11-8 所示。

```
mysql> show grants for 'scoreAdmin4'@'';
+-------------------------------------------+
| Grants for scoreAdmin4@                   |
+-------------------------------------------+
| GRANT SELECT ON *.* TO 'scoreAdmin4'@''   |
+-------------------------------------------+
1 row in set (0.00 sec)
```

图 11-8　查看收回权限

从图 11-8 的执行结果可以看出，scoreAdmin4 的 INSERT 权限已经消失，说明 INSERT 权限被收回。

思政小课堂

在历年的《中国互联网网络安全报告》中，大量数据表明，随着网络数据量的增大，数据安全问题层出不穷，那么数据库的安全机制就是保护数据库，以防止不合法的使用所造成的数据泄露、更改或破坏。

根据《中华人民共和国刑法》第二百八十六条规定，破坏计算机信息系统罪是指违反国家规定，对计算机信息系统功能或计算机信息系统中存储，处理或者传播的数据和应用程序进行破坏，或者故意制作、传播计算机病毒等破坏性程序，影响计算机系统正常运行，后果严重的行为。

2017 年颁布了《中华人民共和国网络安全法》，我们作为未来的 IT 行业从业人员，要有职业道德的基本认知，不能利用自己的职业技能去以身试法，要在保护我们自己的个人信息安全的前提下，利用我们的专业知识，努力维护网络环境安全，这也是为我们的国家安全做出自己的贡献。

11.3　总结与训练

本章介绍了数据库安全性的相关概念、控制方法以及 MySQL 权限管理系统，并具体讲述了在 MySQL 中使用 SQL 语句对用户进行增、删、改、查和对用户权限与角色进行管理。数据库安全性管理属于数据库设计和运维的相关技术。MySQL 采用登录验证和权限检查模式确保数据库的安全性。其中权限检查使用权限管理机制，从高到低的权限层次分别为服务器、数据库、表、列层次，高层次权限覆盖低层次权限。在实际数据库系统开发和运维管理中，数据库管理员应为用户授予合适层级上的权限集合。

实践任务：创建学生成绩库管理员

1. 实践目的

（1）熟练掌握用户管理的方法。

（2）熟练掌握权限授予和回收的方法。

2. 实践内容

（1）创建两个学生成绩管理系统的管理员用户 studentScoreAdmin1 和 studentScore-Admin2，studentScoreAdmin1 的主机地址为 localhost，studentScoreAdmin2 的主机地址为 192.168.1.1，其密码均为 123456。

（2）修改用户 studentScoreAdmin1 的口令为 654321。

（3）删除用户 studentScoreAdmin2。

（4）授予 studentScoreAdmin1 对 studentgradeinfo 数据库增、删、改、查的权限。

（5）查看 studentScoreAdmin1 的权限。

（6）回收 studentScoreAdmin1 删除的权限。

第 12 章

数据库的备份与恢复

数据库中的数据一般都十分重要，不能丢失，而因为各种原因，数据库都有被损坏的可能性，所以事先制订一个合适的、可操作的备份和恢复计划至关重要。

学习目标

- 了解数据库备份的基本概念。
- 掌握 MySQL 中数据库备份、数据库恢复的基本操作。
- 了解各日志文件的基本概念。
- 掌握使用二进制日志文件的方法。

12.1 MySQL 数据库的备份与恢复

尽管采取了一些管理措施来保证数据库的安全，但是在不确定的意外情况下，总是有可能造成数据的损失。例如，意外的停电、不小心的操作失误等都可能造成数据的丢失。所以为了保证数据的安全，我们需要定期对数据进行备份。如果数据库中的数据出现了错误，就需要使用备份好的数据进行数据还原，这样可以将损失降至最低。

12.1.1 数据库备份的分类

1. 热备份（hot backup）

热备份可以在数据库运行中直接备份，对正在运行的数据库操作没有任何影响，数据库的读写操作可以正常执行。这种方式在 MySQL 官方手册中被称为 online backup（在线备份）。

按照备份后文件的内容，热备份又可以分为如下两种：

- 逻辑备份：在 MySQL 数据库中，逻辑备份是指备份出的文件内容是可读的，一般是文本，其内容一般是由一条条 SQL 语句或表内的实际数据组成。如 mysqldump 和 SELECT * INTO OUTFILE 的方法，这类方法的好处是可以观察导出文件的内容，一般适用于数据库的升级、迁移等工作，但其缺点是恢复的时间较长。

- 裸文件备份：是指复制数据库的物理文件，既可以在数据库运行中进行复制（如 ibbackup、xtrabackup 这类工具），也可以在数据库停止运行时直接复制数据文件。这类备份的恢复时间往往比逻辑备份短很多。

按照备份数据库的内容来分，备份又可以分为如下两种：

- 完全备份：是指对数据库进行一个完整的备份，即备份整个数据库，如果数据较多，会占用较多的时间和空间。
- 部分备份：指备份部分数据库（如只备份一个表）。

部分备份又分为如下两种：

- 增量备份：需要使用专业的备份工具。指的是在上次完全备份的基础上，对更改的数据进行备份。也就是说每次备份只会备份自上次备份之后到备份时间之内产生的数据。因此每次备份都比差异备份节约空间，但是恢复数据比较麻烦。
- 差异备份：指的是自上一次完全备份以来变化的数据。和增量备份相比，浪费空间，但恢复数据比增量备份简单。

2. 冷备份（cold backup）

冷备份必须在数据库停止运行的情况下进行备份，数据库的读写操作不能执行。这种备份最为简单，一般只需要复制相关的数据库物理文件即可。这种方式在 MySQL 官方手册中称为 offline backup（离线备份）。

3. 温备份（warm backup）

温备份同样是在数据库运行中进行的，但是会对当前数据库的操作有所影响，备份时仅支持读操作，不支持写操作。

备份是一种十分耗费时间和资源的操作，对其操作不能过于频繁。应该根据数据库使用情况确定一个合适的备份周期，指定好相应的备份计划。

12.1.2 数据库的备份

为了保证数据的安全，数据库管理员应该定期对数据库进行备份。备份需要遵循两个原则：一是有计划有规律的经常备份；二是不要只备份在同一磁盘和同一文件中，要保存在不同位置且保存多个副本，以确保备份安全。

MySQL 的 mysqldunmp 命令可以实现数据的备份，直接在 DOS 命令行窗口中执行命令即可，不需要登录 MySQL 数据库。

1. 备份整个数据库

用 mysqldump 命令备份数据库，语法格式如下：

```
mysqldump -h host -p port -u username -ppassword dbname[tbname1 …] >filen
ame.sql
```

参数说明：

- host：用户登录的主机名称，如果是本地主机登录，此项可以忽略。
- port：使用的端口号，如果是本地主机登录，此项可以忽略。
- username：用户名称。
- password：登录密码。在使用此参数时，“-p”和密码之间不能有空格。
- dbname：需要备份的数据库名称，只有一个的时候可以省略。
- tbname：需要备份的数据表名称，可以指定多个需要备份的表，若省略该参数，则表示备份整个数据库。
- >：将备份的内容写入备份文件。
- filename.sql：备份文件的名称，文件名前面可以加绝对路径，通常将数据库备份成一个后缀名为.sql 的文件。

注意： mysqldump 命令备份的文件并非一定要求后缀名为.sql，备份成其他格式的文件也是可以的，如后缀名为.txt 的文件。通常情况下，建议备份成后缀名为.sql 的文件，因为后缀名为.sql 的文件更方便识别是与数据库有关的文件。

【例 12-1】 使用 mysqldunmp 命令将数据库 studentgradeinfo 中所有表备份到 D 盘。

```
mysqldump -u root -p studentgradeinfo > D:\mysql.studentgradeinfo.sql
```

输入配置好的密码（此时显示的密码用*号代替），验证成功后即可备份 studentgradeinfo 数据库至 D 盘，如图 12-1 所示。

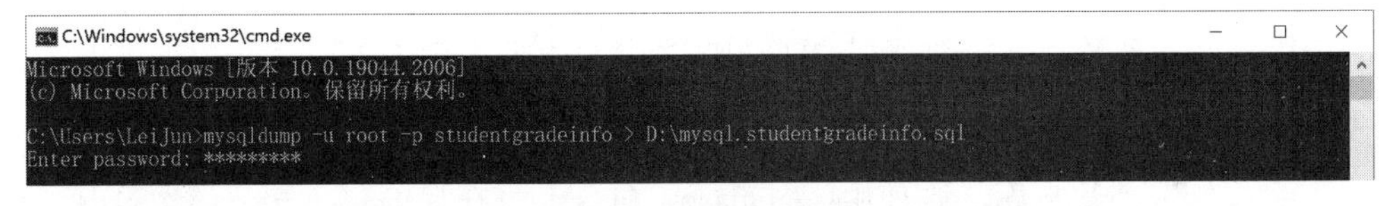

图 12-1　单个数据库备份

执行命令之后，D 盘会出现 studentgradeinfo.sql 文件，如图 12-2 所示。

图 12-2　单个数据库备份文件

用记事本打开.sql 文件可以查看备份文件信息，如图 12-3 所示。

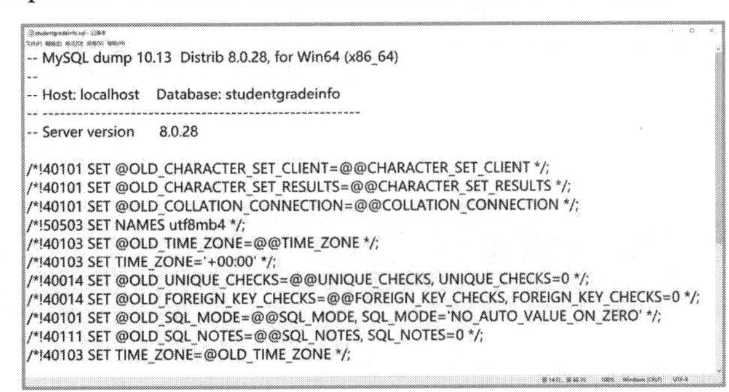

```
-- MySQL dump 10.13  Distrib 8.0.28, for Win64 (x86_64)
--
-- Host: localhost    Database: studentgradeinfo
-- ------------------------------------------------------
-- Server version	8.0.28

/*!40101 SET @OLD_CHARACTER_SET_CLIENT=@@CHARACTER_SET_CLIENT */;
/*!40101 SET @OLD_CHARACTER_SET_RESULTS=@@CHARACTER_SET_RESULTS */;
/*!40101 SET @OLD_COLLATION_CONNECTION=@@COLLATION_CONNECTION */;
/*!50503 SET NAMES utf8mb4 */;
/*!40103 SET @OLD_TIME_ZONE=@@TIME_ZONE */;
/*!40103 SET TIME_ZONE='+00:00' */;
/*!40014 SET @OLD_UNIQUE_CHECKS=@@UNIQUE_CHECKS, UNIQUE_CHECKS=0 */;
/*!40014 SET @OLD_FOREIGN_KEY_CHECKS=@@FOREIGN_KEY_CHECKS, FOREIGN_KEY_CHECKS=0 */;
/*!40101 SET @OLD_SQL_MODE=@@SQL_MODE, SQL_MODE='NO_AUTO_VALUE_ON_ZERO' */;
/*!40111 SET @OLD_SQL_NOTES=@@SQL_NOTES, SQL_NOTES=0 */;
/*!40103 SET TIME_ZONE=@OLD_TIME_ZONE */;
```

图 12-3　在记事本中查看备份文件内容

2. 备份同个库多个表

若需要备份同一个数据库中的多个数据表，则在数据库的后面加上相应的数据表，数据表之间使用空格隔开。语法格式如下：

```
mysqldump -h host -p port -u username -ppassword dbname [tbname1 …] >
filename.sql
```

【例 12-2】使用 mysqldunmp 命令将数据库 studentgradeinfo 中的 student 和 teacher 表备份到 D 盘。

```
mysqldump -u root -p studentgradeinfo student teacher > D:\mysql.student
gradeinfos_t.sql
```

输入配置好的密码（此时显示的密码用*号代替），验证成功后即可备份 student 表和 teacher 表至 D 盘，如图 12-4 所示。

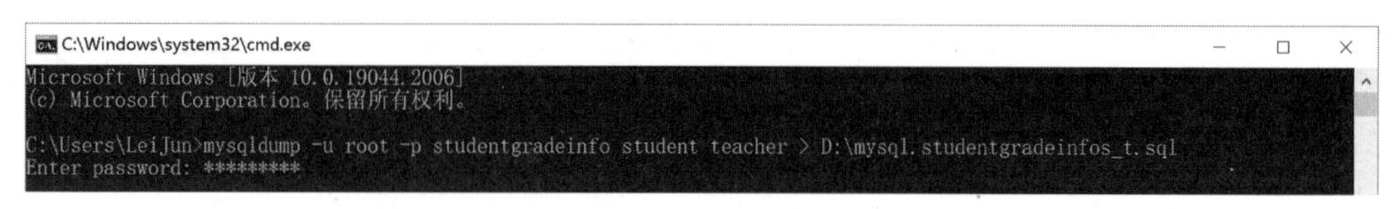

图 12-4　同库多表备份

执行命令之后，D 盘会出现 studentgradeinfos_t.sql 文件，如图 12-5 所示。

studentgradeinfos_t.sql	SQL Text File

图 12-5　同库多表备份文件

3. 同时备份多个库

若需要备份多个数据库，则使用--databases 命令，且在后面加上相应的数据库，多个数据库使用空格隔开。语法格式如下：

```
mysqldump -h host -p port -u username -ppassword --databases dbname1
[dbname2 …]
 > filename.sql
```

【例 12-3】使用 mysqldunmp 命令备份数据库 studentgradeinfo 和 hostel 到 D 盘。

```
mysqldump -u root -p --databases studentgradeinfo hostel >
D:\mysql.studentgradeinfohostel.sql
```

输入配置好的密码（此时显示的密码用*号代替），验证成功后即可备份 studentgradeinfo 和 hostel 数据库至 D 盘，如图 12-6 所示。

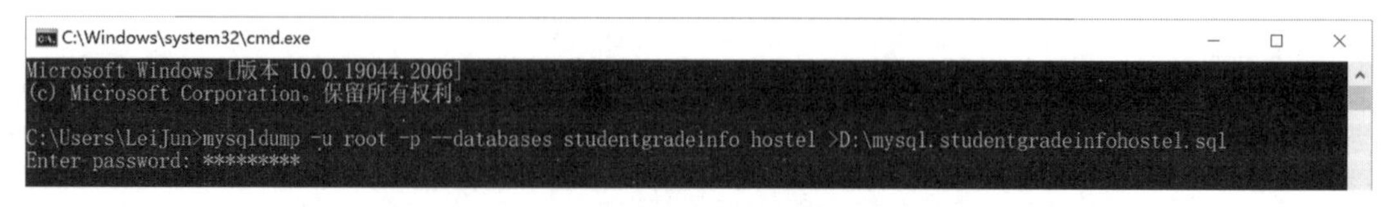

图 12-6　备份多个库

执行命令之后，D 盘会出现 studentgradeinfohostel.sql 文件，如图 12-7 所示。

studentgradeinfohostel.sql　　SQL Text File

图 12-7　备份多个库文件

4. 同时备份所有数据库

若需要备份所有数据库，则使用--all-databases 命令。语法格式如下：

```
mysqldump -h host -p port -u username -ppassword --all-databases > filename.
sql
```

【例 12-4】使用 mysqldunmp 命令备份所有数据库。

```
mysqldump -u root -p --all-databases > D:\mysql.all.sql
```

输入配置好的密码（此时显示的密码用*号代替），验证成功后即可备份所有数据库至 D 盘，如图 12-8 所示。

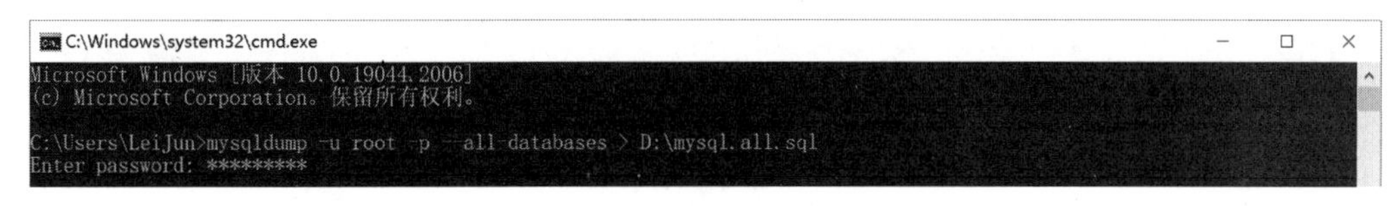

图 12-8　备份所有数据库

执行命令之后，D 盘会出现 all.sql 文件，如图 12-9 所示。

图 12-9　备份所有数据库文件

5. 使用 Navicat 备份数据库

使用 Navicat 软件备份数据库，选择 studentgradeinfo 数据库中的备份选项，执行如图 12-10 所示的步骤。

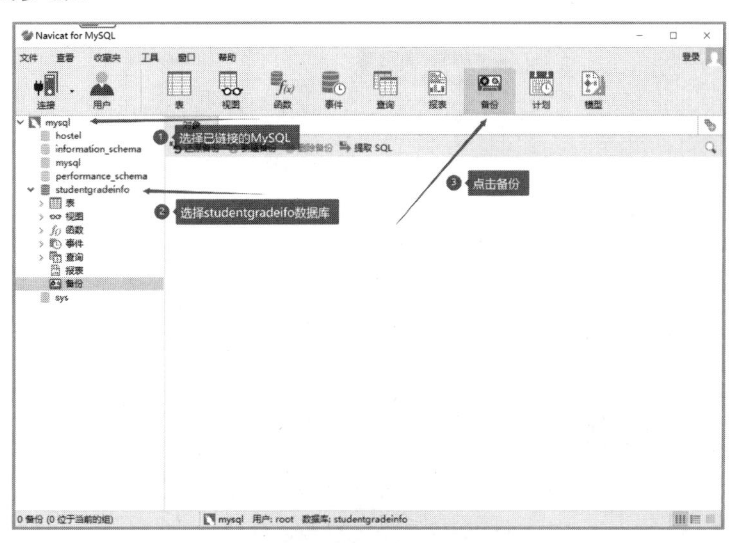

图 12-10　Navicat 使用界面

选择需要备份的数据库或者具体的数据表，执行如图 12-11 所示的步骤。

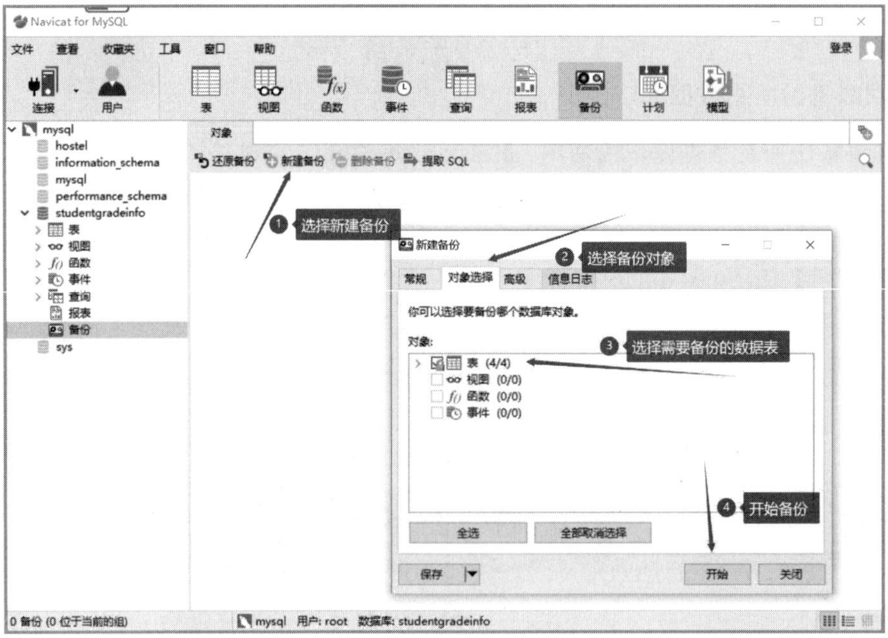

图 12-11　选择备份的数据库或者数据表

备份完成后会有一个备份文件，包含创建的日期和时间，选择这个备份文件，即可完成备份的还原、删除和提取，如图 12-12 所示。提取的 SQL 会以.sql 格式的文件存储。

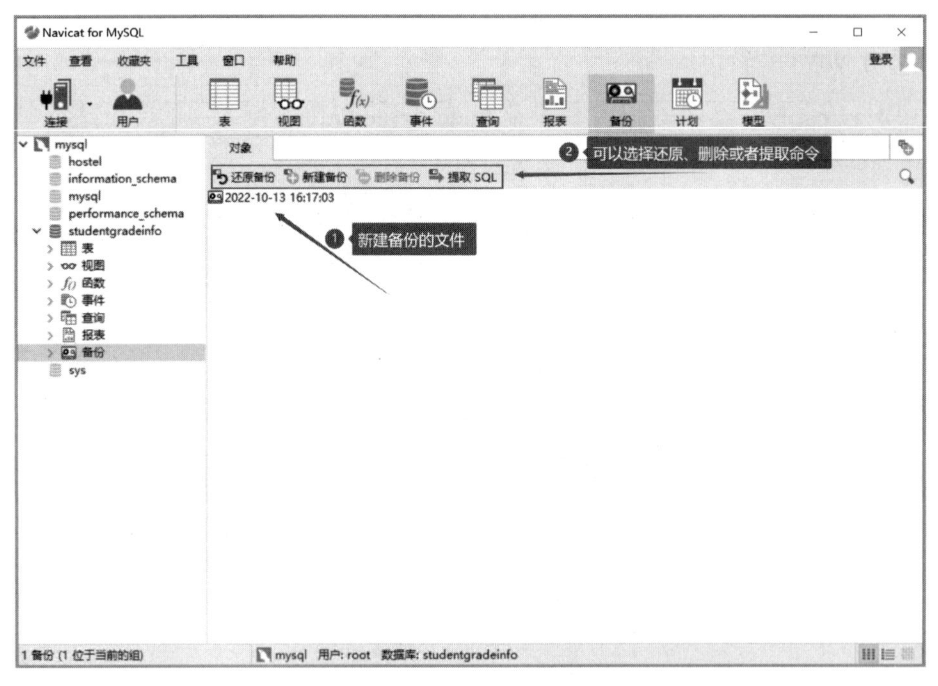

图 12-12　使用 Navicat 备份

在还原数据库备份信息的时候，会替换现有的数据，请视情况使用，避免不必要的冲突。还原步骤如图 12-13 所示。

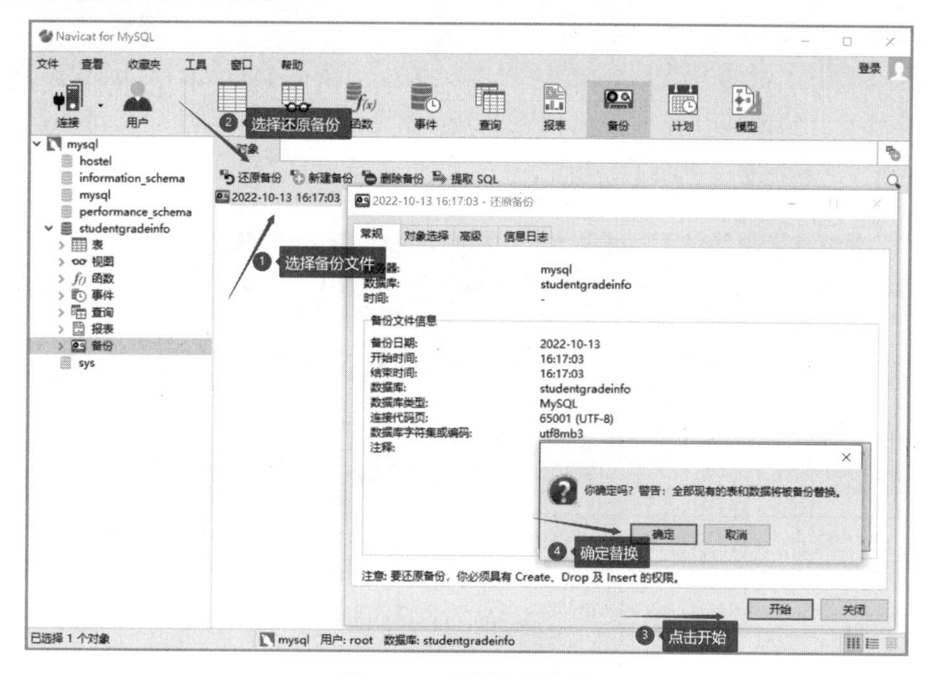

图 12-13　还原备份文件

12.1.3　数据库的恢复

数据库的恢复，就是指当数据库中的数据遭到破坏时，通过技术手段将保存在数据库中丢失的数据进行抢救和恢复的技术。这里所说的恢复是指恢复数据库中的数据，而并非是数据库本身。

在 12.1.2 节中介绍了如何使用 mysqldump 命令将数据库中的数据备份成一个文本文件，且备份文件中通常包含 CREATE 语句和 INSERT 语句。在 MySQL 中，可以使用 mysqldump 命令恢复备份的数据。mysqldump 命令可以执行备份文件中的 CREATE 语句和 INSERT 语句，也就是说，mysqldump 命令可以通过 CREATE 语句创建数据库和表，通过 INSERT 语句插入备份的数据。

使用 mysqldump 命令恢复数据，语法格式如下：

```
mysqldump -u username -ppassword [dbname] < filename.sql
```

参数说明：

- username：表示登录的用户名称。
- password：表示用户的密码。
- dbname：表示数据库名称，该参数是可选参数。如果 filename.sql 文件为 mysqldump 命令创建的包含创建数据库语句的文件，则执行时不需要指定数据库名称。如果指定的数据库名称不存在将报错。

➢ filename.sql：表示备份文件的名称。

【例 12-5】使用 mysqldump 命令和备份文件 D:\mysql.studentgradeinfo.sql 还原备份的 studentgradeinfo 数据库。

```
mysqldump -u root -p studentgradeinfo < D:\mysql.studentgradeinfo.sql
```

输入配置好的密码（此时显示的密码用*号代替），验证成功后即可还原备份的 studentgradeinfo 数据库，如图 12-14 所示。

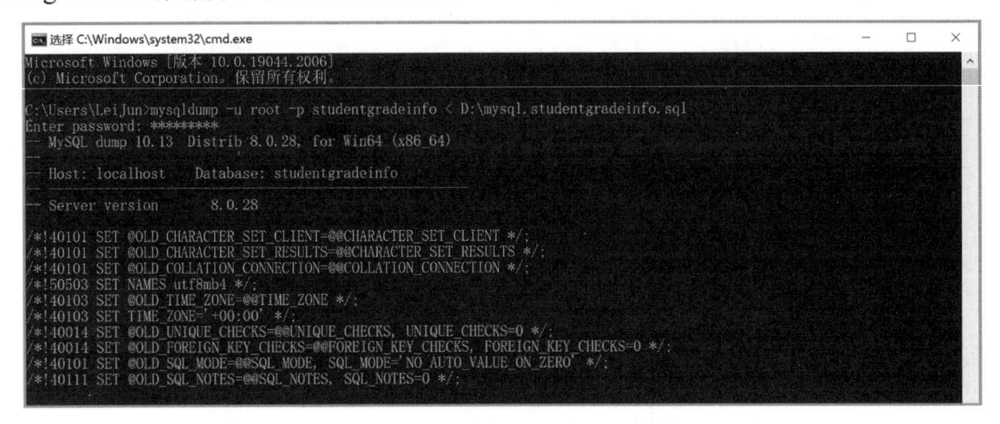

图 12-14　恢复 studentgradeinfo 数据库

12.2　二进制日志文件的使用

日志是数据库的重要组成部分，主要用来记录数据库的运行情况、日常操作和错误信息。在 MySQL 中，日志可以分为二进制日志、错误日志、通用查询日志和慢查询日志。对于 MySQL 的管理工作而言，这些日志文件是不可缺少的。

分析这些日志，可以帮助我们了解 MySQL 数据库的运行情况、日常操作、错误信息和哪些地方需要进行优化。

具体日志分类以及作用如下：

➢ 二进制日志：该日志文件会以二进制的形式记录数据库的各种操作，但不记录查询语句。

➢ 错误日志：该日志文件会记录 MySQL 服务器的启动、关闭和运行错误等信息。

➢ 通用查询日志：该日志记录 MySQL 服务器的启动和关闭信息、客户端的连接信息、更新和查询数据记录的 SQL 语句等。

➢ 慢查询日志：该日志记录执行事件超过指定时间的操作，通过工具分析慢查询日志可以定位 MySQL 服务器性能瓶颈所在。

为了维护 MySQL 数据库，经常需要在 MySQL 中进行日志相关操作，包含日志文件的启动、查看、停止和删除等，这些操作都是数据库管理中最基本、最重要的操作。日志操作是数据库维护中最重要的手段之一。

在 MySQL 所支持的日志文件里，除了二进制日志文件外，其他日志文件都是文本文件。默认情况下，MySQL 只会启动错误日志文件，而其他日志则需要手动启动。

如果 MySQL 数据库系统意外停止服务，我们可以通过错误日志查看出现错误的原因。并可以通过二进制日志文件来查看用户分别执行了哪些操作、对数据库文件做了哪些修改。还可以根据二进制日志中的记录来修复数据库。因此，我们来详细讲解二进制日志文件的使用。

12.2.1　二进制日志概念

二进制日志（binary log）也可叫作变更日志（Update Log），是 MySQL 中非常重要的日志。主要用于记录数据库的变化情况，即 SQL 语句的 DDL 和 DML 语句，不包含数据记录查询操作

如果 MySQL 数据库意外停止，可以通过二进制日志文件查看用户执行了哪些操作，对数据库服务器文件做了哪些修改，然后根据二进制日志文件中的记录来恢复数据库服务器。

默认情况下，二进制日志功能是关闭的。可以通过以下命令查看二进制日志功能是否开启，OFF 是关闭，ON 是开启，显示结果如图 12-15 所示。

```
mysql> SHOW VARIABLES LIKE 'log_bin';
```

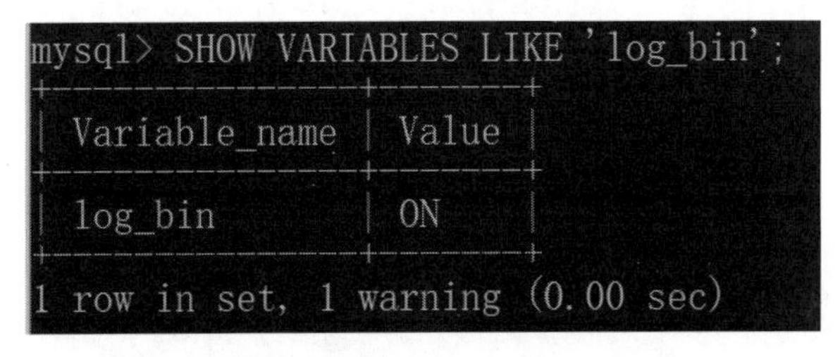

图 12-15　查看二进制日志文件的状态

12.2.2　启动和设置二进制日志

在 MySQL 中，可以通过在配置文件中添加 log-bin 选项来开启二进制日志。

```
[mysqld]
log-bin =dir/[filename]
```

参数说明：

- dir 参数指定二进制文件的存储路径。
- filename 参数指定二进制文件的文件名，其形式为 filename.number，number 的形式为 000001、000002 等。

注意：每次重启 MySQL 服务后，都会生成一个新的二进制日志文件，这些日志文件的文件名中 filename 部分不会改变，number 会不断递增。如果没有 dir 和 filename 参数，二进制日志将默认存储在数据库的数据目录下，默认的文件名为 hostname-bin.number，其

中 hostname 表示主机名。

12.2.3　查看二进制日志

1. 查看二进制日志文件列表

可以查看 MySQL 中有哪些二进制日志文件，命令如下，显示结果如图 12-16 所示。

```
SHOW binary logs;
```

```
mysql> SHOW binary logs;
+----------------------------+-----------+-----------+
| Log_name                   | File_size | Encrypted |
+----------------------------+-----------+-----------+
| LAPTOP-3EMM4GKV-bin.000002 |      2234 | No        |
| LAPTOP-3EMM4GKV-bin.000003 |       180 | No        |
| LAPTOP-3EMM4GKV-bin.000004 |       180 | No        |
| LAPTOP-3EMM4GKV-bin.000005 |       157 | No        |
| LAPTOP-3EMM4GKV-bin.000006 |       180 | No        |
| LAPTOP-3EMM4GKV-bin.000007 |       180 | No        |
| LAPTOP-3EMM4GKV-bin.000008 |       180 | No        |
| LAPTOP-3EMM4GKV-bin.000009 |       180 | No        |
| LAPTOP-3EMM4GKV-bin.000010 |     11283 | No        |
| LAPTOP-3EMM4GKV-bin.000011 |       157 | No        |
+----------------------------+-----------+-----------+
10 rows in set (0.00 sec)
```

图 12-16　查看二进制日志文件列表

2. 查看当前正在写入的二进制日志文件

可以查看当前 MySQL 中正在写入的二进制日志文件，命令如下，显示结果如图 12-17 所示。

```
SHOW master status;
```

```
mysql> SHOW master status;
+----------------------------+----------+--------------+------------------+-------------------+
| File                       | Position | Binlog_Do_DB | Binlog_Ignore_DB | Executed_Gtid_Set |
+----------------------------+----------+--------------+------------------+-------------------+
| LAPTOP-3EMM4GKV-bin.000011 |      157 |              |                  |                   |
+----------------------------+----------+--------------+------------------+-------------------+
1 row in set (0.00 sec)
```

图 12-17　当前写入的二进制文件

3. 查看二进制日志文件内容

二进制日志使用二进制格式存储，不能直接打开查看。如果需要查看二进制日志，必须使用 mysqlbinlog 命令。语法格式如下：

```
mysqlbinlog filename.number
```

注意： mysqlbinlog 命令只在当前文件夹下查找指定的二进制日志，因此需要在二进制日志所在的目录下运行该命令，否则将会找不到指定的二进制日志文件。

12.2.4　删除二进制日志

二进制日志中记录着大量的信息，如果很长时间不清理二进制日志，将会浪费很多的磁盘空间。下面介绍几种删除二进制日志的方法。

1. 删除所有二进制日志

使用 RESET MASTER 语句可以删除所有二进制日志。语法格式如下：

```
RESET MASTER;
```

输入配置好的密码进入 MySQL 中，删除二进制日志文件，提示 OK 即为成功，如图 12-18 所示。

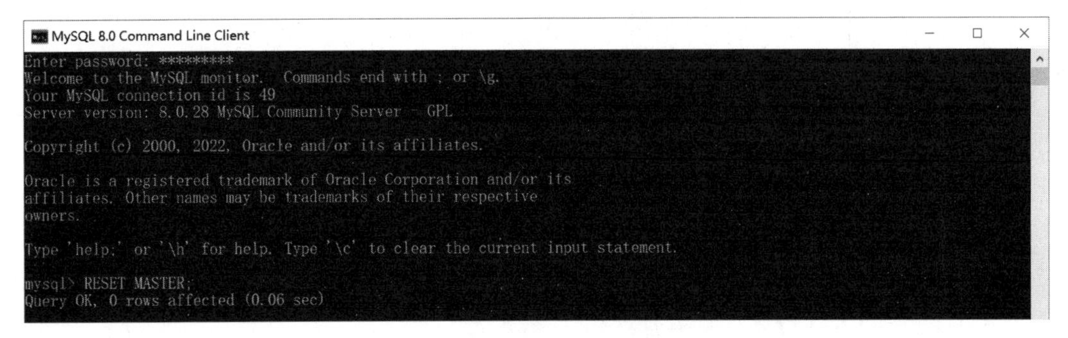

图 12-18　删除所有二进制

注意：登录 MySQL 数据库后，可以通过执行该语句来删除所有二进制日志。删除所有二进制日志后，MySQL 将会重新创建新的二进制日志，新二进制日志的编号从 000001 开始。

2. 根据编号删除二进制日志

每个二进制日志文件后面都有一个 6 位数的编号，如 000001。使用 PURGE MASTER LOGS TO 语句可以删除指定二进制日志编号之前的日志。语法格式如下：

```
PURGE MASTER LOGS TO 'filename.number';
```

3. 根据创建时间删除二进制日志

使用 PURGE MASTER LOGS TO 语句可以删除指定时间之前创建的二进制日志。语法格式如下：

```
PURGE MASTER LOGS TO 'yyyy-mm-dd hh:MM:ss';
```

注意：hh 为 24 小时制。

12.2.5 暂时停止二进制日志

在配置文件中设置了 log_bin 选项之后，MySQL 服务器将会一直开启二进制日志功能。删除该选项后就可以停止二进制日志功能，如果需要再次启动这个功能，需要重新添加 log_bin 选项。由于这样操作比较麻烦，所以 MySQL 提供了暂时停止二进制日志功能的语句。

如果用户不希望自己执行的某些 SQL 语句记录在二进制日志中，可以在执行这些 SQL 语句之前暂停二进制日志功能。

使用 SET 语句来暂停/开启二进制日志功能。语法格式如下：

```
SET SQL_LOG_BIN=0/1;
```

注意： 0 表示暂停二进制日志功能；1 表示开启二进制功能。

12.3 总结与训练

本章以学生成绩管理系统数据库为例来介绍数据库的备份以及恢复知识。大家可以通过备份功能完成对数据库、数据表的备份，以确保数据不会丢失，之后可以通过备份恢复功能将已经备份的文件再次打开进行使用。

实践任务：备份数据库和数据表

1. 实践目的

（1）熟练掌握备份数据库和数据表的方法。

（2）熟练掌握恢复数据库和数据表的方法。

2. 实践内容

（1）备份学生宿舍数据库 hostel。

（2）备份学生宿舍数据库 hostel 中学生数据表 student。

（3）恢复学生宿舍数据库 hostel。

（4）恢复学生宿舍数据库 hostel 中学生数据表 student。

第 13 章

图书管理系统数据库设计

本章将通过一个典型案例——图书管理系统项目中的数据库设计和开发过程的实践，对本书的内容进行总结和巩固。

学习目标

- ➢ 使用 SQL 语句创建数据库和数据表。
- ➢ 使用 SQL 编程实现系统功能。
- ➢ 使用事务、存储过程和触发器等实现业务逻辑。
- ➢ 使用视图简化一些复杂的业务查询。

13.1 系统概述

在对学校的图书馆进行调研时发现，图书馆的部分工作采用的还是手工操作，管理起来效率低下。由于对师生对图书的需求意图了解不够充分，不能及时查询各类图书的存储状况，导致图书的动态调整缓慢，非常不利于满足师生对图书的借阅需求。手工操作存在大量的弊端，如一些人为因素，手动操作经常造成图书数据的遗漏和误报等。

学校图书馆为了提高管理和借阅效率，决定采用计算机管理，经与图书馆管理人员交谈，得知以下情况：

（1）学校师生必须在图书馆先办理借阅证方可借阅图书资料。

（2）图书馆对图书原来有一套卡片登记制度，现在需要将其查询功能移植入计算机（当然相应地也必须建立图书登记、报废等记录）。

（3）借阅图书从原来的手工填写借阅单据改为计算机登记借阅。

（4）提供挂失、预约、综合查询等新功能以方便读者。

（5）为了图书馆管理的需要，提供一定的统计功能。

13.2 需求分析

在开发系统之前需要对系统功能以及业务进行分析和设计。

13.2.1 图书管理系统需求分析

1. 图书管理

（1）新书入库：对新购进的图书进行必要的登记。

（2）图书资料修改：对图书的数量、分类、流通、馆藏等资料进行修改。

（3）图书查询：提供多种查询、定位图书的方法。可以通过图书编号、类别、书名、作者、出版社、出版日期等信息进行查询。

2. 读者管理

（1）增加新读者：为新读者办理借书证。读者要区分教师和学生。教师和学生可以借阅的图书的种类和数量不同。

（2）读者资料修改：除能对个别读者的信息进行修改外，还能对读者信息进行批量修改。对借书证进行挂失、取消挂失、证件注销等处理。当读者有未还图书时，不允许注销。

（3）读者资料查询：提供多种方法对读者信息，以及该读者的借阅信息进行查询。

3. 借阅管理

（1）借书：根据书号借书。每本书有一定的借阅期限，每位读者借阅的数量不能超过允许的数量。图书借阅必须进行必要的登记，并通知读者还书的日期等相关事宜。若因为某种原因不能借出，要说明理由，如图书是馆藏或已借完等。

（2）还书：对超期、损坏的图书应进行罚款处理。

（3）挂失：对丢失图书的读者视不同图书进行不同数量的罚款。

（4）预约：根据书号对已借完的图书进行预约。对预约的读者的借书证编号、联系电话、地址、Email 等信息进行登记。当预约图书被其他读者还回时要作记录，以便管理员通知预约读者。

（5）续借：对续借次数要有限制，对已预约的图书不允许续借。

4. 综合查询

综合查询主要面向读者。普通读者能采用多种方式对图书的当前库存数量、图书内容等信息进行查询，也能根据借书证编号对自己的借阅情况进行查询。

5. 统计

（1）对不同种类图书的数量、库存等信息进行统计。

（2）对每种图书在一定时期的借阅次数、预约次数等信息进行统计。

（3）对不同读者的借阅情况进行统计。

13.2.2 数据安全与约束

系统安全性要求体现在数据库安全性、信息安全性和系统平台的安全性等方面。安全

性首先通过视图机制提供，不同的用户只能访问系统授权的视图，这样即可保证系统数据在一定程度上的安全性；再通过分配权限、设置权限级别来区别对待不同操作者对数据库的操作来提高数据库的安全性；系统平台的安全性体现在操作系统的安全性、计算机系统的安全性和网络体系的安全性等方面。

数据是在外部互联网络以及图书馆内部局域网中进行流动和存储的，要保证其在这一过程中的安全稳定。对于图书馆数据安全来说，就是要防止数据在传输和使用的过程中被非法复制、更改、删除和使用等。为了达到这一目的，就需要开发相应的信息管理技术和建立相应的图书馆数据信息管理系统。通过保障图书馆软件系统和硬件系统的安全稳定运行，使得图书馆数据服务系统可以持续工作，不因内部数据错误和外界人为或环境的干扰而出现中断，达到保护数据安全的最终目标。

13.2.3　数据流程图

如图 13-1 所示为系统业务数据流程图。

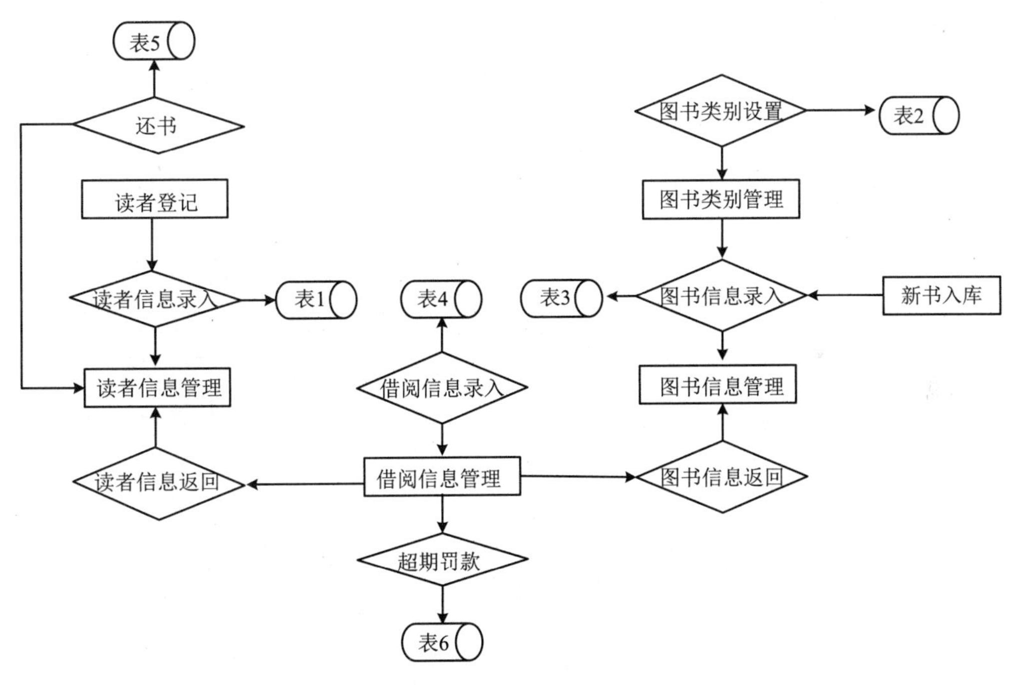

图 13-1　系统业务数据流程图

13.3　概要设计

梳理需求分析之后，根据系统需求构建数据模型并设计出 E-R 图。

13.3.1 实体及联系

实体及联系具体包括如下内容：

（1）图书类别：包括种类编号、种类名称。

（2）读者：包括借书证编号、读者姓名、读者性别、读者种类、登记日期。

（3）图书：包括图书编号、图书名称、图书类别、图书作者、出版社名称、出版日期、登记日期、是否被借出。

（4）借阅：包括借书证编号、图书编号、读者借书时间。

（5）还书：包括借书证编号、图书编号、读者还书时间。

（6）罚款：包括借书证编号、读者姓名、图书编号、图书名称、罚款金额、借阅时间。

13.3.2 E-R 图

根据功能需求，可以建立实体之间的关系，进而实现逻辑结构功能。图书管理系统可以划分的实体：图书类别信息实体、读者信息实体、图书信息实体、借阅记录信息实体，归还记录信息实体、罚款信息实体。

（1）如图 13-2 所示为图书类别实体 E-R 图。

（2）如图 13-3 所示为读者信息实体 E-R 图。

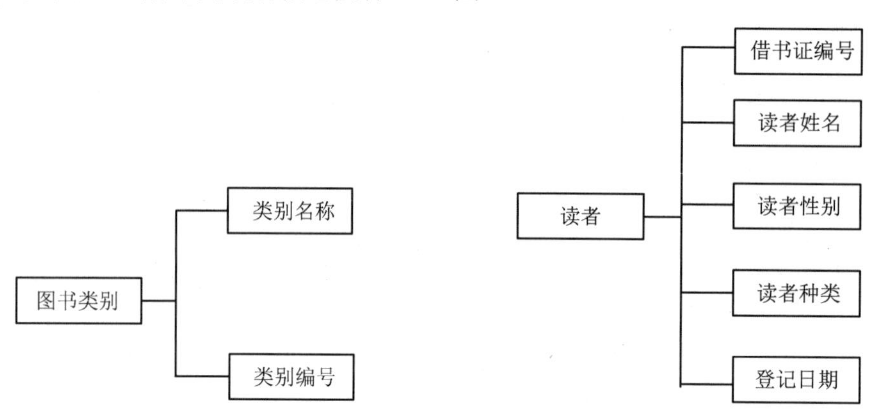

图 13-2 图书类别信息实体 E-R 图　　图 13-3 读者信息实体 E-R 图

（3）如图 13-4 所示为图书信息实体 E-R 图。

（4）如图 13-5 所示为借阅记录信息实体 E-R 图。

（5）如图 13-6 所示为归还记录信息实体 E-R 图。

（6）如图 13-7 所示为罚款信息实体 E-R 图。

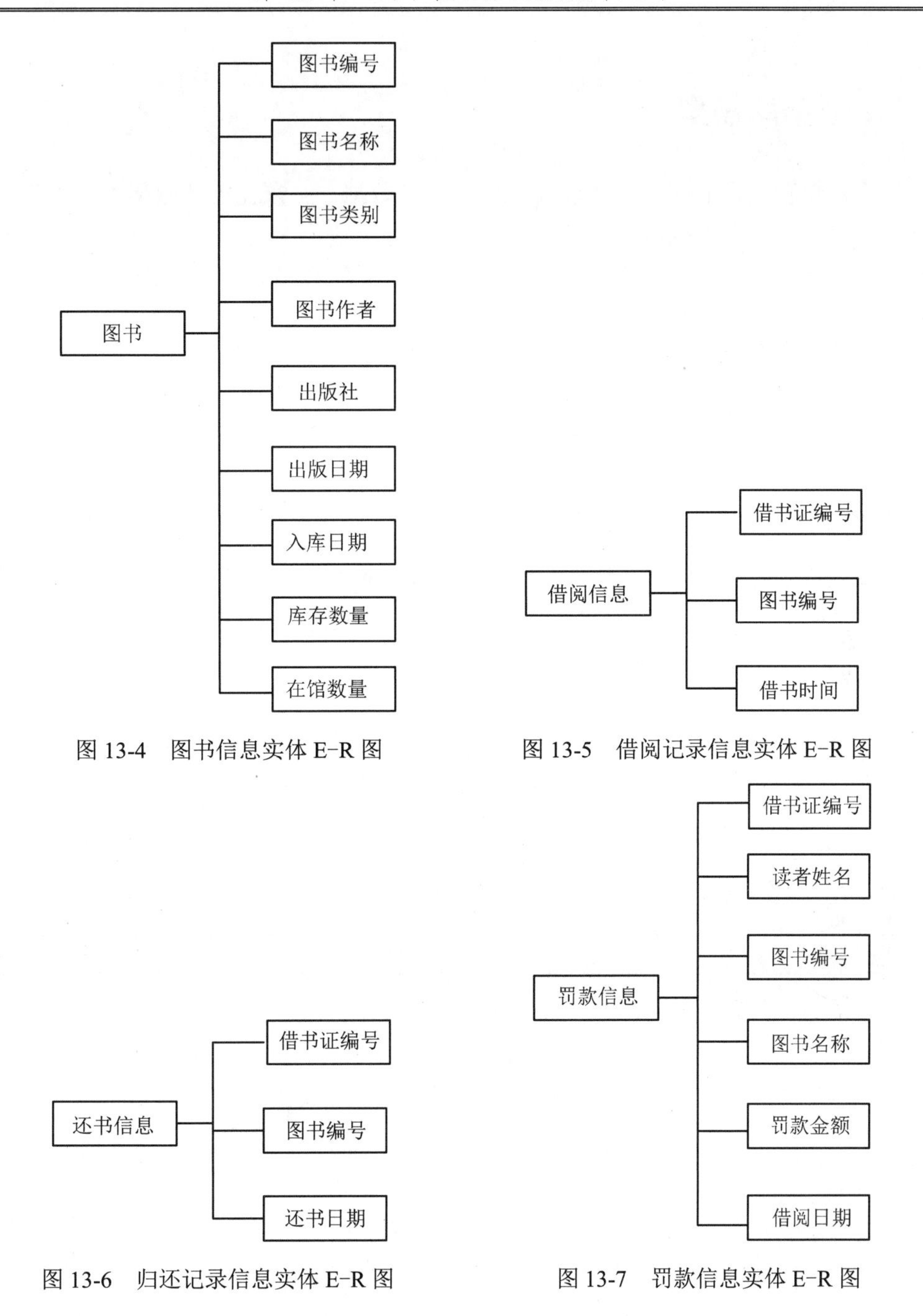

图 13-4　图书信息实体 E-R 图

图 13-5　借阅记录信息实体 E-R 图

图 13-6　归还记录信息实体 E-R 图

图 13-7　罚款信息实体 E-R 图

13.4　数据库设计

根据数据模型分析依赖关系，构建出数据表模型，创建数据库和数据表。

13.4.1 数据库模型

数据库是保存数据的仓库，所以要想保存系统数据，必须先创建数据库。首先，我们需要创建一个图书管理系统数据库 BookSys，SQL 代码如下：

```
CREATE  DATABASE BookSys;
```

13.4.2 数据表模型

（1）如表 13-1 所示为 book_style 图书类别信息表。

表 13-1　book_style 图书类别信息表

字 段 名	数 据 类 型	约　　束	备　　注
bookstyleno	varchar	Not null（主键）	种类编号
bookstyle	Varchar	Not null	种类名称

（2）如表 13-2 所示为 system_readers 读者信息表。

表 13-2　system_readers 读者信息表

字 段 名	数 据 类 型	约　　束	备　　注
readerid	Varchar	Not null（主键）	读者借书证编号
readername	Varchar	Not null	读者姓名
readersex	Varchar	Not null	读者性别
readertype	Varchar	Null	读者种类
regdate	Datetime	Null	登记日期

（3）如表 13-3 所示为 system_books 图书信息表。

表 13-3　system_books 图书信息表

字 段 名	数 据 类 型	约　　束	备　　注
bookid	Varchar	Not null（主键）	图书编号
bookname	Varchar	Not null	图书名称
bookstyle	Varchar	Not null	图书类别
bookauthor	Varchar	Not null	图书作者
bookpub	Varchar	Null	出版社名称
bookpubdate	Datetime	Null	出版日期
Bookindate	Datetime	Null	收录日期
booksum	Int	Not Null	图书总数量
booknow	Int	Not Null	在库数量

（4）如表 13-4 所示为 borrow_record 借书记录信息表。

表 13-4　borrow_record 借书记录信息表

字 段 名	数 据 类 型	约　　束	备　注
readerid	Varchar	Not null（外主键）	读者借书证编号
bookid	Varchar	Not null（外主键）	图书编号
borrowdate	Datetime	Not null	读者借书时间

（5）如表 13-5 所示为 return_record 还书记录信息表。

表 13-5　return_record 还书记录信息表

字 段 名	数 据 类 型	约　　束	备　注
readerid	Varchar	Not null（外主键）	读者借书证编号
bookid	Varchar	Not null（外主键）	图书编号
returndate	Datetime	Not null	读者还书时间

（6）如表 13-6 所示为 reader_fee 罚款记录信息表。

表 13-6　reader_fee 罚款记录信息表

字 段 名	数 据 类 型	约　　束	备　注
readerid	Varchar	Not null（外主键）	读者借书证编号
readername	Varchar	Not null	读者姓名
bookid	Varchar	Not null（外主键）	图书编号
bookname	Varchar	Not null	图书名称
bookfee	Varchar	Null	罚款金额
borrowdate	Datetime	Null	借阅时间

13.4.3　数据库模型函数依赖集

1. 图书类别关系

图书类别关系中种类编号为主键，其中函数依赖有：种类编号→种类名称。因为图书类别关系中不存在非主属性对码的部分函数依赖和传递函数依赖关系，所以客户关系属于 3NF。

2. 图书关系

图书关系中图书编号为主键，其中函数依赖有：图书编号→图书名称，图书编号→图书类别，图书编号→图书作者，图书编号→出版社名称，图书编号→出版日期，图书编号→登记日期。因为图书关系中不存在非主属性对码的部分函数依赖和传递函数依赖关系，所以客户关系属于 3NF。

3. 读者关系

读者关系中以读者借书证编号为主键，其中函数依赖有：读者借书证编号→读者姓名，读者借书证编号→读者性别，读者借书证编号→读者种类，读者借书证编号→登记日期。因为读者关系中不存在非主属性对码的部分函数依赖和传递函数依赖关系，所以客户关系属于 3NF。

4. 借阅关系

借阅关系中借书证编号和图书编号为主键，其中函数依赖有：（借书证编号，图书编号）→读者借书时间。因为借阅关系中不存在非主属性对码的部分函数依赖和传递函数依赖关系，所以客户关系属于 3NF。

5. 还书关系

还书关系中借书证编号和图书编号为主键，其中函数依赖有：（借书证编号，图书编号）→读者还书时间。因为还书关系中不存在非主属性对码的部分函数依赖和传递函数依赖关系，所以客户关系属于 3NF。

6. 罚款关系

罚款关系中图书编号为主键，其中函数依赖有：图书编号→借书证编号，图书编号→读者姓名，图书编号→图书名称，图书编号→罚款金额，图书编号→借阅时间。因为罚款关系中不存在非主属性对码的部分函数依赖和传递函数依赖关系，所以客户关系是属于 3NF。

13.4.4 数据表创建

数据库创建完成后需要新建数据表来存放数据，根据表结构信息，可以创建对应的数据表。

（1）创建图书类别信息表，SQL 代码如下：

```
create table book_style
(
   bookstyleno varchar(30) primary key,
   bookstyle varchar(30)
)
```

（2）创建图书信息表，SQL 代码如下：

```
create table system_books
(
  bookid varchar(20) primary key,
  bookname varchar(30) Not null,
  bookstyle varchar(30) Not null,
  bookauthor varchar(30),
  bookpub varchar(30) ,
  bookpubdate datetime,
  bookindate datetime ,
  booksum int  ,
  booknow int  ,
  foreign key (bookstyleno) references book_style (bookstyleno)
```

```
)
```

（3）创建读者信息表，SQL 代码如下：

```
create table system_readers
(
 readerid varchar(9)primary key,
 readername varchar(9)not null ,
 readersex varchar(2) not null,
 readertype varchar(10),
 regdate datetime
)
```

（4）创建借书记录信息表，SQL 代码如下：

```
create table borrow_record
(
 bookid varchar(20)  primary key,
 readerid varchar(9),
 borrowdate datetime,
 foreign key (bookid) references system_books(bookid),
 foreign key (readerid) references system_readers(readerid)
)
```

（5）创建还书记录信息表，SQL 代码如下：

```
create table return_record
(
 bookid varchar(20) primary key,
 readerid varchar(9),
 returndate datetime,
 foreign key (bookid) references system_books(bookid),
 foreign key (readerid) references system_readers(readerid)
)
```

（6）创建罚款记录信息表，SQL 代码如下：

```
create table reader_fee
(
 readerid varchar(9)not null,
 readername varchar(9)not null ,
 bookid varchar(20) primary key,
 bookname varchar(30) Not null,
 bookfee varchar(30) ,
 borrowdate datetime,
 foreign key (bookid) references system_books(bookid),
 foreign key (readerid) references system_readers(readerid)
)
```

13.4.5　录入测试数据

（1）初始化图书类别信息表 book_style，SQL 代码如下：

```
insert into book_style(bookstyleno,bookstyle) values('1','哲学宗教');
insert into book_style(bookstyleno,bookstyle) values('2','文学艺术');
insert into book_style(bookstyleno,bookstyle) values('3','历史地理');
insert into book_style(bookstyleno,bookstyle) values('4','数理科学');
insert into book_style(bookstyleno,bookstyle) values('5','生物科学');
insert into book_style(bookstyleno,bookstyle) values('6','交通运输');
insert into book_style(bookstyleno,bookstyle) values('7','政治法律');
```

（2）将已有的图书加入 system_books 表中，SQL 代码如下：

```
insert into system_books
(bookid,bookname,bookstyleno,bookauthor,bookpub,bookpubdate,bookindate,
booksum,booknow)
values
('20161112001','中国易学','1','刘正','中央编译出版社','2015-05-10','2015-10-
25',10,10),
('20161112002','初妆张爱玲','2','陶舒天','新华出版社','2014-01-10','2015-05-
26',15,15),
('20161112003','明成祖传','3','晁中辰','人民出版社','2014-08-10','2015-05-27',
20,20),
('20161112004','高等数学','4','李东','重庆大学出版社','2014-08-10','2015-05-
28',30,30),
('20161112005','转基因解析','5','杨青平','河南人民出版社','2014-01-10','2015-
05-29',5,5),
('20161112006','铁路选线设计','6','易思蓉','重庆大学出版社','2014-01-10',
'2015-05-30',8,8),
('20161112007','民事诉讼实务教程','7','秦涛','华东理工大学出版社','2014-09-10',
'2015-05-31',9,9),
('20161112008','一楣月下窗','2','程然','四川人民出版社','2014-09-10','2015-
05-30',15,15);
```

（3）将已有图书证的读者加入 system_readers 表中，SQL 代码如下：

```
insert into system_readers(readerid,readername,readersex,readertype,
regdate)
values
('20151101','姬彦雪','女','学生','2015-01-01 12:20'),
('20151102','郝永宸','男','学生','2015-01-02 13:15'),
('20151103','于新磊','男','学生','2015-01-03 13:33'),
('20151104','殷娜梅','女','学生','2015-01-04 12:01'),
('20151105','宋天鸣','男','学生','2015-01-05 15:23'),
('20111217','石逸轩','男','教师','2015-01-06 18:50'),
('20111202','孟灵丽','女','教师','2015-01-07 18:25'),
('M0001','陈慧','女','管理','2015-01-10 16:20');
```

13.5 业务功能实现

系统数据库已经设计完成并且已经录入测试数据，下面让我们在数据库中实现业务功能。

13.5.1　读者管理

（1）读者登记，登记日期为当前日期，用 now()获取。SQL 代码如下：

```
insert into system_readers(readerid,readername,readersex,readertype,
regdate)
values
('20211001','王小燕','女','学生',now());
```

（2）读者注销，通过借书编号注销用户。代码如下：

```
delete from system_readers
where readerid='20111202'
```

13.5.2　图书管理

（1）新增图书类别，SQL 代码如下：

```
insert into book_style(bookstyleno,bookstyle) values('8','计算科学');
```

（2）通过类别编号修改图书类别，代码如下：

```
update book_style
set bookstyle='艺术美术'
where bookstyleno='2'
```

（3）新书入库会有两种情况：一是如果图书已经在库，那么只要将在库图书的数量加上新入库的数量即可；二是如果图书未在库，则直接新增即可。在数据库中，可以用触发器来对 insert 插入操作时判断是否已存在数据，是则修改，否则新增。但是在 Mysql 中，触发器在 insert 时不能同时执行同一张表的更新操作，所以我们使用 replace 命令来实现插入功能。replace into 会根据唯一索引或主键进行判断，如果数据存在则覆盖写入字段，如果不存在则新增。

首先需要创建 insert 触发器来判断图书是否存在，如果存在，则需要把新增的数量加上原库存的数量。代码如下：

```
delimiter  //
create trigger tr_system_books_insert before insert on system_books for
each row
begin
declare nownum int;
if(exists(select * from system_books where bookid=new.bookid))
    then
         select booksum into num from system_books where bookid=new.bookid;
         select booknow into nownum from system_books where bookid=new.bookid;
         set new.booksum=num+new.booksum,new.booknow=nownum+new.booknow;
    end if;
    end;//
  delimiter ;
```

在新书入库时执行以下代码：

```
replace into system_books
(bookid ,bookname, bookstyleno,bookauthor,bookpub,bookpubdate, bookindate,
 booksum,booknow)
values('20161112001','中国易学','1','刘正','中央编译出版社','2015-05-10','20
15-10-25',5,5);
```

（4）图书废弃分为以下两种情况。

当某本图书被废弃后，需要在数据库中修改图书数量，SQL 代码如下：

```
update system_books
set booksum=booksum-1,
    booknow=booknow-1
where bookid='20161112006'
```

当某本图书下架后，需要在数据库中将该图书删除，SQL 代码如下：

```
delete from system_books
where bookid='20161112006'
```

13.5.3 借书和还书

使用事务和存储过程可以实现借书和还书操作。借书时，登记借书记录表，同时图书库存数量减少；还书时，在还书记录表新增还书记录，同时图书表对应图书的在库数量将增加。SQL 代码如下：

```
/*-- 借书和还书的存储过程*/
drop procedure if exists borrow_return_proc
delimiter //
create procedure borrow_return_proc(in r_type char(4),in rid char(9),in
bid char(9))
modifies sql data
begin
  start transaction;
   if(r_type="借书") then
     -- 新增借书记录
    insert into borrow_record(bookid,readerid,borrowdate)
    values(bid,rid,now());
    update system_books set booknow=booknow-1 where bookid=rid;
         commit;
   end if;
   if(r_type="还书")
   then
     -- 新增还书记录
    insert into return_record(bookid,readerid,returndate )
    values(bid,rid,now());
    update system_books set booknow=booknow+1 where bookid=rid;
         commit;
  end if;
```

```
  end;//
delimiter ;
```

13.5.4　罚款

设置触发器在还书的时候计算罚款，并新增罚款记录，使用 datediff(date1,date2)函数计算借书日期，超过 30 天，每天罚款 0.5 元。SQL 代码如下：

```
delimiter //
create trigger tr_return_record_fee
before insert on return_record for each row
begin
declare rname varchar(9);
declare bname varchar(9);
declare borrowday datetime;
declare daynum int;
set borrowday=(select borrowdate from borrow_record where bookid =new.
bookid and readerid =new.readerid);
set rname=(select readername from system_readers where readerid =new.
readerid);
set bname=(select bookname from system_books where bookid =new.bookid );
set daynum=datediff(new.returndate,borrowday);
if(daynum>30)
   then
        insert into reader_fee
        values(new.readerid,rname,new.bookid,bname,(daynum-30)*0.5,
borrowday);
   end if;
  end;//
delimiter ;
```

13.5.5　信息查询

（1）创建视图，实现个人借阅信息查询。SQL 代码如下：

```
create view personrecord_view
as
select a.readerid,a.readername,b.bookname,c.borrowdate
from system_readers a,system_books b,borrow_record c
where a.readerid=c.readerid and b.bookid=c.bookid;
```

（2）创建视图，实现管理员对在库图书进行统计，查看在库图书的存储数量和已借出数量。SQL 代码如下：

```
create view booknum_view
as
select sum(booksum) as 在库图书,sum(booksum)-sum(booknow) as 借出图书
from system_books;
```

13.6 运行环境描述

图书管理系统的开发和运行需要满足的硬件需求和必要的开发工具如下：

- 操作系统：WINDOWS 7 以上或 LINUX。
- 数据库：MySQL 5.6 以上。
- 数据库管理系统：Navicat Premium 12。

13.7 本 章 小 结

本章以开发图书管理系统为例，重点介绍了实现该系统的数据库分析设计的过程。通过本章内容的学习，读者不仅系统性地复习了 MySQL 的基础知识，而且对 MySQL 在实际项目中的应用和系统项目设计的过程进行了充分的了解。

附录 A

二级考试模拟练习

模拟试卷一

一、基本操作题

在考生文件夹给出的企业数据库 db_emp 中有职工表 tb_employee 和部门表 tb_dept。tb_employee 表包含的字段有 eno（职工号）、ename（姓名）、age（年龄）、title（职务）、salary（工资）和 deptno（部门号）；tb_dept 表包含的字段有 deptno（部门号）、dname（部门名称）、manager（部门负责人）、telephone（电话）。

1. 用 SQL 语句完成以下操作：给企业新增加一个“公关部”，部门号为“D4”，电话为“010-82953306”，并任命“Liming”担任部门负责人。

2. 用 SQL 语句将 tb_employee 表中的 salary 字段的默认值修改为 3500。

3. 用 SQL 语句查询“销售部”的员工总人数，要求查询结果显示为“总人数”，并将此 SELECT 语句存入考生文件夹下的 si13.txt 文件中。

4. 用 SQL 语句为“采购部”建立一个员工视图 v_emp，包括职工号（eno）、姓名（ename）、年龄（age）和工资（salary）。

5. 使用 SQL 语句在当前系统中新建一个用户，用户名为 Yaoming，主机名为 localhost，密码为 abc123。

二、简单应用题

在考生文件夹下给出的企业数据库 db_emp 中包含职工表 tb_employee 和部门表 tb_dept。

1. 设计一个名称为 tr_emp 的触发器，需要完成的功能是当删除部门表中的记录时，将职工表中的部门信息置空。使用命令触发该触发器，并查看结果。

> **注意：** 在考生文件夹中的 sj21.txt 文件已给出部分程序，但程序不完整，请考生删除下画线，并在下画线处填上适当的内容，将程序补充完整。不能增加或删除行，并按原文件名保存在考生文件夹下，否则没有成绩。

2. 设计一个名称为 fn_emp 的存储函数，要求能根据给定的部门名称返回该部门的工资总和。

注意：在考生文件夹中的 sj22.txt 文件已给出部分程序，但程序不完整，请考生删除下画线，并在下画线处填上适当的内容，将程序补充完整。不能增加或删除行，并按原文件名保存在考生文件夹下，否则没有成绩。

三、综合应用题

在考生文件夹下存有一个名称为 sj3.php 的简单 PHP 程序文件，其功能是提供一个对给定的企业数据库 db_emp 设计一个职工表 tb_employee 的操作页面，如图 A-1 所示。要求根据输入的职工号查询该职工的基本信息，点击“修改”按钮可以修改职工的基本信息。

注意：程序是不完整的，请在注释行“//************found************”下一行填入正确的内容，然后删除下画线，但不要改动程序中的其他内容，也不能删除或移动注释行“//**********found**********”。修改后的程序存盘时不要改变文件名和文件夹。

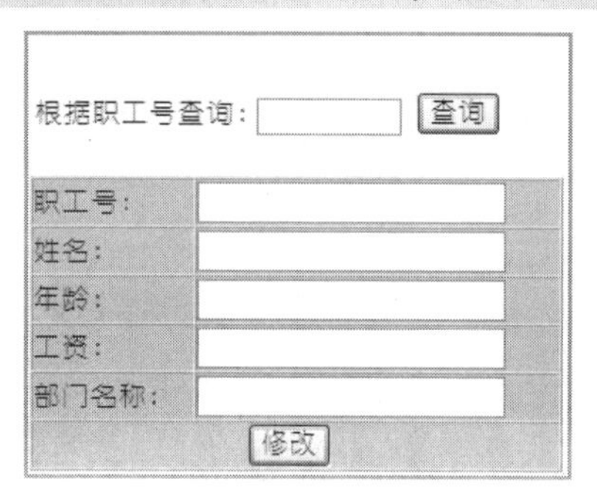

图 A-1　职工信息查询与更新

模拟试卷二

一、基本操作题

在考生文件夹下存有一个商场信息管理系统的数据库 db_mall，其包含一个记录商品有关信息的商品表 tb_commodity，该表包含的字段有 cno（商品号）、cname（商品名）、ctype（商品类型）、origin（产地）、birth（生产日期）、price（价格）和 desc1（产品说明）。

1. 使用 SQL 语句计算商品表中北京产的电视机的价格总和（字段名为：total），并将此 SELECT 语句存入考生文件夹下的 si11.txt 文件中。

2. 使用 SQL 语句将商品表中的 desc1（产品说明）字段删除，以简化该表。

3. 使用 SQL 语句在商品表中添加一行信息，商品名：钢笔；商品类型：文具；产地：上海；生产日期：2012-12-25；价格：25。

4. 使用 SQL 语句在数据库 db_mall 中创建一个视图 v_bicommodity，要求该视图包含商品表中产地为北京的全部商品信息。

5. 使用 SQL 语句在当前系统中新建一个用户，用户名为 client，主机名为 localhost，并为其授予对商品表中 cno（商品号）字段和 cname（商品名）字段的 SELECT 权限。

二、简单应用题

在考生文件夹下存有一个商场信息管理系统的数据库 db_mall，其包含一个记录商品有关信息的商品表 tb_commodity，该表包含的字段有 cno（商品号）、cname（商品名）、ctype（商品类型）、origin（产地）、birth（生产日期）、price（价格）。

1. 请创建一个名为 tri_price 的触发器，在插入新的商品记录时，能够根据商品品名和产地自动设置商品的价格，其具体规则如下：若商品为上海产的电视机，则价格设置为2800，其他商品价格的设置可为缺省。

注意：在考生文件夹中的 sj21.txt 文件已给出部分程序，但程序不完整，请考生删除下画线，并在下画线处填上适当的内容，将程序补充完整。不能增加或删除行，并按原文件名保存在考生文件夹下，否则没有成绩。

2. 请创建一个名为 sp_counter 的存储过程，用于计算商品表 tb_commodity 的商品记录数。

注意：在考生文件夹中的 sj22.txt 文件已给出部分程序，但程序不完整，请考生删除下画线，并在下画线处填上适当的内容，将程序补充完整。不能增加或删除行，并按原文件名保存在考生文件夹下，否则没有成绩。

三、综合应用题

在考生文件夹下存有一个名称为 sj3.php 的简单 PHP 程序文件，其成功运行后可将数据库 db_mall 的商品表 tb_commodity 中产地为武汉的电冰箱价格调整为 3888。

注意：程序是不完整的，请在注释行“//**********found************”下一行填入正确的内容，然后删除下画线，但不要改动程序中的其他内容，也不能删除或移动注释行“//**********found************”。修改后的程序存盘时不要改变文件名和文件夹。

模拟试卷三

一、基本操作题

在考生文件夹下给出的学生数据库 db_student 中有学生表 tb_student 和课程成绩表 tb_score。tb_student 表包含的字段有 sno（学号）、sname（姓名）、sage（年龄）和 smajor（专业）；tb_score 表包含的字段有 sno（学号）、cname（课程名称）和 grade（成绩）。

1. 使用 SQL 语句在 tb_student 表中添加一个字段 ssex，数据类型为 char，长度为 1，缺省值为 M。

2. 用 SQL 语句将学号为 100 的学生的专业改为“计算机”。

3. 用 SQL 语句在 tb_score 表上建立一个视图 v_avg(cname,caverage)，视图的内容包含课程名称和课程的平均成绩。

4. 用 SQL 语句在 tb_student 表上建立关于学号的唯一性索引 idx_stu。

5. 新建一个名称为 newuser 的用户，主机名为 localhost，并为其授予对 tb_student 表的 SELECT 权限。

二、简单应用题

1. 设计一个名称为 fn_cmax 的存储函数，根据给定的课程名返回选修该课程的最高分，并写出调用函数的语句。

注意： 在考生文件夹中的 sj21.txt 文件已给出部分程序，但程序不完整，请考生删除下画线，并在下画线处填上适当的内容，将程序补充完整。不能增加或删除行，并按原文件名保存在考生文件夹下，否则没有成绩。

2．设计一个名称为 ev_bak 的事件，每日将学生数据库 db_student 中学生表 tb_student 的数据备份到考生文件夹下的文件 bakfile.txt 中。

注意： 在考生文件夹中的 sj22.txt 文件已给出部分程序，但程序不完整，请考生删除下画线，并在下画线处填上适当的内容，将程序补充完整。不能增加或删除行，并按原文件名保存在考生文件夹下，否则没有成绩。

三、综合应用题

在考生文件夹下存有一个名称为 sj3.php 的简单 PHP 程序文件，是对给定的学生数据库 db_student 设计一个学生表 tb_student 的操作页面，如图 A-2 所示。要求实现课程成绩录入的功能，输入学号后单击“查找”按钮可显示相应的姓名和专业，输入课程名和成绩后，单击“添加”按钮可以添加学生的课程成绩。

注意： 程序是不完整的，请在注释行“//**********found***********”下一行填入正确的内容，然后删除下画线，但不要改动程序中的其他内容，也不能删除或移动注释行“//**********found**********”。修改后的程序在存盘时不要改变文件名和文件夹。

根据学号查询：　查找

学号：	101
姓名：	张军
专业：	信息管理
课程名：	DB
成绩：	88

添加

图 A-2　学生表课程成绩录入

模拟试卷四

一、基础操作题

在考生文件夹下有一个 kwgl 数据库，用于存放试题中所提及的数据表。kwgl 数据库中有学生基本信息表 student 和系别表 dept。表结构及说明如下：

student (sid, sname, score, deptno)，各字段的含义分别是：学号、姓名、成绩、系别编号。

dept (deptno，deptname)，各字段的含义分别是：系别编号、系名称。

1. 在数据库中建立数据表 S，包含的字段有 SNO（编号，主键，自动增长整数列）、SName（姓名，字符类型，长度为 10）、Sex（性别，字符类型，长度为 1）、Age（年龄，整型）。请使用 SQL 语句创建该表。

2. 在学生基本信息表 student 的 deptno 字段上创建一个名称为 in_stu 的升序索引。

3. 针对学生基本信息表 student，请使用 SQL 语句统计不同系别学生的平均成绩。要求统计输出的列标题（别名）如下：系别、平均成绩。请将该 SQL 语句以 sj13.txt 为文件名存入考生文件夹。

4. 请使用 SQL 语句查询数学系所有学生的学号、姓名和成绩。将该 SQL 语句以 sj14.txt 为文件名存入考生文件夹。

5. 创建一个新用户，用户名为 wang，密码为 test1234，指定登录服务器的 IP 为：192.168.2.12。

二、简单应用题

在考生文件夹下有 kwgl 数据库，用于存放试题中所提及的数据表。

1. 现有 Customers 表，其中字段 customerNumber 为客户编号（整数列）、creditlimit 为信贷限额（整数列），记录了用户当前的透支上限。现创建一个存储过程，要求根据输入的客户编号，通过一个输出参数来返回用户的评级情况（字符串）。若当前信贷限额大于50000，则用户评级为“1st Level”；若当前信贷限额大于等于 10000 且小于等于 50000，则用户评级为“2nd Level”；若当前信贷限额小于 10000，则用户评级为“3rd Level*”。

注意：在考生文件夹中的 sj21.txt 文件已给出部分程序，但程序不完整，请考生在下画线处填上适当的内容后并把下画线删除，将程序补充完整，并按原文件名保存在考生文件夹下，否则没有成绩。

2. kwgl 数据库中有学生基本信息表 student 和系别表 dept。表结构及说明如下：

student (sid, sname， score, deptno)，各字段的含义分别是：学号、姓名、成绩、系别编号。

dept (deptno，deptname)，各字段的含义分别是：系别编号、系名称。

请修改函数 GetAvgScoreByDeptName 计算指定系的学生平均成绩，输入系名字符串，返回 DOUBLE 类型的平均成绩。

注意：在考生文件夹中的 sj22.txt 文件已给出部分程序，但程序不完整，请考生在下画线处填上适当的内容后并把下画线删除，将程序补充完整,并按原文件名保存在考生文件夹下，否则没有成绩。

三、综合应用题

在考生文件夹下有 kwgl 数据库，用于存放试题中所提及的数据表。kwgl 数据库中有学生基本信息表 student 和系别表 dept。表结构及说明如下：

student(sid,sname, score, deptno)，各字段的含义分别是：学号、姓名、成绩、系别编号。

dept(deptno, deptnamne)，各字段的含义分别是：系别编号、系名称。

在考生文件夹下有一个 sj3.php 页面。初始情况下（即直接访问 sj3.php 时），显示出deptno=10001 的院系。然后，在下拉列表中列出所有院系的名称（deptname），在单击“提交”按钮时，根据用户的选择，使用 Get 方式再次将请求发送到本页面，进行服务器端处理。根据 Get 中参数 deptno 指定的院系编号，检索 student 表，显示指定院系所有学生的学号和成绩。在此响应中，需保持下拉列表中院系的选择情况与用户提交时的选择情况一致。

请考生在下画线处填上适当的内容后并把下画线删除，使其成为一段可执行的完整PHP 程序，并按原文件名保存在考生文件夹下，否则没有成绩。

模拟试卷五

一、基础操作题

在给定的学生选课数据库 xsxk 中，有“学生”“课程”“选课”三张表。

学生表字段包括：学号（字符型），姓名（字符型），出生日期（日期型），学院名称（字符型），其中“学号”为主键。

课程表字段包括：课程名称（字符型），课程学分（整型），其中“课程名称”为主键。

选课表字段包括：课程名称（字符型），学号（字符型），成绩（浮点型），其中“课程名称”和“学号”为复合主键，“学号”“课程名称”分别为指向学生表和课程表中同名属性的外键。

1. 使用SQL语句在选课表上根据学号建立一个索引“inde_选课学号”。

2. 使用SQL语句查询“操作系统”课程的平均分，并将此SELECT语向存入考生文件夹下的sj12.txt文件中。

3. 使用SQL语句查询同时选修“C语言程序设计”和“操作系统”两门课程的学生学号，并将此SELECT语句存入考生文件夹下的sj13.txt文件中。

4. 设计一个视图V_成绩（课程名称、平均成绩）。要求显示课程名称和每门课程平均成绩（保留两位小数），按平均数降序排列，并将此SQL语句存入考生文件夹下的sj13.txt文件中。提示：使用函数ROUND（x folat，y int）取小数位数

5. 创建test用户，主机名为localhost，并将xsxk的所有权限赋予test用户。

二、简单应用题

在给定的学生选课数据库xsxk中，有“学生”“课程”“选课”三张表。

学生表字段包括：学号（字符型），姓名（字符型），出生日期（日期型），学院名称（字符型），其中“学号”为主键。

课程表字段包括：课程名称（字符型），课程学分（整型），其中“课程名称”为主键。

选课表字段包括：课程名称（字符型），学号（字符型），成绩（浮点型），其中“课程名称”和“学号”为复合主键，“学号”“课程名称”分别为指向学生表和课程表中同名属性的外键。

1. 设计一个名称为“tr_选课”的触发器，需完成的功能是在选课表上插入一条记录之前，若该记录中的学号和课程名称在学生表和课程表中不存在，则在相关表中插入相应记录。

注意： 在考生文件夹中的sj21.txt文件已给出部分程序，但程序不完整，请考生在下画线处填上适当的内容后并把下画线删除，将程序补充完整，并按原文件名保存在考生文件夹下，否则没有成绩。

2. 设计一个存储函数fn_平均成绩，根据学生姓名返回学生的平均成绩。

注意： 在考生文件夹中的sj22.txt文件已给出部分程序，但程序不完整，请考生在下画线处填上适当的内容后并把下画线删除，将程序补充完整，并按原文件名保存在考生文件夹下，否则没有成绩。

三、综合应用题

在考生文件夹下存有一个名称为 sj3.php 的简单 PHP 程序文件，是对学生选课数据库 xsxk 设计的一个查询学生选修课程的总学分页面，要求根据学号查询学生的总学分。

注意：该程序是不完整的，请在注释行“********found*********”的下一行填入正确的内容，然后删除下画线，但不要改动程序中的其他内容，也不能删除或移动注释行“//******** found********”，修改后的程序存盘时不要改变文件名和文件夹。

模拟试卷六

一、基础操作题

学生借阅图书信息数据库 JY 包含学生信息表 student、图书信息表 book 和借阅信息表 reading。其中，表 student 记录学生的学号、姓名、性别和年龄等信息；表 book 记录图书的书号、书名、作者和价格等信息；表 reading 描述图书借阅信息，并记录为学生办理图书借阅的老师姓名。

在考生文件夹下已创建了数据库 JY、表 student、表 book 和表 reading，并初始化了相应数据，请考生查阅其结构与数据，完成下列操作。

注意：以下操作题必须编写相应的 SQL 语句，并至少执行一次。

1. 在数据库 JY 中使用 CREATE 命令创建一个数据表 publisher，包括 pub_id （社号）、pub_name（社名）、pub_address（地址）3 个字段，相应的数据类型分别为 int(10)、char(30) 和 char(30)，要求 pub_id 字段作为该表的主键，pub_name 和 pub_address 字段不能为空。

2. 使用 ALTER 语句修改表 book 的结构，添加一个名为 pub_post 的列，用于关联图书的出版社信息，该列值允许为 NULL，数据类型为 int。

3. 使用 INSERT 语句向表 reading 中添加一条借阅信息：名为 wen 的老师为学号 8 的学生办理书号为 6 的图书借阅。

4. 使用 DELETE 语句删除表 reading 中学号为 3 的学生的借阅信息。

5. 使用 SELECT 语句查询书号为 3 的书名，并将此 SELECT 语句存入考生文件夹下的 sj15.xt 文件中。

二、简单应用题

1. 创建一个名称为 v_student 的视图，能够查询借阅了书名为“高等数学”的学生全部信息。

注意：在考生文件夹中的 sj21.txt 文件已给出部分程序，但程序不完整，请考生在下画线处填上适当的内容后并把下画线删除，将程序补充完整，并按原文件名保存在考生文件夹下，否则没有成绩。不能修改程序的其他部分。

2. 创建一个存储过程，功能是将书名中含有“计算机”的所有图书价格增加 10%。

注意：在考生文件夹中的 sj22.txt 文件已给出部分程序，但程序不完整，请考生在下画线处填上适当的内容后并把下画线删除，将程序补充完整，并按原文件名保存在考生文件夹下，否则没有成绩。不能修改程序的其他部分。

三、综合应用题

在考生文件夹下存有一个名称为 sj3.php 的 PHP 程序文件，可实现从数据库 JY 中检索所有图书的信息，并以网页表格形式列出图书的书号、书名、价格和作者。

请考生在下画线处填上适当的内容后并把下画线删除，使其成为一段可执行的完整 PHP 程序，并按原文件名保存在考生文件夹下，否则没有成绩。